경제 · 인문사회연구회 협동연구총서 17-25-01
정보통신정책연구원 기본연구 17-13-01

과학기술과 ICT 활용을 통한 생산성 향상 방향 연구 및 경제 통계 구축(Ⅲ)

총괄보고서: 과학기술과 ICT 활용을 통한 생산성 향상 방향 연구 및 경제 통계 구축(Ⅲ)

정현준/김정언/김경훈/남충현/신우철/김도완

2017. 12

KISDI 정보통신정책연구원
KOREA INFORMATION SOCIETY DEVELOPMENT INSTITUTE

경제 · 인문사회연구회 협동연구총서

“과학기술과 ICT 활용을 통한 생산성 향상 방향 연구 및 경제 통계 구축(Ⅲ)”

1. 협동연구총서 시리즈

협동연구총서 일련번호	연구보고서명	연구기관
17-25-01	총괄보고서: 과학기술과 ICT 활용을 통한 생산성 향상 방향 연구 및 경제 통계 구축(Ⅲ)	정보통신정책연구원 한국은행
17-25-02	ICT와 과학기술의 역할 분석을 위한 생산성 계정 구축 및 산업별 생산성 분석	정보통신정책연구원
17-25-03	ICT 중심의 산업연관분석 및 주요 국가 간 ICT 정책효과 분석	정보통신정책연구원 정보통신정책학회 서울대학교 산학협력단

2. 참여연구진

연구기관		연구책임자	참여연구진
주관 연구기관	정보통신정책연구원	정현준 부연구위원 (총괄책임자)	김정언 선임연구위원 김경훈 부연구위원 남충현 부연구위원 신우철 연구원
협력 연구기관	한국은행	김도완 과장	

서 언

우리나라는 글로벌 금융위기와 유럽 재정위기 이후 큰 폭의 성장률 하락을 경험한 이후, 최근까지 2～3%대의 저성장을 지속하고 있습니다. 성장 측면에서 미국, 중국 등 주요 국가들이 상대적으로 빠르게 회복세를 보이고 있는 데 비해 우리나라의 성장 회복은 다소 더디게 진행되고 있습니다. 미국은 기술우위를 기반으로 아이디어 중심의 혁신을 선도하고 있고, 중국은 기존의 원가경쟁력과 R&D를 통한 기술경쟁력을 높이고 있고, 일본은 경제 회복 양상이 뚜렷하게 나타나고 있습니다. 반면, 우리나라의 경우는 저출산과 고령화 현상으로 인해 생산가능인구가 감소하고 있으며, 가계 및 정부부채가 증가하면서 민간 부문의 투자가 위축되고 있는 상황입니다. 최근 반도체 수출 증대 등에 힘입어 2017년 3분기에는 GDP 증가율이 3.6%까지 증가했지만, 산업 전반의 활력이 저하된 상황에서 ICT 부문만의 성장으로는 한계가 있을 것으로 전망되고 있습니다.

현재 우리가 경험하고 있는 성장률 저하의 문제는 단순히 경기변동에 따른 효과가 아닐 수 있다는 점에서 지속가능한 성장을 위한 정책을 발굴하고 추진하는 것이 시급하다고 판단됩니다. 성장잠재력을 확보하고, 중장기적으로 지속 가능한 성장을 위해서는 과학기술과 ICT의 역할이 매우 중요하다고 생각합니다. 과학기술은 혁신적인 제품과 서비스의 창출과 경쟁력을 강화하는 데 기여하고, ICT는 범용기술로 경제 및 산업 전반의 생산성 개선에 기여할 수 있기 때문입니다. 최근 정부가 발표한 '4차 산업혁명 대응계획'은 과학기술과 ICT를 통해 4차 산업혁명을 조기 가시화하여 생산성 중심의 혁신성장과 일자리 창출을 목표로 하고 있다는 점에서 매우 시의적절하다고 평가됩니다. 이러한 정책이 효과적으로 추진되고 성과로 연계되기 위해서는 과학기술과 ICT 활용에 대한 분석과 진단이 심층적으로 이루어져야 합니다. 그러나 우리나라의 경우 이러한 분석과 진단을 위한 경제통계가 부족한 실정입니다.

이에 정보통신정책연구원은 2015년부터 시작하는 3개년 연구 사업으로 "과학기술과 ICT 활용을 통한 생산성 향상 방향 연구 및 경제통계 구축"을 기획, 수행해 왔습니다. 1차 연도인 2015년에는 경제・산업 패러다임 변화에 따른 ICT와 과학기술의 역할을 탐색하고, ICT 자본스톡 및 지식 자본스톡 구축 방법론과 ICT 부문 산업연관표의 장기시계열화 방법론을 연구했습니다. 2차 연도인 2016년에는 1차 연도 연구결과에 기반해 경제통계를 시산하고, 글로벌 가치사슬(GVC) 변화와 국내 산업구조 변화에 따른 산업별 과학기술과 ICT 활용도를 분석했습니다. 3차 연도인 2017년에는 ICT와 과학기술 관점의 생산성 계정 구축 및 생산성 분석을 수행했습니다. 또 산업연관표 시계열화 결과를 활용해 기술파급효과를 분석하고, 5개국 연산일반균형모형을 구축해 정책실험을 실시했습니다.

올해(2017년) 수행한 연구는 4차 산업혁명의 핵심 요인인 ICT와 과학기술의 산업별 현황을 종합적으로 살펴볼 수 있는 자료를 제시하고, ICT와 과학기술의 관점에서 생산성과 산업의 성장을 분석하고 있습니다. 본 연구는 KISDI 내부 연구진과 학계, 연구소 그리고 통계생산 기관들 간 협력을 통해 수행되었습니다. KISDI에서는 ICT통계정보연구실 정현준 박사가 총괄 책임을 맡아 ICT와 과학기술의 역할 분석을 위한 생산성 계정을 구축하고, 산업별 생산성 분석을 수행했습니다. ICT전략연구실의 김정언 실장은 산업동향 및 전략 관점에서 연구 전반에 참여했습니다. 남충현 박사는 ICT 산업동향 부문에 참여했고, 신우철 연구원은 노동계정 추계에 많은 기여를 했습니다. 한국은행의 김도완 과장과 이상협 조사역은 글로벌 금융위기 이후 산업별 효율성 분석을 수행했습니다. 김경훈 박사는 정보통신정책학회와 서울대 산학협력단과 협력하여 ICT와 과학기술 중심의 산업연관분석 및 주요 국가 간 ICT 정책효과 분석을 수행했습니다. 세부적으로 산업연관표 시계열화를 통한 기술파급효과분석과 구조분해 분석 연구는 항공대학교 이영수 교수와 양현석 교수, 그리고 오주현 연구위원이 참여했고, 5국가 ICT 부문 연산일반균형모형 구축 및 정책실험 연구는 서울대학교 김의준 교수와 문승운 박사과정 학생이 참여했습니다. 이외에도 1～2차 연도 연구에서 소프트웨어 부문에 국민대학교 문성배 교수, 노동소득 분배율 부문에 서강대학교 전현배 교수, 통계 데이터 및 방법론 부문에 한국은행 조태형

연구조정실장과 숙명여자대학교 신석하 교수 등이 참여했습니다. 협동연구의 모든 참여 연구진에게 다시 한번 감사의 말씀을 드립니다.

본 연구를 통해 수행된 ICT와 과학기술 관점의 경제통계 구축, 생산성 분석 등이 우리나라의 지속가능한 성장을 위한 작은 보탬이 되기를 기대합니다.

2017년 12월

정보통신정책연구원

원 장 김 대 희

목 차

표 목 차

그 림 목 차

요 약 문

1. 연구의 목적 및 중요성

우리나라는 글로벌 금융위기와 유럽 재정위기 이후 큰 폭의 성장률 하락을 경험한 이후 최근까지 2～3%대의 저성장을 지속하고 있다. 미국, 중국 등 주요 국가들이 상대적으로 빠르게 회복세를 보이고 있는 데 비해 우리나라의 성장 회복은 다소 더디게 진행되고 있다. 최근 우리나라의 경제성장률 둔화 현상은 단순한 경기변동으로 보기에는 경제·사회구조 변화와 맞물려 있기 때문에 성장 회복을 위해서는 세심한 관찰과 체계적인 연구가 필요하며, 이를 통해 지속가능한 성장을 위한 정책을 발굴하고 추진하는 것이 시급하다고 판단된다.

성장잠재력을 확보하고, 중장기적으로 지속 가능한 성장을 위해서는 과학기술과 ICT의 역할이 매우 중요하다. 과학기술은 기술개발을 통해 혁신적인 제품과 서비스의 창출과 경쟁력을 강화하는 데 기여하고, ICT는 범용기술로 경제 및 산업 전반의 생산성 개선에 기여할 수 있기 때문이다. 최근 정부가 발표한 '4차 산업혁명 대응계획'은 과학기술과 ICT를 통해 4차 산업혁명을 조기 가시화하여 생산성 중심의 혁신성장과 일자리 창출을 목표로 하고 있다는 점에서 매우 시의적절하다고 평가된다. 이러한 정책이 효과적으로 추진되고, 성과로 연계되기 위해서는 과학기술과 ICT 활용에 대한 분석과 진단이 심층적으로 이루어져야 한다. 그러나 우리나라의 경우 이러한 분석과 진단을 위한 경제통계가 많이 부족한 실정이다. ICT와 과학기술의 산업별 활용 현황을 체계적으로 제시하는 통계도 미흡하고, ICT와 과학기술의 역할을 규명할 수 있는 생산성 연구도 부족한 상황이다.

이에 정보통신정책연구원은 2015년부터 시작하는 3개년 연구 사업으로 "과학기술과 ICT 활용을 통한 생산성 향상 방향 연구 및 경제통계 구축"을 기획, 수행해 왔다. 1차 연도인 2015년에는 경제・산업 패러다임 변화에 따른 ICT와 과학기술의 역할을 탐색하고, ICT 자본스톡 및 지식 자본스톡 구축 방법론과 ICT 부문 산업연관표의 장기시계열화 방법론 연구를 수행했다. 2차 연도인 2016년에는 1차 연도 연구결과에 기반 하여 경제통계를 시산하고, 글로벌 가치사슬(GVC) 변화와 국내 산업구조 변화에 따른 산업별 과학기술과 ICT 활용도를 분석했다. 3차 연도인 2017년에는 ICT와 과학기술 관점의 생산성 계정 구축 및 생산성 분석을 수행했다. 또한 산업연관표 장기시계열화 결과를 활용해 기술파급효과 및 구조분해분석을 수행하고, 5개국 연산일반균형모형을 구축해 정책실험을 실시했다.

2. 연구의 내용 및 범위

올해(2017년) 수행한 연구는 4차 산업혁명의 핵심 요인인 ICT와 과학기술의 산업별 현황을 종합적으로 살펴볼 수 있는 자료를 제시하고, ICT와 과학기술의 관점에서 생산성과 산업의 성장을 분석하고 있다. 크게 두 가지 연구로 구분된다. 첫 번째 연구에서는 ICT와 과학기술의 역할을 분석할 수 있는 생산성 계정을 구축하고, 이를 활용해 산업과 생산성 연구를 수행하였다. 빠르게 변화하는 경제 환경에 대응할 수 있는 국가발전 전략 수립을 지원하기 위해 ICT와 과학기술 관점의 산업수준의 경제통계를 구축하고, ICT와 과학기술의 활용도와 생산성 분석 연구를 수행했다. 두 번째 연구는 국내 산업연관표를 최근 2008년 국민계정체계(2008 SNA) 개정 기준에 따라 조정하여 장기시계열화 했다. 산업연관표는 한번 발표하면 SNA 변경에 맞춰 변경사항을 조정하거나 변경 공표하지 않는다. 따라서 ICT와 R&D 부문의 변화를 반영하기 위해서는 기 발표된 산업연관표에 2008 SNA 개정 내용을 개별적으로 조정해야만 한다. 이에 본 연구에서는 ICT와 연구개발을 중심으로 조정한 장기시계열 산업연관표를 활용하여 기술파급효과 및 산업간 연관관계를 분석하였으며, WIOD(World Input-Output Database) 자료를 이용해 5개국 연산일반균형모형을 구축하고, 정책실험을 수행했다.

본 연구는 4차 산업혁명의 핵심 요인인 과학기술과 ICT의 산업별 현황을 종합적으로 살펴볼 수 있는 자료를 제시하고, 과학기술과 ICT의 관점에서 생산성과 산업의 성장을 분석하고 있다. 그동안 미흡했던 과학기술·ICT 활용 관련 통계자료를 구축하고, 이를 활용하여 산업별 생산성 분석 연구를 수행했다는 점에서 의미가 크다고 판단된다. 본 연구는 정보통신정책연구원 내부 연구진과 학계, 연구소 그리고 통계생산기관들 간의 협력을 통해 수행되었다. 학계는 최신 이슈와 학문적 전문성을 보유하고 있지만 경제통계를 구축하고 운영하기에 한계를 지니고 있다. 통계생산기관은 안정적인 통계 생산을 위해 최신 이슈에 보수적으로 대응하기 마련이다. 정보통신정책연구원은 학계와 통계생산기관과 협업을 통해 선도적으로 최신 이슈를 반영하고 안정적으로 경제통계를 생산하고 연구하고자 했다(김정언 외, 2016). 이를 위해 본 연구에서는 생산성 분야의 전문성을 지닌 학계와 연구소 그리고 통계생산기관 전문가로 구성된 생산성 계정 연구반 운영을 통해 방법론 및 주요 이슈에 관한 심층적인 자문 및 검증을 수행했다[1].

3. 연구결과 및 시사점

본 연구에서는 앞에서 서술했듯이 (1) ICT와 과학기술 관점의 생산성 계정 구축과 산업별 생산성 및 성장기여 분석, (2) 산업연관표 조정을 통한 장기시계열화와 글로벌가치사슬 관점에서 5국가 ICT산업 연산일반균형모형 개발 및 정책실험의 두 가지 연구를 수행하였다.

1) 한국은행이 주관한 총요소생산성 측정 및 DB구축 관련 관계기관 회의에서 생산성 관련 정보를 공유하고 주요 현안을 논의했다('16년 4.28, 10.6, '17년 6.9, 11.24 총4회 개최).

(1) 생산성 계정 : 산업별 부가가치생산, 노동투입(노동량, 시간, 노동의 질), 자본투입(ICT자산, 혁신자산, 건설자산, 설비자산 및 자본의 질), 각각의 가격 및 소득분배율 등 산출물과 투입요소 시장에 관한 종합적인 정보로 구성된 데이터

(2) 장기 산업연관표 : 2008 SNA 등의 국제기준을 반영해 (구)산업연관표를 ICT와 R&D를 반영한 신기준으로 재작성. 한국은행의 산업연관표는 한번 발표하면 이후 변경사항을 보정하지 않아 과거 산업연관표와의 비교 분석이 곤란 (특히 SW, R&D 등)

첫 번째 연구에서는 ICT와 과학기술의 역할을 분석할 수 있는 생산성 계정을 구축하고, 이를 통해 ICT와 과학기술의 산업별 활용도를 측정하고 산업별 생산성을 추정하였다. 분석 결과 최근 글로벌 금융위기 이후 대부분의 산업에서 총요소생산성(total factor productivity; TFP) 증가율이 감소하고 있다. 제조업의 총요소생산성 저하가 특히 두드러졌고, 서비스업에서는 상대적으로 총요소생산성 저하가 작은 것으로 분석되었다. ICT자산과 혁신자산의 성장기여도는 산업 전반에서 증가한 것으로 나타났다. 제조업에서는 R&D 등 혁신자산의 기여가 상대적으로 증가한 반면에, 서비스업에서는 ICT자산의 성장기여가 상대적으로 더 큰 것으로 나타났다. 우리의 산업구조에서 제조업 분야는 기술개발의 중요성이 서비스업에 비해 상대적으로 크며, 서비스업 분야는 AI, IoT(internet of things), 클라우드, 빅데이터, 인터넷 등 ICT의 중요성이 상대적으로 컸음을 시사한다. 한편, 협동연구진과의 계량분석을 통해 산업별 효율성 증대에 ICT와 R&D가 긍정적인 효과를 미치고 있으며, 행정규제는 부정적인 효과를 미치고 있음도 확인했다.

생산성 국제비교 연구를 통해 글로벌 금융위기 이후 한국은 미국, 영국, 독일 등 주요국과 비교할 때 경제성장률 하락이 컸고, 주된 원인은 주요국에 비해 총요소생산성이 크게 하락했고, 투입요소 측면에서 노동시간과 노동의 질의 성장기여도가 낮아졌다는 점이다. 이는 주요국과 비교시 주력산업의 경쟁력이 하락하고 경제에서 일자리 창출이 안되고 있음을 반영하고 있다.

한편, 첫 번째 연구는 두 가지 특징적인 세부연구를 포함하고 있다. (i) 산업별 자

가계정 SW 투자 추계와 (ii) 산업별 노동소득 분배율 연구이다. (i) 자가계정 SW 투자는 기업에서 컴퓨터 전문인력을 고용해 기업 내부에 SW 자산을 직접 구축하는 것을 의미한다. ICT 기술인력을 통한 개별 산업의 고도화라는 점에서 4차 산업혁명에 대비하기 위해 산업별 자가계정 SW 연구는 매우 중요한 정보를 제공한다. 현재 국내에 산업별 자가계정 SW 연구가 미흡하고, 우리나라 국민계정에서도 명시적으로 측정하고 있지 않다는 점에서 향후 활용도가 클 것으로 기대한다. (ii) 산업별 노동소득 분배율은 총요소생산성 분석에서 생산성 측정에 가장 큰 영향을 주는 요소 중 하나이다. 우리나라처럼 자영업자 및 무급가족종사자 등 비임금근로자가 많은 국가에서는 이에 대한 고려가 매우 중요해진다. OECD의 경우 비임금근로자의 귀속임금을 임금근로자 수준으로 가정하고 생산성 분석을 수행하는데, 비임금근로자가 많은 우리나라의 경제구조를 고려시 OECD의 총요소생산성 증가율은 과대계상되었다고 판단할 수 있다. 두 가지 세부연구 모두 생산성 분야에 매우 중요하지만, 아직까지 국내에서 연구가 부진한 영역이기 때문에 향후 다른 연구에 큰 도움이 될 것으로 기대한다.

두 번째 연구에서는 ICT와 과학기술 관점에서 국내 산업연관표를 최근 2008년 국민계정체계(2008 SNA) 개정 기준에 따라 조정하여 장기시계열화 하였다. 산업연관표는 한번 발표하면 SNA 변경에 맞춰 변경사항을 조정하거나 변경 공표하지 않는다. 따라서 ICT와 R&D 부문의 변화를 반영하기 위해서는 기 발표된 산업연관표에 2008 SNA 개정 내용을 개별적으로 조정해야만 한다. 이에 본 연구에서는 ICT와 연구개발을 중심으로 2008 SNA 개정 내용을 반영한 장기시계열 산업연관표를 활용하여 기술파급효과 및 산업간 연관관계를 분석하였다.

국가 간 관계에서 소규모 개방경제인 우리나라의 경제적 위상과 글로벌 가치사슬(Global Value Chain; GVC) 관점에서 파급효과를 분석하기 위해 5국가 ICT산업 연산일반균형모형을 개발하여 정책실험을 수행했다. ICT 부문은 글로벌 ICT 기업들을 중심으로 생태계가 형성, 진화하고 있다. 이에 따라 기업 간 국가 간 연계관계가 강화되면서 다른 어떤 부문보다도 글로벌 가치사슬이 중요해지고 있다. 이러한 측면에서 본 연구에서는 WIOD(World Input-Output Database)를 이용하여 한국－중국－일본－대만－미국의 5개국 연산일반균형 모형을 구축하고 두 가지 정책 실험을 수행하였다. 첫 번째 정책실험에서는 각 국가가 ICT산업에 투자 규모를 확충할 경우, 여타 국가의 ICT산업 성장에 미치는 영향을 수요 및 공급 효과로 구분하여 추정하였으며, 두 번째 정책실험에서는 산업의 성장이 국가 간 정책에 영향 받을 수 있는 점을 고려하여 각 국가가 우리나라 ICT 중간재 수입을 규제할 경우 규제 국가와 우리나라의 ICT산업의 성장세가 얼마나 차별화되는 지를 검토하였다. 이를 통해 5개 국가의 ICT산업 정책이 국가 간 상호작용을 통해 직・간접적으로 각국 경제에 미치는 영향을 분석할 수 있었고, ICT산업 정책의 효과를 비교・평가하는 도구로써 ICT산업 정책의 사전적 평가 기능을 수행할 수 있었다.

4. 연구결과의 활용방안

본 연구는 ICT와 과학기술 관점에서 경제분석을 위한 두 가지 산업별 경제통계를 구축했다. KISDI에서 구축한 생산성 계정과 장기 산업연관표는 모두 산업별 생산구조와 투입－지출구조를 체계적으로 반영한다는 점에서 ICT와 과학기술의 활용, 파급효과, 생산성 분석에 폭넓게 활용될 것으로 기대한다. 특히 ICT와 과학기술을 산업별로 살펴봤다는 점에서 혁신성장을 통해 4차 산업혁명의 조기 가시화를 위한 정책연구의 기초자료로 활용될 것으로 생각한다. 나아가 산업별 자가계정 소프트웨어 연구는 우리나라 국민계정 통계의 개선에 활용될 것으로 기대한다.

생산성 계정에서 수행한 산업별 노동소득 분배율 연구는 우리나라의 현실을 반영한 생산성 분석을 가능하게 한다는 점에서 향후 국내 산업별 생산성 연구에 참고자료가 될 것으로 보인다. 특히, 2000년대 중반 이후 베이비부머 세대가 서비스업 부문의 저임의 자영업자로 빠르게 이동하고 있다. 지속가능한 성장을 위해서 자영업

부문도 생산성이 높아져야 하는 상황에서 향후 지속적인 연구가 필요할 것으로 보인다.

소규모 개방경제인 우리 경제는 시장 자유화 및 개방화 이후 세계경제와 연관성이 더욱 높아졌다. 최근의 정책은 과학적인 데이터에 근거한 증거에 기반하여 수립되고 있다. 기술파급효과 등의 산업연관분석과 5개국 연산일반균형모형(CGE) 구축을 통한 정책실험은 글로벌 가치사슬 관점에서 ICT 부문의 효과를 분석할 수 있다는 점에서 정책수립에 활용될 것으로 보인다.

본 연구는 궁극적으로 4차 산업혁명으로 대표되는 경제・산업 패러다임 변화에 대응해 지속가능한 성장을 위한 다양한 정책 수립을 위한 연구기반을 마련할 것으로 기대한다. 이를 통해 ICT와 과학기술을 활용해 새로운 성장 기회를 적극적으로 활용하고 성장이 삶의 질을 향상시키는 사람 중심 경제로 전환하는데 기여하기를 바란다.

제1장 서 론

소규모 개방경제인 우리 경제는 시장 자유화 및 개방화 이후 세계경제와 연관성이 더욱 높아졌고, 세계경제가 재편되는 과정에서 우리 성장전략에도 변화가 요구되고 있다. 우리 경제의 산업구조가 고도화되고 ICT와 과학기술을 통해 산업환경이 변화함에 따라 성장 패러다임도 변화하고 있다. 세계시장의 경쟁이 강화되어 최고가 아니면 살아남지 못하는 무한경쟁의 시대에 직면하고 있고, 기업 나아가 산업과 국가경제의 성장전략도 기존의 추격형에서 탈 추격형 성장전략으로의 전환이 불가피해지고 있다. 벤처와 스타트업을 통해 다양한 신기술과 신제품이 출시되고, 크라우드 펀딩을 통해 제품생산의 과정 자체가 변화하고, ICT에 기반한 플랫폼을 통해 다양한 융복합 제품과 서비스가 출시되고 있다. 이들의 중심에는 ICT와 과학기술이 있다. ICT 기술은 보편기술(general purpose technology; GPT)의 성격을 통해 생산성을 증대시키고 있으며 플랫폼 경쟁의 중심에는 인공지능, IoT(internet of things), 클라우드, 빅데이터 등의 지능화 기술을 보유한 글로벌 ICT 기업이 자리잡고 있다.

우리 경제는 Young(1995)과 Krugman(1994) 등이 지적한 바와 같이 노동과 자본 등 요소 투입 중심의 성장해왔다. 그러나 과학기술과 ICT 기반의 융합을 통해 디지털 혁신이 가속화되는 현 시점에서 우리나라의 성장전략은 요소 투입 중심에서 생산성 기반으로 변화해야 한다. "생산성 기반의 성장을 위해서는 효율적 자원배분 정책과 함께 생산성에 대한 세밀한 분석이 요구된다. 예를 들어, 경제 전체의 노동의 양이 감소하면 산업간 노동의 이동이나 성별, 연령별, 학력별 질적 특성을 반영하는 정책을 통해 경제활동율을 높이거나 투입요소를 재배분하는 등 효율적 자원배분 정책이 필요하다. 투자의 경우에도 개별 산업 수준에서 투자하는 자산의 구성을 분석하고, 설비투자뿐만 아니라 ICT와 연구개발과 같은 혁신을 조장하는 투자의 현황을 파악하고, 경제적 효과를 분석할 수 있어야 한다. 경제 · 산업 구조 측면에서 ICT와 연구개발과 같은 혁신자산이 생산구조에서 차지하는 구성비의 변화를 파악하고, 구체적으로 산업 수준에서 성장의 원천이 무엇인가에 대한 엄밀하고, 근원적인 분석이 필요하다. 중요한 것은 이러한 분석이 산업수준에서 이루어져야 한다는 점이다. 경제 전체의 성장은 결국 산업 수준에서의 경쟁력 강화와 생산성 증대에 의해 결정되기 때문이다"(김정언 외 2016).

정부는 11월 혁신성장을 위한 사람 중심의 '4차 산업혁명 대응계획'을 발표했다. ICT와 과학기술을 통해 4차 산업혁명을 조기 가시화하여 생산성 중심의 혁신성장과 일자리 창출을 통한 사람 중심의 경제를 달성하자는 목표를 제시하고 있다. 이를 위해 ICT와 과학기술 기반의 인공지능, IoT(internet of things), 클라우드, 빅데이터 등의 지능화 기술을 통해 주력산업을 강화하고, 건전한 벤처와 스타트업 생태계를 통한 새로운 도전과 혁신을 지원할 수 있는 구체적인 과제들을 추진해 나갈 예정이다. 정부가 발표한 이러한 정책과제들이 효과적으로 추진되고 성과로 연계되기 위해서는 과학기술과 ICT 활용에 대한 심층적인 분석과 진단이 선행될 필요가 있다. 그러나 우리나라의 경우 이러한 분석과 진단을 위한 경제통계가 부족한 실정이다.

이에 정보통신정책연구원은 2015년부터 시작하는 3개년 연구 사업으로 "과학기술과 ICT 활용을 통한 생산성 향상 방향 연구 및 경제통계 구축"을 기획, 수행해 왔다. 1차 연도인 2015년에는 경제 · 산업 패러다임 변화에 따른 ICT와 과학기술의 역할을 탐색하고, ICT 자본스톡 및 지식 자본스톡 구축 방법론과 ICT 부문 산업연관표의 장기시계열화 방법론을 연구했다. 2차 연도인 2016년에는 1차 연도 연구결과에 기반해 경제 데이터를 시산하고, 글로벌 가치사슬(GVC) 변화와 국내 산업구조 변화에 따른 산업별 과학기술과 ICT 활용도를 분석했다.

3차 연도인 올해(2017년) 연구는 ICT와 과학기술 관점의 생산성 계정 구축 및 생산성 분석, 산업연관표 시계열화 결과를 활용한 기술파급효과 분석, 5개국 연산일반균형모형 구축을 통한 정책실험 등을 통해 정책적 시사점을 도출하는 것을 주요 내용으로 하고 있다. 올해 수행한 연구내용에 대해 세부적으로 살펴 보면, 먼저 ICT와 과학기술 관점에서 두 가지 경제통계를 구축했다. ICT와 과학기술 관점의 산업별 생산성 계정과 장기 산업연관표 시계열화인데, 두 가지 경제 통계는 산업별 자료이면서 ICT와 과학기술을 체계적으로 고려했다는 점에서 특징이 있다. 그리고 구축한 자료를 바탕으로 ICT와 과학기술의 경제성장기여와 산업별 생산성 분석, ICT 부문의 기술파급효과 분석 등을 수행했다. 이외에도 생산성 분석과 산업분석에서 기초가 되는 몇 가지 특징적인 연구를 수행했다. 산업별 노동소득 분배율, 자가계정 소프트웨어 투자를 추계했고, 그리고 ICT 물가지수 등이 총요소생산성에 미치는 영향 등이 그것이다. 한편, 국내와 해외간 연관관계가 중요해지는 점을 반영해 글로벌 가치사슬(global value chain; GVC) 관점에서 우리나라 ICT산업의 위상과 파급효과, 5개국 연산일반균형모형 구축 및 정책실험 등을 수행했다.

〈표 1－1〉 본 연구의 목적 및 연차별 과제 세부 목표

과학기술과 ICT 활용을 통한 생산성 향상 방향 연구 및 경제 통계 구축

1차 연도 (2015)	경제 · 산업 패러다임 변화에 따른 과학기술과 ICT의 역할 및 데이터 구축 방법론 연구
2차 연도 (2016)	글로벌 가치사슬(GVC) 변화와 국내 산업구조 변화에 따른 산업별 과학기술과 ICT 활용도 분석 및 경제통계 구축
3차 연도 (2017)	과학기술과 ICT가 경제 및 산업 생산성에 미치는 효과에 대한 실증분석과 우리나라의 경제 · 산업 구조 고도화 전략 연구

산업별 ICT 및 지식자본 통계 구축과 생산성 분석을 통해
지속가능한 성장 기반 마련에 기여

본 연구는 정보통신정책연구원(KISDI) 내부 연구진과 외부 연구진이 참여하는 협동연구 형태로 진행되었다. “KISDI는 전체과제 총괄기관으로서 개념화, 이론적 재

구성, 정책현황 분석 및 주요 현안 이슈를 도출하며, 각 주제별 이론적 검토뿐만 아니라 정책적 대응방안을 함께 도출한다. KISDI 연구진은 협동연구과제를 선정하고 해당 정책연구기관과 협력하여 분야별 이슈에 대한 현황을 파악하고 결과를 분석하며, 외부 협동과제는 추진 이슈별로 우선순위를 정하여 관련 연구기관과의 협동연구로 수행했다"(김정언 외, 2015). 1차 연도부터 지속적으로 운영한 '생산성 계정 연구반'과 '산업연관분석 연구반'을 중심으로 연구협력체계를 구축하고, 연구협력회의 및 전문가초청세미나를 개최・운영했다. 연구반은 협동연구기관 참여자와 성장, 생산성, 국민계정체계, 산업연관분석, 지역경제 분야의 학계, 통계생산기관의 전문가로 구성했다.

〔그림 1－1〕 연구협력 체계

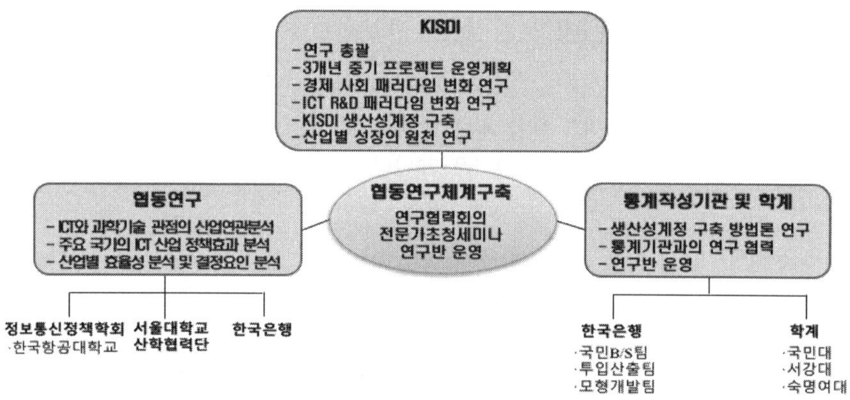

"본 연구는 다른 어떤 분야보다도 ICT와 과학기술 분야에 전문성이 있는 KISDI와 학계, 그리고 통계생산기관 간 협력이 필요한 분야이다. 학계는 생산성 연구 등 학술연구에 전문성을 보유하고 있으나 세분화된 경제통계가 미흡한 상황에서 독자적으로 경제통계를 구축하고 연구하는데 한계가 있다. 통계생산기관은 다양하고 풍부한 기초자료를 보유하고 있음에도 불구하고, 공신력 있고 안정적인 통계 생산을 위해 최신 연구 흐름과 이슈를 반영하는데 보수적일 수밖에 없다. KISDI는 학계의 최

신이슈를 반영하면서도 통계생산기관과 협력을 통해 안정적으로 경제통계를 생산하고 연구할 수 있는 기관이고, 나아가 KISDI의 연구결과는 한국은행이나 통계청 등 통계생산기관에 피드백 되어 우리나라 ICT 부문 통계체계의 선진화에 기여할 수 있다"(김정언 외, 2015).

본 총괄보고서의 구성은 다음과 같다.

2장에서는 경제・산업구조의 변화와 ICT 및 과학기술의 성장기여 현황을 살펴본다. 3~4장은 협동연구 경제편의 주요 결과를 소개한다. 3장에서는 1~2년차 연구를 개선하여 산업별 자본과 노동 등 생산성 계정 추계 방법론과 산업별 추계 결과를 다루고 있다. "산업별 ICT 자본스톡과 ICT와 보완적 역할을 하는 연구개발 자본스톡 추계는 산업 수준의 생산성 연구에 기여할 것으로 기대한다. 기존 연구 대부분이 산업별 자본스톡 데이터의 미흡으로 경제 전반에 대한 ICT 자본스톡을 다루는 데 그치고 있다는 점에서 연구 결과의 활용이 매우 높을 것으로 판단된다"(김정언 외 2016). 4장에서는 성장회계 방법론을 이용해 글로벌 금융위기 이후 산업별 생산성과 ICT와 과학기술의 성장기여를 분석했다. 5장은 KISDI 생산성 계정 데이터를 활용한 산업별 생산효율성 분석을 소개한다. 경제 전체에서 잠재성장률이 하락하고 있는데, 이러한 현상이 어떤 산업에서 유발되는가를 실증분석한다. 본장에서 KISDI와 한국은행의 연구진은 한국경제의 문제점에 대한 공통의 인식에 기반하여, 통계정보 교류에서 나아가 분석과 관련한 연구까지 공동으로 수행하였다. 6장과 7장은 협동연구 산업편의 분석결과를 소개한다. 6장은 2차 연도에 이어 ICT와 과학기술 관점에서 산업연관표 장기시계열을 개선하고, 이를 활용해 R&D 투자의 기술파급효과를 분석하고, ICT산업 등 산업별 성장기여도를 구조분해하여 산업별 성장요인을 파악하고 있다. 또한 7장은 우리경제의 글로벌화를 반영하기 위해 서울대 산학협력단과 협력하여 연산가능일반균형모형에 기반한 주요국가의 ICT산업 정책효과를 분석하고 있다. WIOD(World Input Output Database)의 국제산업연관표를 이용하여 다국가 사회계정행렬을 구축하고 이를 활용해 연산가능일반균형모형을 설정하여 ICT 투자 지출 및 ICT 중간재 수입 규제에 관한 정책효과를 분석했다. 8장에서는 2차 연도에 이어 산업별 ICT와 과학기술 활용도 분석을 수록했다. 산업별 ICT와 과학기술 활용 현황에 대한 정책적 수요가 증가하고 있지만, 이를 보여줄 수 있는 정보는 제한되어 있다. 이런 측면에서 본 장의 산업별 ICT와 과학기술 활용도 분석의 활용도가 높을 것으로 생각한다. 마지막으로 제9장에서 연구결과를 정리하고 지속가능한 성장을 위한 생산성 개선을 위한 정책적 시사점을 제시했다.

〈표 1－2〉 목차별 주요 연구내용 소개

목차	주요 내용
제2장 경제 · 산업구조 변화와 ICT 및 과학기술의 성장기여	○ 경제 · 산업구조 변화 － 인구 구조, 투자 감소 등 경제구조 변화 － ICT 및 연구개발 확대 등 산업구조 변화와 생산성 효과 ○ ICT 및 과학기술의 성장기여
제3장 ICT와 과학기술의 역할 분석을 위한 산업별 생산성 계정 구축	○ 생산성 계정 구축을 위한 분류체계 및 활용 데이터 ○ 생산계정 구축 방법론 ○ 자본스톡 구축 방법론: 주요 개념 및 구축 방법론 ○ 자가계정 SW 구축 방법론: 추계방법 개선 ○ 노동계정 구축 방법론 ○ 산업별 노동소득 분배율 구축 방법론 ○ 생산성 계정을 통해 살펴본 우리 경제의 산업구조
제4장 우리나라 산업별 성장회계 분석	○ 성장회계 방법론 ○ 글로벌 금융위기 이후 우리나라 생산성 및 성장기여 분석 － 산업별 생산성 및 성장기여 분석: 제조업/서비스업, ICT산업/비ICT산업 ○ 글로벌 금융위기 이후 생산성 및 성장기여 현황 국제비교 ○ 산업별 자원배분 효과 분석 ○ 시뮬레이션을 통한 성장회계 주요 결과 민감도 분석
제5장 산업별 생산효율성 추정 및 결정요인 분석 (한국은행)	○ 경제전체 효율성 추정 ○ 산업별 효율성 추정 － 확률적 변경모형 ○ 효율성 결정요인 분석 － ICT, R&D, 행정규제
제6장 ICT 중심의 산업연관분석: R&D 기술파급효과 및 ICT 산업 구조분해분석 (정보통신정책학회)	○ ICT 중심의 장기시계열 산업연관표 개선 ○ 기술파급효과분석 ○ 구조분해분석

목차	주요 내용
제7장 주요 국가 간 ICT산업 정책효과 분석(서울대 산학협력단)	○ 5국가(한국, 중국, 일본, 대만, 미국) ICT산업 연산일반균형모형 구축 ○ 5국가 ICT산업 정책실험 – 정책실험(1): 각국의 ICT 투자지출에 따른 부가가치 변화 – 정책실험(2): 한국으로부터 수입하는 중간수요를 자국의 중간수요로 대체함에 따른 부가가치 변화
제8장 산업별 ICT와 과학기술 활용도 분석	○ 산업별 ICT자산과 혁신자산 활용도 분석 ○ 산업별 ICT 중간투입 활용도 분석 ○ 산업별 소프트웨어 개발 전문가 활용도 분석 ○ 자가계정 소프트웨어 활용도 분석
제9장 결론 및 정책적 시사점	○ 연구 내용 정리 및 정책적 시사점

3차 연도 협동연구 내에서 총괄보고서, 경제편, 산업편은 아래 표와 같은 관계를 갖는다. 각각은 경제분석을 위한 데이터 구축의 기본 방법론과 기준을 동일하게 적용했다. 2차 연도에 시산한 경제통계를 개선하고 ICT와 과학기술 관점을 반영한 성장회계분석 생산성 결정요인 분석 등의 실증분석을 수행했고, 이러한 연구결과를 토대로 생산성 향상을 위한 정책방안을 제시했다.

〈표 1－3〉 3차 연도 협동연구 세부 연구주제간 관계

경제편		총괄보고서		산업편
경제구조 변화	⇨	경제・산업 구조 변화와 ICT와 과학기술의 성장기여(2장) 경제・산업구조 변화 분석 기여도 분석	⇦	글로벌 산업구조 변화
산업별 ICT 및 연구개발 자본 추계 산업별 노동 추계 소득분배율	⇨ ⇦	생산성 계정 구축(3장) 자본, 노동, 소득분배율, 성장률 우리 경제의 산업구조	⇦ ⇨	산업연관표의 ICT와 연구개발 관련 변수 추정
성장회계	⇨	생산성 및 성장기여 분석(4장) 성장회계 분석		

경제편		총괄보고서		산업편
KISDI 생산성 계정 데이터 활용	⇨	산업별 효율성 및 결정요인 분석 (5장 협동: 한국은행) 산업별 생산효율성 및 결정요인 분석		
		산업연관표를 이용한 ICT 산업구조 및 R&D 기술파급효과 분석 (6장 협동: 정보통신정책학회) R&D의 경제적 파급효과 ICT산업의 성장기여 분해	⇦	산업연관표 장기시계열화 기술파급효과분석 구조분해분석
		주요 국가의 ICT산업 정책효과 분석 (7장 협동: 서울대 산학협력단) 다국가 CGE 모형을 통한 ICT산업 정책효과 분석	⇦	연산가능일반균형모형 정책실험을 통한 ICT산업 정책효과 분석
KISDI 생산성 계정 데이터 활용	⇨	산업별 ICT와 과학기술 활용도 분석 (8장) − ICT 및 혁신자산 활용도 − ICT 중간투입 활용도 − 소프트웨어 전문가 활용도 − 자가계정SW 활용도		

제 2 장 경제 · 산업구조 변화와 ICT 및 과학기술의 성장기여

제 1 절 국내 경제성장 추세의 변화

1. 경제성장률 둔화

과거 고성장을 구가하던 한국경제는 〔그림 2－1〕에 보이듯이, 2000년대 이후 경제성장률이 하락하는 추세를 보여왔다. 이런 추세는 2008년 글로벌 금융위기를 겪으면서 더욱 심해졌는데, 2009년에는 경제성장률이 0.7%까지 떨어졌고, 이후 위기 회복과정에서 2010년 일시적으로 6.5%의 높은 성장률을 기록한 것을 제외하면 3% 대를 넘지 못하는 저성장이 지속되어왔다. 이는 글로벌 금융위기 이전부터 이미 성장률의 저하가 지속되었던 것이 글로벌 금융위기 이후 전세계적 경기침체를 맞아 더욱 저성장이 고착화된 것으로 보인다.

〔그림 2－1〕 국내 경제성장률 추이

(단위: %)

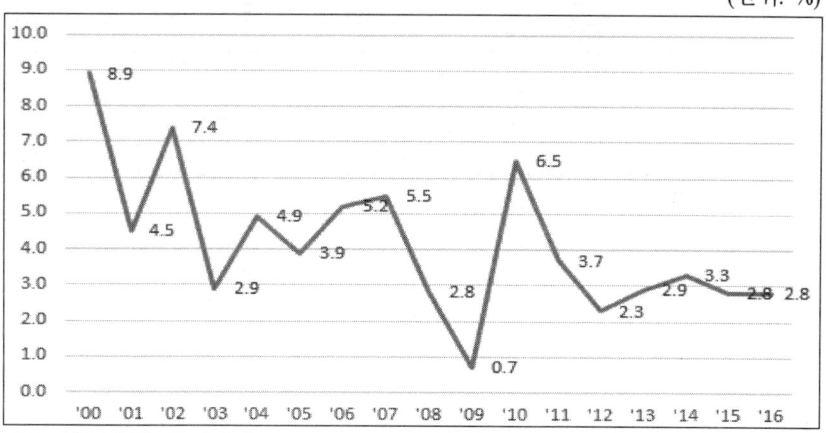

자료: 한국은행, 국민계정

성장률 둔화는 주요 선진국에서도 경제가 성숙함에 따라 자연스럽게 나타난 현상이지만 이미 저성장 국면으로 진입한 선진국들은 대부분 사회의 활력 저하와 수직적 이동성의 저하, 복지재정의 부담 확대, 청년 취업기회 저하 등 그 과정에서 많은 후유증을 경험하였다는 점에서 특히 우려되는 부분이다. 더욱이 우리나라는 아직 선진국과 상당한 격차가 남아있는 상황에서 선진국들이 경험한 경제성장률 저하를 경험하고 있다는 점에서 더욱 우려되는 상황이다.

2. 잠재성장률 저하

이러한 경제성장률 저하가 단지 일시적 경기부진으로 인한 것이 아니라 구조적인 잠재성장률의 저하에 기인했다는 점에서 문제가 더욱 심각하다. 〈표 2-1〉은 한국경제의 기간별 잠재성장률 추정치를 보여주며, 지속적으로 하락하는 추세를 보여준다(강환구 외 2016). 2001~2005년 사이의 기간에는 잠재성장률이 5.2%였으나, 2006~2010년의 3.8%, 2011~2014년에는 3.4%로 하락했다.

〈표 2-1〉 잠재성장률 추이 및 요인별 기여도

기간	잠재 GDP 성장률(%)	노동투입 기여	자본투입 기여	총요소생산성
2001~2005	5.2	0.9	2.2	2.0
2006~2010	3.8	0.6	1.8	1.4
2011~2014	3.4	0.9	1.7	0.8

주: 생산함수모형 기준
자료: 강환구 외(2016)

어느 경제에서든 전체 생산력은 100% 활용되지 않으며, 경기 순환에 따라 기복을 보인다. 따라서 단기적으로는 호황시에는 경제성장률이 잠재성장률보다 더 높고 불황시에는 더 낮게 되지만, 장기적으로는 경제의 성장은 잠재성장률의 추세에 수렴하게 된다. 그러므로 일시적 경기부진으로 인한 경제성장률 저하의 경우와 달리 잠재성장률의 저하로 인한 경제성장률 저하는 단기적인 경기부양을 통해서가 아니라 구조적인 개선을 통하여 장기적으로 접근해나가야 한다.

이러한 잠재성장률의 하락은 앞으로도 지속될 것으로 전망되어 심각성을 더해주고 있다. 조병구 외(2015)에 의하면 우리나라의 잠재 GDP 성장률은 〈표 2-2〉에 나온 바와 같이 2011～2020년 3.4%, 2021～2030년 2.4%, 2031～2035년의 1.6%로 하락할 것으로 전망되며, 이는 장기적으로 한국경제가 1%대의 저성장에 빠져들게 된다는 것을 의미한다. 이러한 성장률 저하의 요인을 보면 다음과 같다. 첫째로, 저출산 고령화로 인하여 생산가능인구가 줄어들어 노동투입 증가의 GDP 성장률 기여분이 2011～2020년의 0.6%에서 2021～2030년의 -0.1%, 2031～2035년의 -0.4%로 감소할 것으로 전망된다. 둘째로, 자본투입의 GDP 성장률 증가에 대한 기여 역시 투자둔화 등으로 인하여 2011～2020년의 1.3%에서 2031～2035년의 0.7%로 하락할 것으로 보인다. 셋째로, 총요소생산성 증가율 역시 2011～2020년의 1.5%에서 2031～2035년의 1.3%로 점진적으로 하락할 것으로 전망되고 있다.

〈표 2-2〉 한국 잠재성장률 중장기 전망(2011～2035년)

기간	GDP 성장률	노동투입 기여	자본투입 기여	총요소생산성
2011～2020	3.4%	0.6%	1.3%	1.5%
2021～2030	2.4%	-0.1%	1.1%	1.4%
2031～2035	1.6%	-0.4%	0.7%	1.3%

주: 단위는 해당기간의 연평균 성장률 %p
출처: 조병구 외(2015)

3. 저출산 · 고령화 현상 심화[2)]

우리나라의 저출산 · 고령화 현상은 다른 국가에 비해 더욱 급속히 진행되는 양상을 보이고 있다. 이에 따른 생산가능 인구 감소 전망은 향후 성장 잠재력 저하에 대

2) 김정언 외(2016)의 2장에서 발췌했다.

한 우려가 지속되고 있다.

우리나라의 평균 기대수명은 의학기술의 발달과 보건 환경의 개선으로 인해 지속적으로 증가하고 있는 반면, 출산율은 OECD 평균을 하회하고 있어 고령화가 심화되고 있다. 우리나라의 평균 기대수명은 2011년 기준 81.1세로 일본 수준(82.7세)에 근접하고 있으나, 출산율의 경우 2010년 기준 1.23명으로, 일본과 미국 및 OECD 국가 평균(1.74)을 하회하고 있다(조병구 외, 2015; 김정언 외, 2015 재인용). 대다수의 선진국에서도 경제 성장의 진전에 따라 고령화 현상이 두드러지고는 있지만, 우리나라는 그 속도가 유독 빠르게 나타나고 있다(정선영, 2013; 김정언 외, 2015 재인용). 특히 우리나라의 65세 이상 인구의 전체 인구 대비 비중이 14%에서 20%로 변화하기까지는 8년이 소요될 것으로 예상되는데[3], 이는 미국(16년)을 비롯하여 일본(11년)에 비해서도 낮은 수준이다(정선영, 2013; 김정언 외, 2015). 또한 전 세계의 65세 인구 비중은 2015년 8.2%에서 2060년 17.6%로 증가할 전망인데 반해(통계청, 2015), 한국의 65세 인구 비중은 2017년 13.8%에서 2060년 41.0%에 달할 것으로 전망된다(통계청, 2017). 이에 따라 생산가능인구의 감소도 불가피할 전망이다. 우리나라의 생산가능인구 구성비는 2012년의 73.1%를 정점으로 계속 감소하여 2060년에는 49.7%까지 감소할 전망이다(통계청, 2015). 전 세계와 비교하였을 때, 2015년의 수치는 세계에서 10번째 수준이나, 2060년에는 199번째 수준으로 하락할 것으로 예상된다(통계청, 2015).

4. 고용창출력 저하

잠재성장률의 하락은 고용창출에도 영향을 끼치고 있다. 일반적으로 취업자증가율은 경제성장률과 유사하게 움직인다. 이에 따라 취업자증가율을 GDP 증가율로 나눈 고용탄력성은 경제성장에 따른 고용창출력을 측정하기 위한 대표적인 지표로

---

3) 고령화는 전체인구 대비 65세 이상 인구 비중에 따라, '고령화 사회(7% 이상)', '고령사회(14% 이상)', '초고령 사회(20% 이상)'로 구분될 수 있음(정선영, 2013; 김정언 외, 2015 재인용)

활용된다(이규용 외, 2010; 김정언 외 2016 재인용). 유경준 외(2012)과 정선영(2013) 등의 연구는 우리경제의 고용탄력성이 소폭 하락한 것으로 분석하고 있다. 하지만 이를 고용없는 성장으로 단정하기는 힘들 것으로 보이며, 성장과 고용의 관계가 과거에 비해 약해진 정도로 평가하는 것이 적절할 것으로 보인다.

하지만, 4차 산업혁명으로 일자리 감소와 신 직업의 창출이 공존하는 고용구조로 재편될 것으로 전망되는 가운데 미래 일자리 변화에 대한 대응이 시급하다(관계부처 합동 2017). 자동화로 인한 단순반복 업무를 수행하는 일자리 감소하지만, 인공지능과 IoT, 클라우드, 빅데이터 등의 지능화기술을 활용한 주력산업의 강화와 융합 신산업 발굴을 통해 새로운 일자리가 증가하는 등 노동구조의 변화가 예상된다.

5. 노동생산성 둔화

경제성장과 이로 인한 후생증대에 있어서 노동생산성의 추이는 특히 중요한 지표이다. 이는 경제가 성장함에 따라 꾸준히 증가하는 자본스톡과는 달리, 노동투입은 빠르게 늘어나기가 쉽지 않기 때문이다. 현대 대부분의 산업화된 국가들에서는 인구가 자본스톡 만큼 빠르게 증가할 수 없는 경우가 대부분이며, 설령 국가 전체의 총노동투입이 인구증가에 의하여 늘어나더라도, 국민 개개인의 1인당 노동투입은 증가하기 어렵기 때문이다. 오히려 경제가 성장함에 따라서 1인당 노동시간은 줄어드는 것이 일반적이다. 따라서 이는 지속적인 경제성장으로 국민 개개인의 소득 및 후생이 증가하기 위해서는 노동생산성의 증대가 필수적이라는 것을 의미한다. 또한, 비록 1인당 GDP가 증가하더라도 그 것이 장시간 근로의 결과라면 삶의 질이 진정하게 개선되었다고 볼 수 없다. 따라서, 같은 시간 일하여 얼마나 더 많은 산출을 올릴 수 있는지에 대한 지표인 노동생산성이 1인당 GDP보다 개개인의 경제적 후생과 더욱 밀접한 관련을 가지고 있다고 할 수 있다.

〔그림 2－2〕는 국내 제조업과 서비스업의 노동생산성 추세를 보여주고 있다. 여기서 두 가지 특징이 나타난다. 첫째로, 제조업과 서비스업 양쪽 모두에서 추세적인

노동생산성 증가율의 하락 추세가 나타나고 있다. 둘째로, 상대적으로 제조업보다 서비스업의 노동생산성 증가율이 낮아, 노동생산성의 격차는 지속적으로 벌어지고 있다. 글로벌 금융위기 이후 2013년에서 2015년 사이의 기간 동안 일시적으로 서비스업의 노동생산성 증가율이 제조업을 상회하는 역전이 나타나기도 하였으나, 이는 서비스업의 노동생산성이 개선되어서라기보다는 제조업의 부진으로 인한 일시적 현상으로 보이며, 2016년에는 다시 재역전되어 서비스업의 노동생산성 증가율이 제조업을 하회하게 되었다.

〔그림 2-2〕 노동생산성 추이

(단위: %)

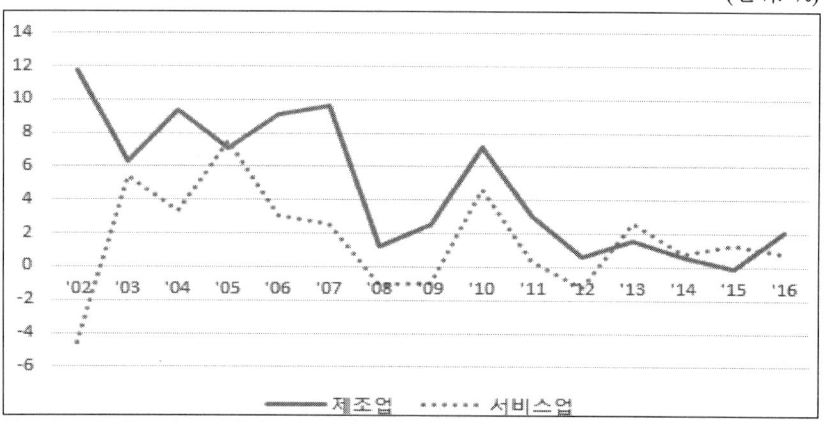

注: 시간당 부가가치생산성 기준, 전년비 증가율
자료: 한국생산성본부

제2절 우리나라 산업구조의 변화

1. 제조업의 비중 변화 추이

가. 제조업 고용 비중 추이

국내 전체 취업자 수 대비 제조업 부문 취업자 수의 비중은 〔그림 2-3〕에 나타나 있으며, 1990년대 이래 지속적으로 감소하여왔다. 제조업 취업자 수 비중은 1991년에 전산업의 25.9%에 달하였으나, 지속적으로 감소하여 글로벌 금융위기 직전인 2007년에는 16.9%까지 감소하였다. 글로벌 금융위기를 맞아 2009년 16.1%까지 감소하였으나, 위기 이후 점진적으로 상승하여 17.1%까지 상승하였다. 그러나 이는 제조업 고용 축소의 추세가 반전된 것이라기보다는 글로벌 금융위기로 인하여 제조업 부문의 고용이 서비스업보다 더욱 큰 타격을 입으면서 제조업 고용 비중이 추세보다 더욱 축소된 것이 경기가 회복되면서 되돌려지는 과정에서 나타난 것일 수 있다.

〔그림 2－3〕 제조업 고용 비중 추이

(단위: %)

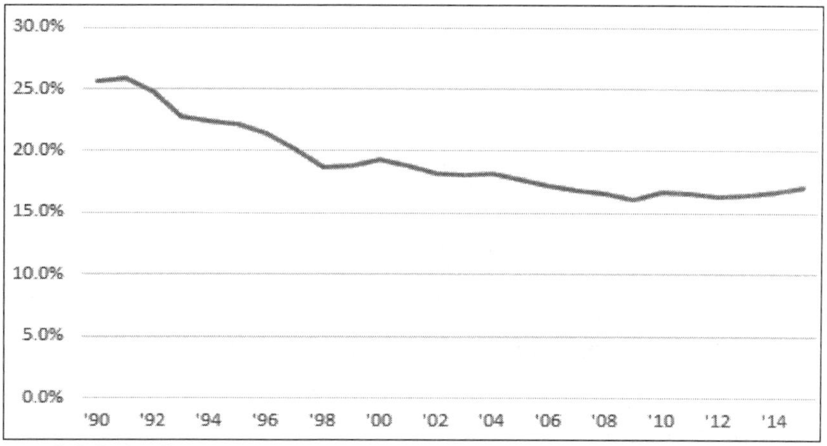

주: 취업자 수 기준

자료: 본 연구에서 추계한 데이터를 이용해 저자가 계산 (KISDI 생산성계정 2017)

나. 제조업 부가가치 비중 추이

국내 제조업의 고용 비중이 감소 추세를 보여온 것과 달리 제조업 부문의 GDP 대비 부가가치 비중은 뚜렷한 감소 추세를 보이지 않았다. 〔그림 2－4〕에 나타난 바와 같이 1990년대 이래 제조업의 GDP 대비 비중은 24%에서 26% 사이의 수준을 유지하여 왔다. 2008년 글로벌 금융위기를 겪으면서 일시적으로 비중이 상승하여, 2013년 28.2%를 기록하였으나, 이는 경기회복기에 제조업이 먼저 반등하면서 발생한 일시적 요인에 기인한 바가 크며, 2016년에는 다시 26.6%까지 감소하였다. 국내에서 탈산업화 추세는 고용 비중에 국한된 것으로, 생산 비중을 기준으로 하면 탈산업화 현상은 발생하지 않고 있다. 이는 노동절약적 기술진보가 서비스업보다는 제조업 부문에 집중이 되고 있기 때문에 제조업의 생산비중이 줄지 않고 있는데도 불구하고 고용 비중만 줄어들고 있기 때문으로 풀이된다.

〔그림 2－4〕 제조업 부가가치 생산액 비중 추이

(단위: %)

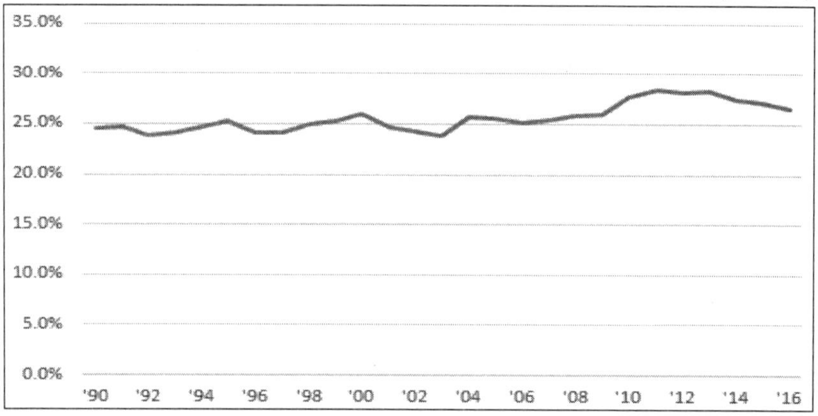

주: 명목 부가가치 기준

자료: 본 연구에서 추계한 데이터를 이용해 저자가 계산 (KISDI 생산성계정 2017)

2. ICT산업의 구성 변화

가. 제조업 내 ICT산업 비중 변화

제조업 내 ICT산업의 부가가치(명목) 비중은 1997년에 6.4%를 기록하는 등 한자리 수에 머물러 있었으나, 〔그림 2－5〕와 같이 1997년 외환위기를 지나면서 급속히 증가하기 시작하였다. 그리하여 1999년에는 10.2%로 10%를 넘어서고, 이후에도 증가세가 꾸준히 이어져서 2015년에는 24.3%에 달하게 되었다. 반면, 고용 비중의 증가세는 상대적으로 더딘 모습이다. ICT 부문의 제조업내 고용 비중은 1995년의 9.4%에서 시작하여 2000년대 중반까지 꾸준히 증가하여 2005년의 13.3%에서 정점을 이루었다. 그러나 그 후 점진적으로 고용 비중이 하락하여 2015년의 10.6%까지 감소하였다. 이렇게 고용 비중과 생산 비중의 추세가 상이하게 나타나는 것은 ICT제조업의 확대가 고용 증대보다는 노동생산성 증대의 영향을 크게 받았기 때문이며, ICT제조업의 노동생산성이 비ICT제조업보다 더욱 빠르게 증가해온 것을 반영한다.

〔그림 2-5〕 제조업내 ICT산업의 비중 추이

(단위: %)

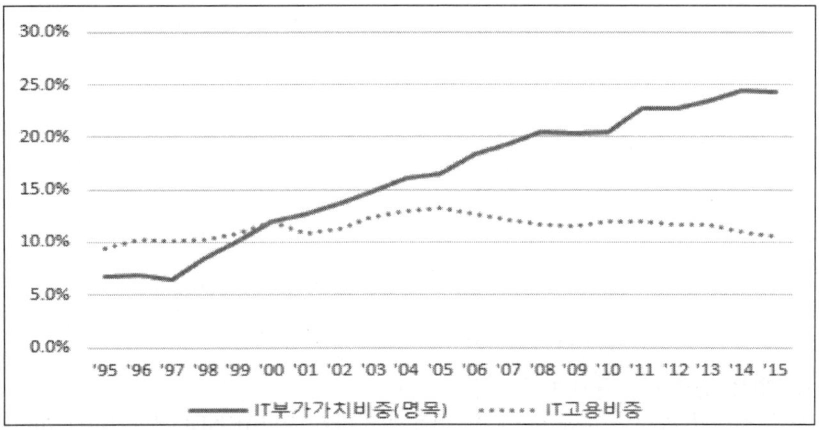

주: 명목 부가가치, 취업자 수 기준

자료: 본 연구에서 추계한 데이터를 이용해 저자가 계산 (KISDI 생산성계정 2017)

나. 서비스업 내 ICT산업 비중 변화

서비스업 내 ICT산업의 비중은 〔그림 2-6〕에 나타나있으며, 제조업과 달리 ICT의 부가가치 비중은 일관된 증가추세를 보이지 못하고 있는 모습이다. 부가가치(명목) 비중의 경우 1995년 5.6%를 기록하였으며, 2000년대 초반까지 뚜렷한 증가세를 보이지 못했다. 하지만 2003년 이후 증가세를 보이기 시작하여 2007년 7.0%까지 그 비중을 확대하였다. 그러나 2008년의 글로벌 금융위기 이후 꾸준히 비중이 하락하고 있어 2015년에는 5.9%로 다시 5%대로 비중이 떨어진 상황이다. 고용 비중의 경우에는 1995년의 2.1%에서 2000년에는 3.7%까지 꾸준히 증가하였다. 그러나 그 후로 증가세는 멈추었으며, 2015년 3.8%로의 증가에 머물렀다. ICT제조업의 경우 부가가치 비중과 고용 비중 사이의 격차가 지속적으로 벌어진 반면, ICT서비스업의 경우 부가가치 비중의 추이와 고용 비중의 추이가 대체로 나란히 나아갔다는 점이 특징적이다.

〔그림 2－6〕 서비스업 내 ICT산업의 비중 추이

(단위: %)

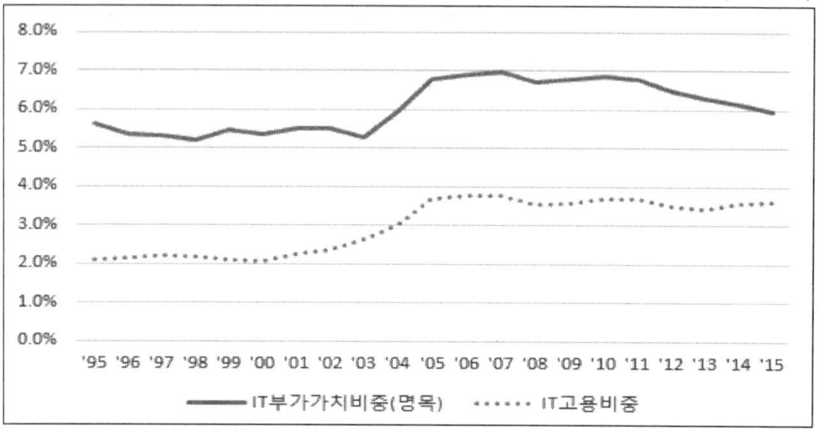

주: 명목 부가가치, 취업자 수 기준

자료: 본 연구에서 추계한 데이터를 이용해 저자가 계산 (KISDI 생산성계정 2017)

3. 산업간 노동생산성 추이

1995년에서 2015년 사이에 산업 부문별 연평균 노동생산성 증가율이 〈표 2－3〉에 나타나 있으며, 산업별로 보면 제조업이 서비스업보다 평균적으로 높은 추세를 보였다. 특히 ICT제조업이 가장 높은 증가율을 기록하여 취업자 1인당 실질 부가가치 생산액 기준으로 동기간 평균 13.7%의 연평균 노동생산성 증가율을 기록하였다. 반면 ICT서비스업은 전산업 평균에 못미치는 2.3%의 증가율에 그쳤다. 기간별로 보면, 글로벌 금융위기가 발생한 2008년을 전후로 모든 산업 부문에서 노동생산성 증가율의 둔화세가 뚜렷하게 나타났으며, 이러한 생산성 둔화는 특히 제조업 부문에서 두드러졌다.

이러한 개별 산업부문들의 노동생산성 증가율에 더하여, 상대적으로 높은 노동생산성 증가율을 보여온 제조업, 특히 ICT제조업의 고용비중이 감소한 것도 전산업의 평균적인 노동생산성 증가율을 둔화시키는데 기여하였다. 결과적으로 우리나라의 전산업 평균 노동생산성 증가율은 2008년 글로벌 금융위기 이전기간의 연평균 3.5%에서 위기 이후에는 연평균 1.8%로 하락하게 되었다. 이렇게 글로벌 금융위기 이후 한국 경제의 성장 둔화는 개별 산업들의 성장 하락 효과 및 산업간의 노동력 배분 효과가 같이 결합되어 발생한 것으로 보인다.

〈표 2-3〉 산업별 연평균 노동생산성 증가율

	전산업	제조업		서비스업	
		전체	ICT제조업	전체	ICT서비스업
’95～’15	2.9%	3.2%	13.7%	2.4%	2.3%
’95～’08	3.5%	4.4%	16.9%	2.8%	3.0%
’08～’15	1.8%	0.9%	8.1%	1.6%	0.9%

주: 취업자 1인당 실질 부가가치 생산액 기준
자료: 본 연구에서 추계한 데이터를 이용해 저자가 계산 (KISDI 생산성계정 2017)

제 3 절 경제성장에서 ICT와 과학기술의 역할

1. 문헌연구

ICT 기술은 여러 가지 경로를 통하여 경제성장에 기여할 수 있으며, 공급 내지는 생산 측면에서 보자면 자본스톡의 증대 또는 총요소생산성의 증대 모두를 통하여 경제성장률 증가에 기여할 수 있다. 자본축적에 대한 영향을 보자면, ICT 기술의 혁신은 자본스톡의 실질가격을 낮추거나 ICT자본의 투자 확대를 유발시킴으로써 경제전체의 실질 자본스톡을 증가시킬 수 있다. 또한 ICT 기술을 통한 요소의 활용 효율성의 증대를 통하여, 동일한 요소 투입을 가지고도 더 많은 산출량을 이끌어낼 수 있으며, 이는 ICT 기술에 의한 TFP(총요소생산성)의 증대에 해당된다.

부문별로 보면, 경제전체를 ICT관련 제품이나 서비스를 직접 생산하는 ICT 생산

부문과 ICT 설비를 자본재로서 생산에 활용하는 ICT 사용 부문으로 크게 두 부문으로 나눌 수 있다. ICT 기술의 발전은 직접적으로 ICT 생산 부문의 성장을 통하여 경제성장에 기여하기도 하지만, ICT 사용 부문에서의 생산성을 끌어올려 비ICT산업의 성장을 간접적으로 유발함으로써 성장에 기여할 수도 있다. ICT 기술의 잠재력을 완전히 활용하기 위해서는 이렇게 ICT산업 부문뿐 아니라 비ICT산업 부문의 성장 역시 ICT 기술이 견인할 수 있어야 하지만, 한국의 경우에 비ICT산업 부문에서의 ICT 기술 활용이 상대적으로 부진한 것으로 나타나 우려가 되는 상황이다.

ICT 기술은 해당 부문뿐 아니라 경제 전체의 생산성 향상을 유발할 수 있는 범용기술로 알려져 있다. "Bresnahan and Trajtenberg(1995)에서 제기하듯이 범용기술의 발전은 이를 응용하는 부문의 기술개발 유인을 높일 뿐 아니라 응용부문의 기술개발이 다시 범용기술의 개발을 촉진하는 수직적 외부성이 존재한다. 또한 하나의 응용부문에서 이루어진 기술개발이 범용기술 개발을 통해 다른 응용부문의 기술개발을 촉진하는 수평적 외부성도 존재한다." 이러한 수직적 외부성과 수평적 외부성을 통해 범용기술은 경제 전체의 생산성을 향상시킬 수 있다(김정언 외, 2015; 김정언 외, 2016).

한편 지식자본 또는 무형자산의 중요성 역시 주목을 받고 있는데, 내생적 성장이론은 연구개발 생산성을 향상시킬 수 있는 대표적 수단으로 인식하고 있기 때문이다. 생산성 향상을 위해 궁극적으로는 기술 혁신이 필요하며, 이를 위해서는 연구개발이 선행되어야 한다(김정언 외, 2015). 일부 선진국의 경우 무형자산 투자가 이미 유형자산 투자를 넘어서고 있으며, 국제화의 진전으로 유형자산의 국가 간 질적 차이는 줄어드는 반면, 무형자산에서 국가 간 차별성은 상대적으로 커질 것으로 보인다(김정언 외, 2015). 국내외 여러 연구들은 연구개발투자 또한 해당 부문을 비롯하여 다른 부문에의 파급으로 생산성을 향상시키는 긍정적 외부성을 지님을 보이고 있다(김정언 외, 2016).

1~2차 연도 선행연구를 통해 ICT와 연구개발이 생산성과 어떠한 관계를 갖는지 살펴봤다. 주요 연구결과를 아래 〈표 2-4〉과 〈표 2-5〉에 제시했다.

〈표 2－4〉 ICT와 생산성과의 관계에 대한 주요 문헌연구 요약

연구명	주요 내용
Oulton(2012)	－ 대부분의 국가에서 ICT 이용이 성장에 기여하는 바가 ICT 생산의 기여보다 크게 나타나고 있음을 제기 － 대부분 유럽국가들의 ICT 생산부문의 집중도(intensity)가 미국에 비해 낮았지만, ICT 이용에 따른 성장 혜택은 누릴 수 있었다는 추정결과를 제시
Vu(2011)	－ 1996～2005년 기간의 85개국 자료를 분석 － 이 기간 동안의 성장률이 이전 20여년에 비해 통계적으로 유의하게 높아졌는데, 개인용 컴퓨터, 휴대폰, 인터넷 사용 등 ICT 확산(penetration)이 이를 설명하고 있음을 보임
한국은행(2000)	－ 정보통신산업의 총요소생산성이 1994～97년 기간 중 14.3% 증가하여 이전 기간에 비해 크게 높아졌으나, 동 기간 정보통신 고이용산업의 총요소생산성 증가율은 1.4%로 정보통신 저이용산업에 비해서도 낮은 수준으로 나타남
강두룡(2002)	－ 산업연관표를 이용하여 1990～98년 기간에 걸쳐 산업별 정보자본스톡을 추계 및 성장회계를 실시 － 분석 결과, 정보자본의 축적이 정보산업의 노동생산성 개선에 기여하였으나 다른 산업의 노동생산성에는 큰 영향을 미치지 못한 것으로 파악
오완근 · 백웅기(2005)	－ 성장회계를 이용하여 우리나라 IT제조업과 비IT제조업에서 모두 총요소생산성 증가율이 감소한 것으로 분석
신석하(2010)	－ 1970～2005년 기간의 산업별 자료를 이용하여 정보통신 자본 활용이 우리나라 경제 전반의 생산성 향상에 기여하는지를 분석 － 우리나라의 정보통신자본은 경제 전체적으로는 선진국과의 격차가 줄어들었으나, 주로 정보통신자본의 고이용산업의 비중이 증가하였고 개별 산업에서는 선진국에 비해 여전히 낮은 수준으로 파악 － ICT자본 축적이 생산성 향상으로 이어지는 시차 분석을 실시, 우리 경제에서 ICT 기술의 활용을 위한 보완적 혁신(법, 제도 등)이 이루어지는 데 약 10년 정도의 시간이 소요될 가능성을 제시

자료: 각 자료 및 김정언 외(2015); 김정언 외(2016) 재인용

〈표 2－5〉 연구개발(R&D)과 생산성과의 관계에 대한 주요 문헌연구 요약

연구명	주요 내용
Roth and Thum(2013)	－ EU 국가 노동생산성 차이의 상당 부분이 무형자산에 의해 설명될 수 있음을 제기
Corrado, Hulten and Sichel(2005, 2009)	－ 경제성장에서 무형자산의 역할을 강조
Corrado et al.(2013)	－ 무형자산스톡이 미국, 일본, 유럽 간 총요소생산성 차이를 설명하는데 유용함을 보임
Corrado et al.(2014)	－ 1998～2007년 기간의 EU 10개국 자료를 분석하여 ICT자본이 무형자산에 의해 보완되는 경우 총요소생산성에 미치는 한계효과가 커짐
Chen et al.(2014)	－ 1998～2007년 기간의 EU 10개국 자료를 분석하여 무형자산이 노동생산성 증가에 기여 － 이러한 생산성 기여 효과가 ICT 집중도가 높은 산업에서 더 크게 나타남
Hall et al.(2012)	－ 이탈리아 기업 자료를 분석하여 연구개발투자와 ICT 투자가 모두 혁신 및 생산성과 관련이 있으나 둘 간에 대체관계나 보완관계가 존재하지 않는다는 결과를 제시
Klette and Johanhsen(1998)	－ 과거에 이루어진 기업의 연구개발투자가 기업 내의 지식으로 축적되어 현재의 연구개발투자의 성과에 긍정적인 피드백 효과를 가져옴 － 이러한 지식자본 축적 동학을 이용하여 지식자본을 새롭게 측정한 후 연구개발투자의 기업 성과에 대한 영향을 추정한 결과를 통해, 축적된 지식자본의 역할의 중요성을 제시
김정교 · 서지성(2007)	－ 실증 분석을 통해 자본화된 기업의 연구개발비는 주식 수익률 및 주가와 유의한 양(+)의 관계가 있음을 보임
김진황(2007)	－ 연구개발비가 단기적인 영업이익에는 음(-)의 효과가 있을 수도 있으나, 장기적인 기업 가치에는 양(+)의 효과를 갖는 것으로 분석
이태정(2007)	－ 연구개발투자와 기업성과(매출액)와 양(+)의 효과를 갖는 것으로 분석
정혁 · 정부연(2014)	－ 국내 ICT 기업의 연구개발투자는 매출액 기준의 성장에 긍정적인 영향을 미치는 것으로 분석하였는데, 특히 ICT산업에서 비 ICT 기업에 비해 그 효과가 더욱 크게 나타남

연구명	주요 내용
김원규(2013)	– 기업의 연구개발활동과 노동생산성 간의 관계를 분석 – 기업의 R&D 집약도가 해당 연도의 노동생산성에는 부정적인 영향을 미치지만 1년 후의 노동생산성 증가에는 긍정적인 영향을 끼침을 밝힘
김진용 · 황문우(2006)	– 1990~2005년 동안의 상장기업 데이터를 이용해 실증 분석을 수행 – 1990년대 이후의 기업 연구개발투자는 기업 전반에 긍정적인 영향을 미친 것으로 분석 – IT 산업의 경우 비IT 산업에 비해 연구개발투자가 생산성 및 수익성에 대해 갖는 영향은 낮으나, 기업 가치에는 강한 영향력을 갖는 것으로 분석

자료: 각 자료 및 김정언 외(2015); 김정언 외(2016) 재인용

2. 4차 산업혁명 도래와 ICT와 과학기술의 역할

ICT 기술의 발전은 그 응용의 폭이 계속해서 넓어지면서 이제 더 이상 ICT산업이라는 특정한 영역 안으로 한정되어지지 않게 되었다. ICT 기술 발전의 파급효과는 기술적인 변화를 가져올 뿐만 아니라, 경제 · 사회적 구조에 까지도 커다란 변화를 야기하고 있다. 이렇게 ICT 기술의 변화의 폭이 넓고 깊어진 흐름을 반영하여 2016년 다보스포럼에서 4차 산업혁명을 주제로 제시하게 되었다. 이후 ICT 기술이 촉발하는 이러한 폭넓은 산업 구조의 변화에 대한 논의가 4차 산업혁명이라는 이름으로 활발히 전개되어 왔다. 근대이후 지금까지 기술의 혁명적 변화의 흐름을 보면 다음과 같다. 18세기 증기기관이 발명되며 기계 생산체제를 중심으로 한 1차 산업혁명이 일어났으며, 전기 동력의 등장 및 표준화된 대량생산체제로 대변되는 제2차 산업혁명을 거쳐, 1960년대 후반에는 반도체 등 정보통신기술(ICT)의 발전으로 인해 제3차 산업혁명 시대에 도달하였다. 그리고 이제 ICT 기술이 전산업에 폭넓게 융합 및 확산이 되며 인공지능 기술이 접목되어 그 깊이가 깊어지는 4차 산업혁명 시대가 시작되려 하고 있다. 이러한 각 단계별 주요 특징은 〈표 2-6〉와 같다.

〈표 2-6〉 산업혁명의 주요 특징

구분	주요 특징
1차 산업혁명(1784)	- 기계 생산(mechanical production), 증기기관(steam power energy) - 기계의 발명을 통해 초기 자동차가 도입, 다리 및 항만 등의 건설을 통한 국가 내 연결성 촉진
2차 산업혁명(1870)	- 대량생산(mass production) 및 전기에너지(electrical energy) - 자동화를 통한 대량생산, 노동부문에서의 효율적이고 생산적인 연결성 촉진
3차 산업혁명(1969)	- 전자장치(electronics), 정보기술(IT) - 1969년 인터넷의 전신인 알파넷이 개발되어 정보통신기술시대의 기반이 마련 - 디지털화를 통한 계산능력 향상으로 정교한 자동화가 가능해 졌으며, 사람과 사람, 사람과 자연, 사람과 기계 간 연결성이 증가
4차 산업혁명(현재)	- 인공지능(artificial intelligence), 빅데이터(big data) - 자동화와 연결성이 극대화되는 변화 - 자동화에 인공지능(AI)이 적용되어 빅데이터 분석 및 처리 등을 통해 인간 고유의 영역으로 여겨졌던 업무 중 상당부분이 로봇으로 대체될 전망 - 즉각적인 연결을 통한 공유 경제, 온디맨드 경제 등 새로운 비즈니스 모델 등장

자료: UBS(2016); 장필성(2016) 재인용 및 재가공; 김정언 외(2016) 재인용

장차 다가올 4차 산업혁명은 자동화(automation)와 연결성(connectivity)의 극대화에 기반을 둔 변화(UBS, 2016)를 특징으로 하며, 모든 사물이 서로 연결되는 초연결성(hyper-connected)을 통해 고도로 지능화(hyper-intelligent)된 지능 정보 사회로의 변화가 전망된다(김진하, 2016).

4차 산업혁명을 이끄는 동인에는 비지니스 프로세스의 변화, 신흥국의 도래, 천연자원 고갈 및 기후 변화 등의 다양한 사회·경제적 동인이 작용하고 있으나, 그중에서도 특히 사물인터넷(IoT), 클라우드, 빅데이터, 모바일 등의 ICT 기술의 진보가 가장 핵심적인 동인으로 작용하고 있다(WEF, 2016). 이에 따라 4차 산업혁명을 이끌어나갈 ICT 기술의 중요성이 더욱 강조될 전망이다.

〔그림 2－7〕 4차 산업혁명의 주요 기술적 변화 동인

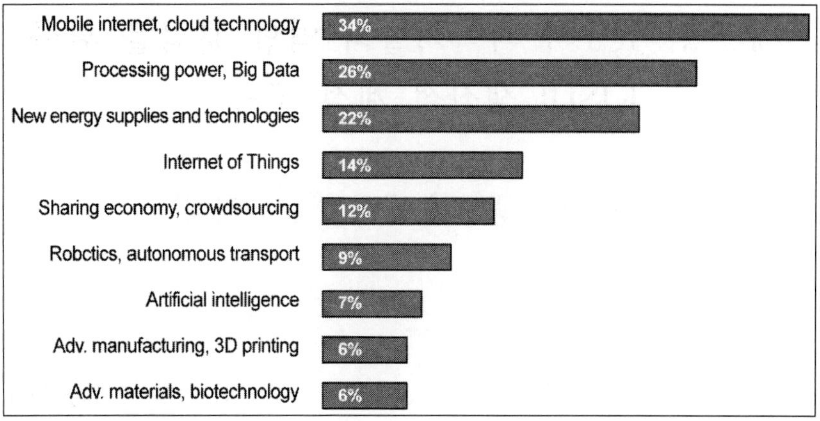

자료: WEF(2016)

제 3 장 ICT와 과학기술의 역할 분석을 위한 KISDI 생산성 계정 구축

제 1 절 생산성 계정과 분류체계[4)]

1. 생산성 계정

생산성 계정은 산업별 부가가치생산, 노동투입, 자본투입 그리고 각각의 가격 및 소득분배율 등 산출물과 투입요소 시장을 청산시키는 유기적인 정보로 구성된 데이터이다. 산출물 변수는 총부가가치, 투입물 변수는 자본과 노동 항목으로 구성되어 있는데, 이때 자본 측면에서 ICT와 과학기술의 역할을 분석하기 위해 ICT자산과 혁신자산을 구분했다. 그리고 노동 측면에서는 산업별 노동자 수와 노동시간뿐만 아니라 학력, 연령, 성별로 노동의 구성을 구분했다.

본 연구에서 산업별 생산성 계정은 ICT와 과학기술의 산업별 현황 및 활용도, 그리고 성장기여 및 생산성 분석 등 산업분석에 활용했다.

---

4) 본 절은 2차 연도 협동연구의 경제편인 정현준 외(2016)의 제2장을 수정 보완하여 작성했고, 발췌 · 요약에 따른 별도의 인용처리는 생략했다. 그리고 연구과정에서 일부 내용을 변경 수정했으며, 새로운 이슈는 추가로 연구했다.

〈표 3－1〉 산업별 생산성 계정의 주요 변수

		주요 변수	비고
산출		○ 산업별 부가가치	
투입	자본	○ ICT자산 자본스톡/서비스 – 컴퓨팅장비(IT) – 통신장비(CT) – 소프트웨어(SW) ○ 혁신자산 자본스톡/서비스 – 연구개발(R&D) – 기타 지식재산생산물 ○ 건설자산 자본스톡/서비스 – 주거용 건물 – 비주거용 건물 – 구축물 ○ 설비자산 자본스톡/서비스 – 운송장비 – 기타 기계류 – 육성생물	순자본스톡, 생산자본스톡 및 자본서비스 추계 산업별 자가계정 SW 추계
	노동	○ 산업별 취업자 수 ○ 산업별 근로시간 ○ 산업별 노동 구성(성별, 연령별, 학력별)	산업별 노동 분배율
생산성		○ 총요소생산성(TFP)	

주: 생산성 계정 구축의 정합성 강화를 위해 산업별 생산성 계정의 구성을 변경했다.
자료: 정현준 외(2016) 수정

2. 산업분류 (2017)

본 연구에서는 한국표준산업분류 10차 개정(KSIC10)과 국민계정체계(2008 SNA)의 산업분류를 기본으로 OECD와 EUKLEMS 등 국제기구 및 국제 경제통계 데이터베이스의 산업분류 관행을 참고하여 분류체계를 구성했다. 그리고 세부 분류를 통해 ICT산업과 주요 산업을 구분할 수 있도록 했다. 산업분류는 대부분의 계위에서 한국표준산업분류 10차 개정의 중분류 혹은 소분류와 연계 가능하도록 구성했다. ICT산업 구분은 OECD의 ICT와 콘텐츠 미디어 산업 정의를 참고하여 작성했다.

KISDI 산업분류(2017)은 대분류 14개, 중분류 38개, 소분류 70개로 구성되어 있다.

각각의 산업은 소분류 수준에서 한국표준산업분류 10차 개정(KSIC10)의 중분류(2 digit) 수준에서 구분되도록 구성했고, ICT산업의 경우 산업의 특성 등에 따라 소분류 혹은 세분류 수준까지 연계했다.[5)]

〈표 3－2〉 KISDI 산업분류 (2017)

KISDI 중분류 (38)			
1.	농업, 임업 및 어업	20.	기타운송장비제조업
2.	광업	21.	가구 및 기타제품제조업
3.	음식료품 및 담배제조업	22.	전기, 가스, 증기 및 공기조절공급업
4.	섬유 및 가죽제품제조업	23.	수도, 폐기물 및 재활용서비스업
5.	목재, 종이, 인쇄 및 복제업	24.	건설업
6.	코크스, 연탄 및 석유정제품제조업	25.	도매 및 소매업
7.	화학물질 및 화학제품제조업; 의약품제외	26.	운수 및 창고업
8.	의료용물질 및 의약품제조업	27.	숙박 및 음식점업
9.	고무제품 및 플라스틱제품제조업	28.	[ICT]출판, 영상, 방송업
10.	비금속광물제품제조업	29.	[ICT]통신업
11.	1차금속제품제조업	30.	[ICT]IT서비스 및 정보서비스업
12.	금속제품제조업	31.	금융 및 보험업
13.	[ICT]전자부품제조업	32.	부동산업
14.	[ICT]컴퓨터 및 주변장치제조업	33.	전문, 과학 및 기술서비스업
15.	[ICT]통신, 방송장비 및 영상, 음향기기제조업	34.	사업지원서비스업
16.	의료, 정밀, 광학기기 및 시계제조업	35.	공공행정, 국방 및 사회보장행정
17.	전기장비제조업	36.	교육서비스업
18.	기타기계 및 장비제조업	37.	보건 및 사회복지서비스업
19.	자동차 및 트레일러제조업	38.	문화 및 기타서비스업

주: 대분류(14)와 소분류(70)는 부록에 수록했다.

5) 산업의 정의 및 분류체계 관련 논의는 본 협동연구 1차 연도 총괄편과 경제편에 자세히 수록되어 있다(김정언 외 2015, 정현준 외 2015 참고).

3. 자산분류 (2017)

ICT 자본스톡 및 연구개발 자본스톡 구축을 위해서는 다양한 자본재를 목적에 맞게 분류할 수 있는 정교하고, 세분화된 자산 분류체계가 요구된다.

KISDI 자산분류(2017)는 12개의 자산으로 구성된다. 12개의 자산은 다시 건설자산과 설비자산, ICT자산, 그리고 혁신자산으로 구분했다. 건설자산은 주거용 건물, 비주거용 건물, 구축물로 구성되고, 설비자산은 운송장비, 기타기계류, 육성생물로 구성된다. 한편, ICT자산은 컴퓨팅장비, 통신장비, 분석자산, 소프트웨어로 구성되고, 그리고 혁신자산은 연구개발(R&D)자산과 기타지식자산으로 구성된다. 실제로 연구개발이 혁신자산의 대부분을 차지하고, 광물탐사, 콘텐츠 원본 등의 기타지식자산은 일부 산업에서만 인식되며 연구개발과 같이 산업의 혁신을 위한 지출로 이루어졌다는 점에서 혁신자산으로 분류했다. 한국은행 자산분류와의 연계표는 부록에 수록했다.

〈표 3－3〉 KISDI 자산분류 (2017)

KISDI 자산분류		비고
건설자산 (STR)	주거용 건물	
	비주거용 건물	
	구축물	
설비자산 (EQP)	운송장비	
	기타기계류	
	육성생물	
ICT자산 (ICT)	컴퓨팅장비	
	통신장비	
	분석장비	
	소프트웨어	
혁신자산 (INO)	연구개발	연구개발자산
	기타지식재산생산물	기타 지식자산

자료: 한국은행(2014c), 한국은행(2015), 김정언 외(2015), 정현준 외(2015) 등을 보완

4. 이용 데이터

ICT와 과학기술의 역할 분석을 위한 생산성 계정은 한국은행과 통계청 그리고 과학기술정보통신부 및 고용노동부 등의 통계를 활용하여 추계했다. 산출 부문과 자본 부문의 기초가 되는 데이터는 한국은행의 국민계정과 산업연관표를 주로 사용했고, 노동 부문은 통계청의 경제활동인구조사, 전국사업체조사, 지역별 고용조사 등을 활용했다. 그리고 노동의 질적 특성을 파악하기 위해 고용노동부의 고용형태별 근로실태조사를 활용했다.

〈표 3－4〉 KISDI 생산성 계정 구축을 위한 이용 데이터

변수	이용 데이터	비고
총부가가치	한국은행 국민계정	산출
고정자본형성	한국은행 국민계정, 산업연관표, 연구개발활동조사, 광업제조업조사 등	투입
노동	통계청 경제활동인구조사, 전국사업체조사, 지역별 고용조사, 한국고용정보원 산업직업별 고용구조조사, 고용노동부 고용형태별 근로실태조사, 광업제조업조사 등	투입
GDP 디플레이터	한국은행 국민계정	가격
투자/자산 디플레이터	한국은행 국민계정, 생산자물가지수, 수입물가지수 등	가격

자료: 정현준 외(2016) p35를 보완

한국은행과 통계청 등에서 제공하는 통계는 대분류 혹은 중분류 수준에 그치는 경우가 많고, 과거 통계의 경우 이러한 경향이 더욱 크다. 한편 분류체계 개편 혹은 기준년 개편과 더불어 과거 시계열을 수정하지 않는 경우 시계열 데이터 구축을 위해 신구 분류체계간 연계가 필요하며, 연구진은 적절한 분류 연계 및 시계열 확보를 위해 많은 시간과 노력을 투입했다.

제 2 절 산업별 생산계정 구축 방법론

1. 생산계정

생산계정은 크게 총산출과 총부가가치로 구성된다. 한국은행의 국민계정은 2008 SNA에 따라 산업별 총산출 및 총부가가치 등의 변수를 제공하고 있다. 생산성 계정의 총산출과 총부가가치는 한국은행에서 제공받은 기초자료를 이용해 추계했다.

중분류와 소분류 수준의 생산액은 연쇄 라스파이레스 방식을 이용해 집계했고, 필요에 따라 전산업과 대분류 수준에서도 연쇄 라스파이레스 방식의 집계 자료를 이용했다. 하지만, 성장회계 분석에서는 중분류 데이터를 통크비스트 지수를 이용해 상위부문으로 집계하여 사용했다.[6)]

2. 상위부문 집계 방법론

한국은행은 SNA의 권고에 따라 2009년부터 국민계정에 연쇄가중법을 적용했다. 고정가중법은 기준연도에서 멀어지면서 기준연도의 가중치가 조사년도의 가중치와 괴리되는 문제가 있다. 하지만 연쇄가중법은 가중치를 매년 변경하기 때문에 생산기술과 산업구조 변화에 따른 바스켓 변화를 빠르게 반영하는 장점이 있다. 그리고 학계의 논의에 따르면 연쇄가중법을 통한 국민계정 통계가 고정가중법에 비해 경제분석, 경기진단 및 전망에서도 우월하다고 한다(한국은행, 2009). 하지만 연쇄가중법을 적용한 실질변수에서는 가법성이 성립하지 않아 하위부문의 단순 합계가 상위부문과 불일치하는 현상이 나타난다(한국은행, 2009).

생산성 계정의 산업분류로 실질 부가가치 데이터를 집계하기 위해 상위부문 연쇄지수를 계산하고, 상위부문의 기준연도의 명목 부가가치와 곱해서 실질 부가가치를

---

6) 본 연구는 중분류 수준을 기본 데이터로 취급하고 있다. 이에 따라 중분류 수준까지는 한국은행과 동일하게 연쇄 라스파이레스 방식으로 추계하고, 성장회계 분석을 위한 상위부문 집계는 생산이론과 생산성 분석의 관행에 따라 통크비스트 지수를 이용했다.

산출했다. 아래 박스에서 한국은행이 발간한 “연쇄가중 경제성장률 이해”에서 소개하고 있는 연쇄지수의 집계방식을 간략히 소개했다.

〈지수의 종류〉

경제지표로 널리 사용되고 있는 지수에는 라스파이레스지수, 파쉐지수 및 피셔지수가 있다. 이때, 피셔지수와 통크비스트지수와 같이 비교하는 두 시점에 대해 동일한 가중치를 부여하는 지수를 대칭적 지수(symmetric index)라고 하고, Diewert가 제창한 최상급 지수(superlative index)로 참 지수의 근사치가 된다(한국은행 2009).

〈표〉 가중치 및 평균산식에 따른 지수의 구분

	라스파이레스	파쉐	피셔	통크비스트
가중치	기준년(0기)	기준년(t기)	기준년(0기) 비교년(t기)	0기와 1기의 산술평균
평균산식	가중산술평균	가중조화평균	가중기하평균	가중기하평균

자료: 한국은행(2009) p.12

한편, 지수는 가중치의 고정여부에 따라 고정지수와 연쇄지수로도 구분할 수 있다. 고정지수(fixed weight index)는 특정 연도에 고정된 가중치를 사용하여 떨어져 있는 두 기간의 물량 또는 가격 변동을 직접 측정하고, 연쇄지수(chain index)는 매년 직전년도의 가중치를 사용하여 인접 연도의 물량 또는 가격 변동을 측정하고 이를 누적하여 떨어져 있는 두 기간의 전체 변동을 간접 측정한다.

고정 라스페이레스 물량지수는 기준년 대비 당해연도 수량비율(qt/q0)을 기준년(0기)의 가액비중을 가중치로 적용한 가중산술평균으로 정의된다.

라스파이레스 고정물량지수: $Q^{L}_{(0,t)} = \sum w_0 \frac{q_t}{q_0} = \frac{\sum p_0 q_t}{\sum p_0 q_0}$, $w_0 = \frac{p_0 q_0}{\sum p_0 q_0}$

연쇄 물량지수는 연속적인 두 기간의 물량변동을 누적적으로 곱하여 산출한다. 연속적인 두 기간의 물량변동을 연환지수(link factor)라고 하며 전년도(100)를 기준으로 산출한다.

라스파이레스 연쇄물량지수: $Q^{LC}_{(0,t)} = Q^{L}_{(0,1)} \times Q^{L}_{(1,2)} \times \cdots \times Q^{L}_{(t-1,t)}$

이때 연환지수는 $Q^{L}_{(t-1,t)} = \sum w_{t-1} \frac{q_t}{q_{t-1}} = \frac{\sum p_{t-1} q_t}{\sum p_{t-1} q_{t-1}}$, $w_{t-1} = \frac{p_{t-1} q_{t-1}}{\sum p_{t-1} q_{t-1}}$ 이다.

〈상위부문의 연쇄지수〉

상위부문의 연쇄지수는 지수기준년을 100으로 설정하고 지수기준년 익년부터 상위부문의 연환지수를 누적적으로 곱하여 계산한다.

상위부문인 c 부문은 a 부문과 b 부문으로 구성된다고 가정할 때,

상위부문의 연환지수: $Q(c)^{L}_{(t-1,t)} = (w^{a}_{t-1} \times Q(a)^{L}_{(t-1,t)}) + (w^{b}_{t-1} \times Q(b)^{L}_{(t-1,t)})$

이때, $Q(c)^{L}_{(t-1,t)}$는 c 부문의 연환지수, w^{a}_{t-1}와 w^{b}_{t-1}는 t-1연도의 a 및 b 부문의 c부문 대비 명목금액 비중이다.

출처: 한국은행(2009), “연쇄가중 경제성장률 이해” p.5～30의 II.지수이론 기초의 일부 발췌 정리

제 3 절 산업별 자본계정 구축 방법론[7)]

1. 자본계정

생산활동에서 기업의 투자는 자본스톡을 형성하게 된다. 이때 자본스톡은 기업의 재산인 동시에 생산을 위한 투입요소가 된다. 자본스톡은 부의 저장 수단인 동시에 생산을 위한 자본서비스의 원천이 된다. 다시 말하면, 자본은 가치를 저장하는 수단으로 기능한다. 생산자는 소비자로부터 차입을 통해 자본재를 구입한다. 이 과정에서 소비자는 자본재에 투자 혹은 저축을 하게 되고, 그 대가로 이자 혹은 배당 형태의 자본소득을 받는다. 한편, 자본은 생산을 위한 서비스를 제공한다. 자본재의 소유자는 자본재의 사용자에게 자본서비스를 제공하고 대가를 받는다. 즉, 자본은 두 가지 관점에서 해석할 수 있다. 생산성 계정의 자본계정에서는 두 가지 관점의 자본을 모두 구축했다. 본 연구의 자본계정은 부의 저장수단 관점의 순자본스톡과 생산을 위한 서비스라는 관점의 생산자본스톡 및 자본서비스로 구성된다. 본 절에서는 자본스톡과 관련한 기본개념을 소개하고, 순자본스톡과 생산자본스톡 그리고 자본서비스 추계 방법론을 살펴본다.

2. 자본스톡 관련 기본개념

가. 총자본스톡과 순자본스톡

자본스톡은 총자본스톡(gross capital stock), 순자본스톡(net capital stock), 생산자본스톡(productive stock)의 세 가지 개념으로 구분된다.

---

7) 본 절은 1~2차 연도 협동연구의 경제편인 정현준 외(2015)의 3~5장과 정현준 외(2016)의 3장을 수정 보완하여 작성했고, 발췌・요약에 따른 별도의 인용처리는 생략했다. 그리고 연구과정에서 일부 내용을 변경 수정했으며, 새로운 이슈는 추가로 연구했다. 자본스톡 추계방법론은 OECD(2009), OECD(2000) 등을 적용했고, 용어 등의 정합성을 높이기 위해 이를 번역한 OECD・한국은행(2010), OECD・통계청(2011)을 활용했다.

총자본스톡은 연도별로 총고정자본형성(gross fixed capital formaton; GFCF)을 누적하고, 폐기물(retirements)을 공제하여 측정한다. 폐기물은 폐기함수로 계산하며, 개념상 자본스톡의 값은 불변가격으로 측정해야 한다. 자산유형 j의 총자본스톡 $K^G_{j,t}$는 다음과 같다.

$$K^G_{j,t} = \sum_{\tau=0}^{T} F_{j,\tau} \frac{I_{j,t-\tau}}{q_{j,t-\tau,0}} \qquad \text{(식 3-1)}$$

이때, $I_{j,t}$은 t기의 자산유형 j의 명목 투자액이고, 실질 투자액은 신품자산 j의 가격 즉 투자 가격지수 $q_{j,t,0}$으로 나눠 산출한다. $F_{j,\tau}$는 폐기함수인데 사용되고 있는 자산 중 연령이 τ인 자산의 비중을 나타내는 감소함수로 0과 1 사이의 값을 갖는다. T는 j 유형 자산의 최대 사용기간이다(OECD 2001).

순자본스톡은 부의 자본스톡이라고도 하는데, 총자본스톡에 감가상각 혹은 고정자본소모를 반영하여 추정한다. 이때 감가상각 혹은 고정자본소모는 연령－가격 함수(age-price function)를 이용해서 계산한다. 자산유형 j의 순자본스톡 $K^N_{j,t}$는 다음과 같다.

$$K^N_{j,t} = \sum_{\tau=0}^{T} z_{i,\tau} F_{i,\tau} \frac{I_{j,t-\tau}}{q_{j,t-\tau,0}} \qquad \text{(식 3-2)}$$

이때, $z_{i,\tau} = \frac{q_{i,t,\tau}}{q_{i,t,0}}$이 되고, 연령－가격 함수는 실무에서 종종 시불변(time-invariant) 함수로 가정한다(OECD 2001).[8)]

저량변수인 자본스톡은 감가상각 혹은 고정자본소모를 통해 유량변수인 부가가치와 연계된다. 국민계정에서 감가상각 혹은 고정자본소모는 총부가가치와 순부가가치의 차이로 인식된다. 부가가치의 구성항목에는 감가상각 혹은 고정자본소모 이

8) 순자본스톡의 가치 $NK^N_{j,t}$는 폐기를 반영한 연령 $\tau \in 1,\cdots,T$인 자산의 명목 가치 합과 같다. $NK^N_{j,t} = \sum_{\tau=0}^{T} q_{j,t,\tau} F_{i,\tau} \frac{I_{j,t-\tau}}{q_{j,t-\tau,0}}$. 이때 실질 순자본스톡 $K^N_{j,t}$은 명목 순자본스톡 $NK^N_{j,t}$을 신품 자산가격 $q_{j,t,0}$로 나눠서 구한다(OECD 2001).

외에도 영업잉여(operating surplus)와 피용자보수(compensation of employees)가 있다. 통상 피용자보수는 노동의 사용으로 인해 발생한 소득으로, 그리고 영업잉여는 자본을 이용해서 나오는 소득으로 인식된다.

〔그림 3－1〕 자본 측정

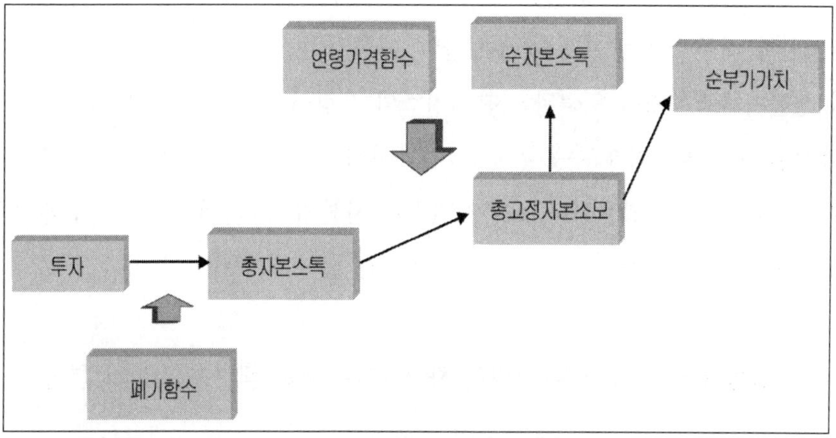

자료: OECD(2009, p.24, 그림 2.1); 정현준 외(2015) 재인용

나. 생산자본스톡과 자본서비스

생산자본스톡은 총자본스톡에 자산의 생산 효율 감소를 반영하여 추정한다. 다시 말하면 과거 투자 플로우에 폐기와 효율 감소를 반영하고 투자액을 누적하여 추정한다. 이때 자산의 생산 효율은 시간 흐름에 따른 자산의 생산 효율을 나타내는 연령－효율 함수(age-efficiency function)를 이용해 계산한다. 자산유형 j의 생산자본스톡 $K_{j,t}^{P}$ 는 다음과 같다.

$$K_{j,t}^{P}=\sum_{\tau=0}^{T}h_{j,\tau}F_{j,\tau}\frac{I_{j,t-\tau}}{q_{j,t-\tau,0}} \qquad \text{(식 3-3)}$$

이때 h_{τ}는 연령－효율함수로 자산이 연차가 지남에 따라 발생하는 생산효율성의 감소를 나타내는 감소함수이며 0과 1 사이의 값을 갖는다. 한편, 연령－가격함수와 연령-효율함수가 동일한 경우 즉 $h_{i,\tau} = z_{i,\tau}$ 일 때 생산자본스톡 K^P는 순자본스톡 K^N과 일치하게 된다(OECD 2001).

생산자본스톡은 생산과정에서 자본서비스를 제공한다. 즉 자본서비스는 자산에서 나오는 생산 서비스의 유량을 의미한다. 자본서비스는 생산자본스톡에 비례해서 나오고, 생산자본스톡을 통해 도출할 수 있다. 한편 자본서비스의 가격은 자본의 사용자 비용 혹은 임대비용과 일치한다. 자본서비스의 가격은 보수, 감가상각, 그리고 자산재평가에 대한 정보를 이용해 추정한다. 자본서비스의 가격 즉 자본의 사용자 비용과 생산자본스톡에서 도출된 자본서비스의 수량이 주어지면, 자본서비스의 가치를 계산할 수 있다. 이때 주목할 점은 자본서비스의 가치를 계산하기 위해 가격과 수량 측면이 동시에 활용된다. 자본서비스는 자본의 두 가지 역할 즉 부와 소득의 측정, 그리고 생산에 대한 자본의 기여 측정과 밀접히 연관되어 있다.

〔그림 3-2〕 통합적 관점의 자본 측정: 부와 생산성 관점의 통합

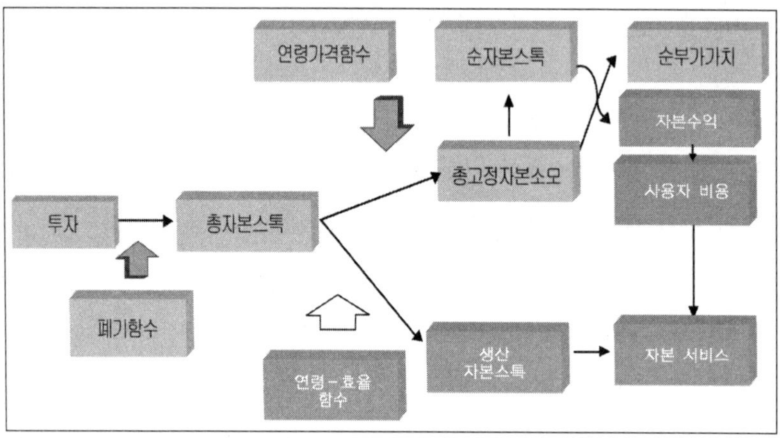

자료: OECD(2009, p.25, 그림 2.2); 정현준 외(2015) 재인용

다. 자본스톡 개념간 관계

총자본스톡은 투자와 자본재의 폐기를 통해 설명되는 자본스톡으로 현실적으로 가장 받아들이기 쉬운 개념이며 동시에 잘 알려진 지표이다. 즉 동태적으로 투자를

누적하고, 여기서 폐기되는 자본재를 제거하여 측정한다. 총자본스톡은 순자본스톡과 생산자본스톡을 계산하기 위한 중간 단계로서 의미도 갖는다. 앞에서 살펴본 바와 같이 순자본스톡과 생산자본스톡은 총자본스톡으로부터 측정한다.

순자본스톡은 자본의 시장가치로 부를 측정하는데 활용된다. 순자본스톡은 동태적으로 투자와 감가상각 혹은 고정자본소모를 누적하여 측정한다. 이때 '순(net)'의 의미는 감가상각을 한 자본스톡 즉 순자본스톡과 그렇지 않은 자본스톡 즉 총자본스톡과 구별하기 위해 사용한 것이다.

그리고 생산자본스톡은 자산을 타입별로 구분하고 효율 감소를 조정하여 자본서비스를 도출하기 위한 수단이 된다. 일반적으로 자본서비스의 흐름(flow of capital services)은 생산자본스톡의 일정 비율(fixed proportion)이라고 가정한다. 이때 자본서비스의 변화율은 생산자본스톡의 변화율과 일치하게 된다. 이처럼 '소득 혹은 부' 그리고 '생산 혹은 생산성' 관점의 차이에도 불구하고 양자는 밀접하게 연관되어 있다. 감가상각(age-price profile)은 효율성(age-efficiency profile)과 연관되어 있고, 감가상각 혹은 고정자본소모는 순자본스톡의 측정에도 이용되지만, 생산자본스톡 계산을 위한 자본의 사용자 비용의 계산에도 포함된다.

3. 순자본스톡 구축 방법론

가. 영구재고법

본 연구에서는 자본스톡 구축을 위해 대표적인 자본스톡 측정 방법론인 영구재고법(Perpetual Inventory Method; PIM)[9]을 이용했다. 영구재고법은 자산의 투자 플로우을 누적하고, 폐기, 감가상각, 효율성 플로우를 차감하여 자본스톡을 측정하는 방식이다(한국은행, 2006; 김정언 외 2015 재인용). 초기 자본스톡은 Young (1995)의 방법론에 따라 1970년을 초기점으로 산업별 자산별로 추정했다. 초기 순자본스톡에 투자 디플레이터로 실질화한 실질 투자를 누적하고, 감가상각을 공제하여 산업별 자산별 순자본스

9) 영구재고법에 대해 자세한 내용은 정현준 외(2016)를 참고.

톡을 구축했다. 초기 순자본스톡과 순자본스톡 K_{ijt}^{N}는 아래 식을 이용해 추정했다.

$$K_{ij0}^{N} = I_{ij1} / (\delta_j + r_{ij\bar{o}}) \quad \text{(식 3-4)}$$

$$K_{ijt}^{N} = (1-\delta_j) K_{ijt-1}^{N} + I_{ijt} \quad \text{(식 3-5)}$$

이때 산업 $i = 1,2,3,\cdots,70$, 자산 $j = 1,2,3,\cdots,12$, 연도 $t = 1971, 1973, \cdots, 2015$, 초기점 1970년을 0기로 표시했고, $r_{ij\bar{o}}$는 초기점부터 5년간 투자의 연평균 증가율이다.[10)]

나. 산업별 자산별 명목 투자 시계열 추정

한국은행은 7개 자산의 자본재 형태별 총고정자본형성 시계열과 15개 산업의 경제활동별 총고정자본형성 시계열을 제공하고 있다. 본 연구에서는 자산별 시계열과 산업별 시계열을 이중비례조정법을 통해 70개 산업의 12개 자산의 자산별 산업별 명목 투자 시계열로 추계했다. 이때 자산 시계열은 각 연도별 산업연관표의 고정자본형성 금액을 기반으로 세분화했다. 산업별 자산별 가중치로 사용한 고정자본형성표는 2008 SNA를 반영하여 일부 (1) 중간소비를 자산화했고, 자산의 인식주체 변경을 반영하여 (2) 공공자본을 조정했다.

1) 중간소비의 자산화

국민계정체계는 경제활동에서 생산방식의 변화를 인지하고 기존에 중간소비로 인식되던 지식재산생산물과 일부 서비스 항목을 자산으로 인식하도록 권고하고 있다. SNA 변화 여부와 상관없이 특정 지출에 자산성이 있는가 여부는 산업분석에서 매우 중요하다. 본 연구는 2008 SNA의 권고에 따라 중간소비로 인식되던 연구개발, 소프트웨어, 오락·문화작품 및 예술품, 광물탐사, 그리고 부동산서비스 지출을 자산화했다.

아래 표는 중간소비를 자산화하는 1~2차 연도의 연구결과를 발췌하여 소개했다. 연구개발의 자산화를 자세히 소개하고, 나머지 소프트웨어, 오락·문화작품 및 예술품, 광물탐사, 그리고 부동산서비스는 간략히 살펴봤다. 자세한 내용은 1~2차 연도 경제편에 수록되어 있다.

---

10) 자산투자 증가율이 급변하는 경우 평균 증가율을 안정화시키기 위해 기간을 연장했다.

〈표 3－5〉 중간소비의 자산화 방법론

<table>
<tr><th>자산</th><th>자산화 방법</th></tr>
<tr><td>연구개발</td><td>
경제성장 및 생활수준 향상에 있어 필수적인 역할을 수행하며 미래의 경제적 편익을 창출한다는 점에서 고정자산 성격을 보유. 연구개발 활동은 식별, 평가 및 상각 등의 실무상 어려움으로 인하여 각 산업부문의 중간소비로 처리하였으나, 2008 SNA에 따라 1년 이상 생산에 사용되고 소유자에게 경제적 편익을 제공하는 연구개발 지출에 대해서는 총고정자본형성으로 처리(한국은행, 2014a).

〈2010년 산업연관표의 연구개발 자산 인식 현황〉
<table>
<tr><th>산업 / 자본재</th><th>전 부문</th></tr>
<tr><td>연구개발(국공립)(346)</td><td>○</td></tr>
<tr><td>연구개발(비영리)(347)</td><td>○</td></tr>
<tr><td>연구개발(산업)(348)</td><td>○</td></tr>
<tr><td>기업 내 연구개발(349)</td><td>○</td></tr>
</table>
자료: 한국은행(2014a)

→ 산업연관표에서 각 부문별로 연구개발투자액을 부가가치(영업잉여+고정자본소모)로 전환시키고, 그리고 동 연구개발 지출액을 고정자본형성(투자)로 전환시키면, 각 부문의 부가가치 부문 전입액만큼 고정자본형성표에서 각 부문의 연구개발 자산의 고정자본형성이 증가. 산업별 R&D 투자는 중간소비에서 부가가치로 전환한 금액의 크기와 일치하며, 이를 수정된 고정자본형성표의 자산행렬에 반영

〈연구개발 처리 방법 비교〉
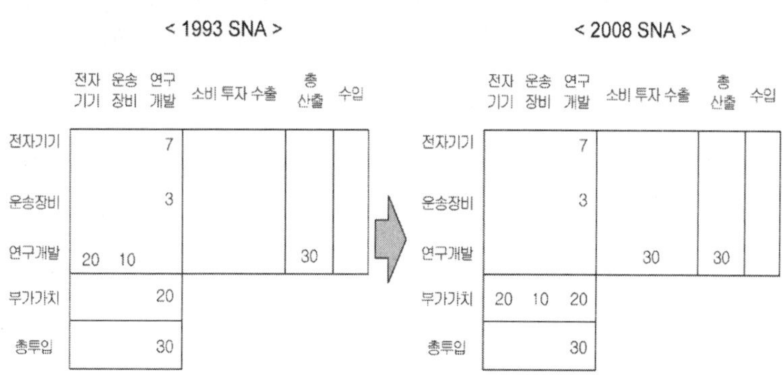

</td></tr>
</table>

<table>
<tr><th>자산</th><th>자산화 방법</th></tr>
<tr><td>컴퓨터
소프트웨어
및
데이터베이스</td><td>기존에는 소유자가 1년을 초과하는 기간 동안 생산활동에 사용하는 소프트웨어로 고정자산 대상을 국한하였으나, 2008 SNA 개정 내용에 따라 정보접근 허가권 등 판매목적으로 구축된 데이터베이스와 1년 이상 생산에 기여하는 자가사용 목적의 데이터베이스도 고정자본형성으로 처리하도록 변경(한국은행, 2014a)
→ 2000년~2010년의 산업연관표에서 소프트웨어 부문의 중간소비 지출과 고정자본형성 지출의 합에서 고정자본형성 지출의 비율을 구해서, 2000년 이전 산업연관표 총거래표 각 부문에 있는 소프트웨어 중간소비에 위 비율을 적용하여 각 연도 부문별 고정자본형성액을 추정</td></tr>
<tr><td>오락・문학작품 및 예술품 원본</td><td>오락・문화・예술품의 원본에 대해서도 일괄 판매되거나 면허권이 부여되어 소유에 따른 모든 위험과 수익을 면허권 취득자가 갖는 경우에 고정자본형성으로 처리(한국은행, 2014a)
→ 2010년 산업연관표를 이용하여 중간소비와 투자지출 합계 대비 투자지출의 비율을 구하여, 2010년 이전 3개 부문의 중간소비와 고정자본형성을 추계

〈2010년 산업연관표의 오락・문학작품 및 예술품원본 자산 인식 현황〉
<table>
<tr><th>산업
자본재</th><th>방송업(060)</th><th>출판업(063)</th><th>영상, 오디오물 제작 및 배급업(064)</th></tr>
<tr><td>영상・오디오물 제작 및 배급(333)</td><td>○</td><td>–</td><td>○</td></tr>
<tr><td>연극, 음악 및 기타예술(372)</td><td>–</td><td>○</td><td>○</td></tr>
</table>
자료: 한국은행(2014a)</td></tr>
<tr><td>광물탐사</td><td>광물탐사를 위한 지출액이 당기에 소모되는 비용이 아니라, 향후 1년 이상의 기간에 효익을 제공하는 것으로 판단(한국은행, 2014a).
→ 2010년 이전 산업연관표에서는 광물탐사를 위한 지출이 중간소비로 인식되어 있기 때문에, 금속 및 비금속광업 부문의 중간소비에 2010년의 고정자본형성 비율을 곱하여 추계

〈2010년 산업연관표의 광물탐사 자산 인식 현황〉
<table>
<tr><th>산업
자본재</th><th>금속 및 비금속광물</th></tr>
<tr><td>과학기술서비스(355)</td><td>○</td></tr>
</table>
자료: 한국은행(2014a)</td></tr>
</table>

<table>
<tr><th>자산</th><th colspan="3">자산화 방법</th></tr>
<tr><td rowspan="4">부동산
서비스</td><td colspan="3">부동산서비스는 '비주거용 건물 임대'와 '부동산 개발 및 공급', 그리고 '부동산관련서비스'로 구성. 여기서 '부동산 개발 및 공급'과 '부동산관련서비스'의 자산성 인정</td></tr>
<tr><td></td><td>부동산 개발 및 공급</td><td>부동산관련서비스</td></tr>
<tr><td>2005～
2007년</td><td>고정자본형성 금액이 공공자본으로 배분
(산업별로 배분 안됨)
→ 공공자본으로 계상되어 있는 고정자본형성 지출액을 2010년 산업별 고정자본형성 지출비율로 배분</td><td rowspan="2">총거래표에서 고정자본형성으로 인식하고 있으나, 고정자본형성표에서는 산업별 배분을 하지 않음
→ 2010년 산업별 분포를 이용해 '부동산관련서비스'의 고정자본형성을 산업별로 배분</td></tr>
<tr><td>1990～
2003년</td><td>총거래표의 중간소비로 인식
→ '부동산 임대'를 2010년 부동산 임대와 부동산 개발 및 공급 비중을 적용하여 '부동산 개발 및 공급' 금액을 추정하고, 각 산업별로 배분</td></tr>
</table>

자료: 정현준 외(2015), 정현준 외(2016)에서 발췌 정리. 자세한 내용은 1～2차 연도 선행연구를 참고

2) 공공자본 조정

2010년 산업연관표에서는 일부 자산에서 적용되던 '이용 기준'을 전 자산에서 '소유 기준'으로 전환했다. 2010년 이전의 고정자본형성표에서는 주거용 건물, 비주거용 건물, 도로시설, 철도시설, 항만시설, 하천사방, 상하수도시설, 농림수산토목, 도시토목, 환경정화시설, 통신시설, 전력시설, 산업플랜트, 기타 건설, 부동산 개발 및 공급, 부동산관련서비스 등의 자산을 공공자본 혹은 공적자본이라는 별개의 항목으로 인식했다. 이는 공공성이 인정되는 도로, 철도, 항만, 통신, 전력 등의 자산을 경제 전반이 이용하기 때문에 어느 특정 산업에 귀속시키는 것이 바람직하지 않다는 관점이 반영된 결과였다. 하지만 한국은행은 2010년 산업연관표부터 공공자본 항목을 삭제하고, 소유기준을 전면 적용했다. 즉 공공자본으로 분류하던 것들을 소유자 기준으로 배분한 것이다. 이에 따라 전력시설의 경우 전기업, 통신시설의 경우 통신업, 도로시설의 경우 운수업 등 해당 자산을 소유한 주체가 귀속되는 산업에 집중적

으로 배분되는 현상이 나타났다. 표학길 외(2007), 정현준(2011), Jung, Na & Yoon (2013) 등에서도 일정한 규칙에 따라 공공자본을 자본의 이용 기준에서 소유 기준으로 전환하여 자산을 개별 산업에 귀속시켰다.

3) 이중비례조정법

한국은행은 7개 자산의 자본재 형태별 총고정자본형성 시계열과 15개 산업의 경제활동별 총고정자본형성 시계열을 제공하고 있다. 본 연구에서는 수정된 명목 고정자본형성표를 가중치로 활용한 이중비례조정법을 통해 자산별 시계열과 산업별 시계열을 70개 산업의 12개 자산으로 조정했다. 이를 위해 수정된 고정자본형성표를 보간하여 연장했고, 수정된 고정자본형성표를 이용해 각 연도의 자본재 형태별 총고정자본형성 시계열과 경제활동별 총고정자본형성 시계열을 12개 자산과 70개 산업으로 분해했다. 이때 국민계정의 총고정자본형성 시계열은 2008 SNA를 반영해 2010년 기준년 개편된 시계열이고, 산업연관표의 수정된 고정자본형성표는 과거 기준으로 기 발표된 수치에 연구 목적에 맞추어 앞에서 검토한 중간소비의 자산화, 공공자본 조정 등의 몇 가지 요소를 반영한 고정자본형성표이다.

이중비례조정법을 이용해 특정 연도의 산업별 투자 계와 자산별 투자계가 주어진 경우 해당연도의 수정된 고정자본형성표를 가중치로 활용하여 해당연도의 조정된 고정자본형성표를 추정할 수 있다. 이중비례조정법의 절차는 본 연구의 경제편에 수록했다.[11)]

다. 자산 디플레이터

자본스톡 추계를 위해서는 명목 투자에서 가격 변동을 제거하여 투자 시계열을 실질화하여야 한다. 투자 시계열에서 가격 변동을 반영하지 않으면 투자 누적액의 증가가 실제 투자 증가에 의한 것인지, 가격 변동에 의한 것인지 구분이 불가능하기 때문이다.[12)] 실제로 자산의 가격 변화에는 순수한 가격변동과 품질 변화로 인한 가

---

11) 이중비례조정법은 산업연관분석에서 RAS로 알려져 있으며, RAS 방법은 한국은행(2014b)을 본 연구에 맞게 변형하여 적용했다.

격변동이 혼재되어 있다. 상품 가격 변동의 원인이 "수요증감이나 비용상승 등에 있으면 순수 가격변동 요인으로 볼 수 있으나, 상품의 성능향상 또는 기능추가 등으로 가격이 변동한 경우에는 품질변화요인에 해당되므로 품질조정과정을 거쳐서 순수 가격변동분만을 물가지수에 반영해야한다"(이익노, 2000).

기술발전으로 인해 품질이 개선되는 현상은 많은 자산에서 관찰되고 있으나, ICT 부문은 기술 발전의 속도가 매우 빨라 시간이 흐름에 따라 품질이 빠르게 향상되고, 심지어 가격마저 하락하는 현상이 관찰되고 있다. 이에 ICT자산의 경우 품질변화에 대한 특별한 고려가 필요하다.

1~2차 연도 연구에서 ICT 부문의 디플레이터에 대해 몇 가지 시사점을 도출했다. 첫째, "ICT 부문과 같은 하이테크 산업의 경우 컴퓨터, 반도체와 같은 상품 가치의 개선 혹은 열화를 추정하는 것은 매우 어려운 과제이다. 특히 하이테크 산업에서는 상품의 질이 높아지면서 동시에 생산비용도 감소되는 현상이 발견되는데, 이러한 현상은 기존의 품질조정 방법의 적용"(정현준 외, 2015)이 곤란하다는 점이다. 둘째, 생산자가격 디플레이터보다는 자산 디플레이터를 활용하는 것이 적절하다는 점이다. 이는 생산자가격 디플레이터는 해당 국가가 생산하는 상품 바스켓에 의해 영향을 받지만, 자산 디플레이터는 해당 국가가 투자하는 자산 바스켓에 의해 영향받기 때문이다. 즉, 기업은 해당 국가에서 생산하는 자본재뿐만 아니라 수입을 통해서도 투자를 한다는 점을 고려할 때 상품 바스켓보다 투자 바스켓이 바람직할 것이라고 판단했다. 셋째, 일부 ICT자산의 경우 생산자물가지수와 미국의 생산자물가지수 간 차이가 나타났다. 이는 앞에서 언급한 상품 바스켓과 투자 바스켓의 차이에 의한 것일 가능성이 있다. 그래서 한국과 미국의 고정자본형성 물가지수를 비교했고, 자산 물가지수의 경우에도 한국이 미국에 비해 물가 하락의 정도가 상대적으로 작다는 점을 발견했다. 이러한 점들은 ICT 부문의 디플레이터 선택에 있어서 아직 추가적인 연구가 상당부분 필요하다는 점을 시사한다.

---

12) 물가지수에 대한 보다 자세한 내용은 1차 연도 연구(정현준 외, 2015)를 참고하시오.

본 연구에서는 한국은행 국민계정의 자산 디플레이터를 이용해 유형별 고정자본형성을 실질화했다. 하지만, ICT자산은 글로벌 시장에서 자유롭게 경쟁한다는 점에서 한국과 미국의 ICT자산 가격의 차이가 상당하다는 점은 새롭게 헤도닉 물가지수를 산정하거나, harmonized 디플레이터를 적용할 필요성에 대한 추가적 연구 과제를 남긴다. 한편 자산 디플레이터를 이용해 실질화했다는 의미는 동일한 유형의 자산은 산업에 무관하게 동일하고, 이에 동일한 디플레이터를 적용했음을 가정한 것을 의미한다.

ICT자산의 디플레이터 추이를 살펴보면, 컴퓨터장비의 경우 1980년대 후반까지 디플레이터가 상승하다가 이후 하락 추세를 보이고 있다. 1990년대 말부터 가격이 빠르게 하락하다가 2008년 이후 하락세가 완만해졌다. 통신장비의 경우 1980년대 이후 완만하게 물가가 상승하다가 2000년 초반부터 물가가 소폭 하락하고 있다. 본 연구에서 광의의 ICT자산으로 분류한 분석장비의 경우, 지속적으로 물가가 상승하다가 1990년대 후반 이후 물가가 하락했고, 2000년대 중반 이후 다시 소폭 증가했다가 다시 감소하고 있다. 세 가지 ICT자산의 경우 글로벌 외환위기 기간인 2007～2009년 동안에 그동안 유지되던 마이너스 성장세가 플러스로 전환되거나 마이너스 성장이 감소하는 모습을 보인다. 한편 소프트웨어의 경우 지속적으로 디플레이터가 상승하고 있다.

〔그림 3－3〕 ICT자산 디플레이터 추이

(단위: 2010=1)

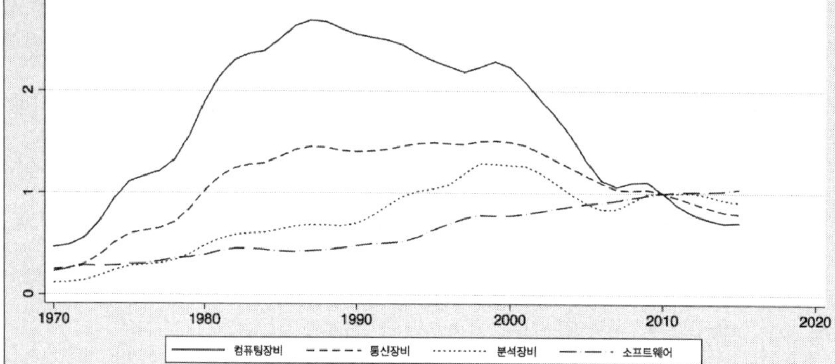

자료: 본 연구에서 추계한 데이터를 이용해 저자가 계산 (KISDI 생산성계정 2017)

지식자산의 디플레이터는 전반적으로 지속적인 상승 추세를 보인다. 연구개발의 자산 디플레이터가 소프트웨어, 그리고, 오락 · 문학작품 및 예술품원본 등 기타지식재산생산물 보다 상대적으로 더 빠르게 상승하는 모습을 보인다.

〔그림 3－4〕 지식자산 디플레이터 추이

(단위: 2010=1)

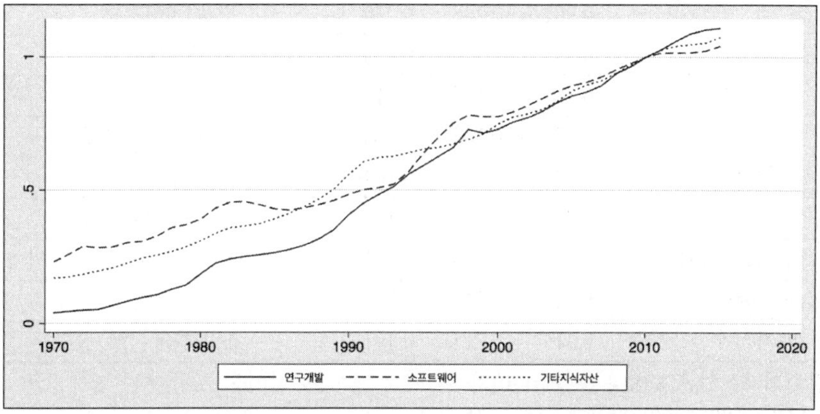

자료: 본 연구에서 추계한 데이터를 이용해 저자가 계산 (KISDI 생산성계정 2017)

라. 감가상각률[13)]

자산형태별 감가상각률을 구하기 위해서는 자산의 내용연수, 폐기율 등을 알아야 한다. 본 연구에서는 자산 형태별로 일정한 정률 감가상각률(geometric depreciation rate)을 가정하여 필요한 정보를 내용연수로 최소화시켰다. 자산형태별 감가상각률은 OECD 자본측정 매뉴얼, EUKLEMS의 감가상각 가이드라인 그리고 한국은행 국민대차대조표의 고정자본소모 현황을 반영하여 아래와 같이 설정했다. 연구개발(R&D)의 경우 기술의 진화 및 진부화 정도가 다르기 때문에 산업간 감가상각(진부화율)에 차이를 인정했고, 건설자산의 경우 유럽(EUKLEMS)과 한국의 특성 차이를 반영해 선행연구 및 전문가 의견에 따라 조정했다.

13) 감가상각에 대한 보다 자세한 내용은 1～2차 연도 협동연구의 경제편을 참고하시오.

〈표 3－6〉 자산 형태별 감가상각률

자산 형태	EUKLEMS		KISDI	비고
	최솟값	최댓값		
1. 주거용 건물	0.011	0.011	0.030	조정(한국은행 참고)
2. 비주거용 건물	0.023	0.069	0.030	조정(한국은행 참고)
3. 구축물(토목)	0.023	0.069	0.030	조정(한국은행 참고)
4. 운송장비	0.061	0.246	0.246	EUKLEMS 최댓값
5. 컴퓨팅장비(IT)	0.315	0.315	0.315	EUKLEMS 최댓값
6. 통신장비(CT)	0.115	0.115	0.115	EUKLEMS 최댓값
7. 분석장비	0.073	0.164	0.164	EUKLEMS 최댓값
8. 기타기계류	0.073	0.164	0.164	EUKLEMS 최댓값
9. 육성생물	0.073	0.164	0.164	EUKLEMS 최댓값
10. 연구개발(R&D)	0.315	0.315	0.172*	조정(전기전자산업 0.275, 그 외 0.137)
11. 소프트웨어(SW)	0.315	0.315	0.315	EUKLEMS 최댓값
12. 기타지식재산생산물	0.315	0.315	0.191	조정(한국은행 참고)

주: 전기전자산업은 KISDI 소분류(70)의 22～26, 28～29 산업을 포함. *는 전체평균
자료: EUKLEMS(2007)를 참고하여 작성

4. 생산자본스톡 및 자본서비스

가. 생산자본스톡

영구재고법으로 순자본스톡을 산출하기 위해서는 투자 시계열에 연령－가격함수를 적용하고, 생산자본스톡을 산출하기 위해서는 연령－효율함수를 적용하여 투자를 누적한다. OECD 자본측정 매뉴얼은 정률감가상각을 적용하면 연령－가격함수와 연령－효율함수가 일치되어 생산자본스톡은 순자본스톡과 동일하게 산출됨을 보이고 있다(한국은행 · OECD 2010).[14] 정률 감가상각을 이용해 순자본스톡을 구축하면 순자본스톡이 생산자본스톡이 되며 이를 이용해 자본서비스를 도출할 수 있다는 점에서 생산성 계정의 작성과 분석 실무 입장에서 커다란 장점이 된다.

14) OECD는 정률 감가상각률이 자산군에 대한 폐기함수와 연령－가격함수를 결합했을 때 나타나는 전형적인 형태라고 제시하고 있다(한국은행 · OECD 2010).

본 연구는 정률감가상각을 적용하여 순자본스톡은 추계했기 때문에 순자본스톡은 생산자본스톡과 일치한다. 그래서 생산자본스톡은 별도로 추정하지 않고 순자본스톡으로 대체하여 활용했다.

나. 자본서비스

성장회계를 위해서 생산자본스톡에서 나오는 자본서비스를 추계했다. 본 연구의 자본서비스는 38개 산업에서 12개 자산 유형의 자본의 사용자비용을 도출하고, 자산 유형별 자본서비스를 가중치로 자본서비스를 구했다.

1) 자본의 사용자 비용[15)]

자본의 사용자 비용(user cost of capital)은 특정 기간의 자산 사용에 대한 단위 원가, 즉 자본 서비스 한 단위를 사용하거나 취득하는데 소요되는 가격으로 자산구입의 기회비용 혹은 금융비용, 자산 사용에 따른 감가상각, 그리고 자산의 가격변동에 따른 자본이득으로 구성된다(OECD 2000, 한국은행 2014c).

자본 사용자 비용은 자본재의 ‘임대 가격(rental price)’이나 ‘단위사용자비용(unit user cost)’ 혹은 ‘자본서비스 가격(price of capital service)’이라고 한다(OECD 2009b).

본 연구에서는 OECD 생산성 매뉴얼(2001)과 Jorgenson et.al(2014) 등을 참고하여 j 유형 자산의 단위사용자비용, $u_{j,t}$를 다음과 같이 구했다.

$$u_{j,t} = p^I_{j,t-1} i_t + p^I_{j,t} \delta_j - (p^I_{j,t} - p^I_{j,t-1}) \qquad \text{(식 3-6)}$$

이때 p^I는 j 유형 신품 자산의 가격으로 투자 디플레이터이고, i는 명목 자본수익률, δ는 감가상각률을 나타낸다.

한편, 자본소득이 양의 값을 가지더라도 일부 자산 유형의 자본의 사용자비용은 음의 값을 가질 수 있다. 특히 토지와 같이 가격이 급격히 상승하는 경우 이러한 현상이 발생할 수 있다. 한편, Diewert, Mizobuchi and Nomura (2005)는 ‘균형실질수익률’(balancing real rates)를 제시했다. 이를 활용하면 내생적으로 수익률을 결정하지

15) 정현준 외(2015) 제4장 제5절의 1차 연도의 연구결과를 발췌했다.

만 보유손익을 0으로 처리해 토지와 같은 자산 급등으로 발생하는 음의 사용자비용 문제를 제거할 수 있다(한국은행 · OECD 2010).

$$u_{j,t}^{e} = p_{j,t-1}^{I} i_t + p_{j,t}^{I} \delta_j \qquad \text{(식 3-7)}$$

균형상태에서 단위사용자비용은 자본서비스의 가격이 된다. 본 연구에서 내부수익률은 전체 자본소득에서 감가상각분을 제외한 부분이 자산 유형별 자본소득의 합과 일치하게 하는 사후 내생적으로 결정된 균형실질수익률을 적용했다(OECD, 2009, 신석하 2013).[16)]

〔그림 3－5〕 사후 내생수익률과 회사채수익률

(단위: %)

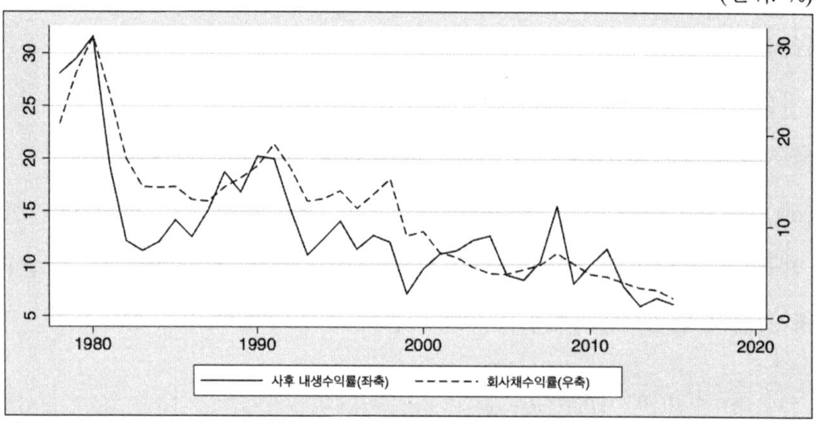

자료: 본 연구에서 추계한 데이터를 이용해 저자가 계산 (KISDI 생산성계정 2017)

2) 자본서비스 추계

각 자산 유형별 자본서비스 가액은 생산자본스톡에 단위사용자비용을 곱해서 구한다.

---

16) 한국은행의 경우 실질 자산수익률을 4%로 가정하고 감가상각률은 순자본스톡에서 계산되는 추계치를 이용해 자본서비스 물량지수를 작성하고 있다(한국은행 2014c).

$$u_{j,t}^{e}K_{j,t}^{P}=[p_{j,t-1}^{I}i_{t}+p_{j,t}^{I}\delta_{j}]K_{j,t}^{P} \quad \text{(식 3-8)}$$

자본서비스 물량지수는 자산 유형별 자본서비스 가액의 비중에 자산 유형별 생산 자본스톡 증가율을 곱한 값을 합하여 산출한다. 본 연구에서는 자본서비스 물량지수를 Tornqvist 방식으로 집계하며, 가중치는 전년도와 당해연도의 유형별 자본서비스 가액의 평균치인 $\overline{v}$를 사용한다.

$$\Delta\ln K_{t}^{P}=\sum_{j=1}\overline{v_{jt}}\Delta\ln K_{jt}^{P} \quad \text{(식 3-9)}$$

이때, 유형별 자본서비스 가액의 비중과 가중치는 아래와 같다.

$$v_{jt}=\frac{u_{jt}^{e}K_{jt}^{P}}{\sum_{j=1}u_{jt}^{e}K_{jt}^{P}}\ ,\ \overline{v_{jt}}=\frac{1}{2}(v_{jt}+v_{jt-1}) \quad \text{(식 3-10)}$$

제 4 절 산업별 자가계정 소프트웨어 투자 구축 방법론[17)]

1. 자가계정 소프트웨어

본 절에서는 협동연구 1～2차 연도에 연구한 자가계정 소프트웨어 투자 구축 방법론을 발췌하여 개념 중심으로 소개한다. 협동연구의 1차 연도에 자가계정 소프트웨어 투자 구축 방법론을 연구했고, 2차 연도에 산업별 자가계정 소프트웨어 투자를 시산했다. 이번 3차 연도에는 지난 1～2차 연도 연구결과에 기반해 자가계정 소프트웨어 투자 구축 방법론을 보완하고 산업별 자가계정 소프트웨어 투자 자료를 업데이트

17) 본 절은 1～2차 연도 협동연구의 총괄편인 김정언 외(2016)의 6장과 경제편인 정현준 외(2015)의 6장과 정현준 외(2016)의 3장을 수정 보완하여 작성했고, 발췌・요약에 따른 별도의 인용처리는 생략했다. 한편 자가계정 소프트웨어 투자의 개념 및 추계 방법론은 지식재산생산물 자본측정 핸드북(OECD 2010, OECD・통계청 2011)의 내용을 따랐고, 연구과정에서 전문가 의견을 반영해 일부 내용을 변경 수정했으며, 새로운 이슈는 추가로 연구했다.

했다. 본 절에서는 개략적인 구축 방법론과 변경사항[18]을 소개하고, 8장에서 산업별 자가계정 소프트웨어 투자 추계 결과를 제시했다.

기업의 정보통신기술 관련 투자에서 소프트웨어의 중요성이 커짐에 따라 소프트웨어 자본의 경제적 역할에 대한 관심도 지속적으로 높아지고 있다. 컴퓨터소프트웨어는 하드웨어와 마찬가지로 투자의 성격을 지니고 있기 때문에 SNA는 소프트웨어에 대한 투자를 지식재산생산물(intellectual property products)의 세부자산 중 하나로 분류하고 그에 대한 지출을 자산처리하도록 권고하고 있다. 우리나라도 2000년 이후부터 국민계정과 산업연관표에 소프트웨어를 고정자본형성으로 처리하고 있다(박성빈, 2003). 하지만, 고정자본형성 추계의 용이성을 고려하여 기업의 외부로부터 구매되는 소프트웨어인 패키지 소프트웨어와 주문소프트웨어를 중심으로 고정자본형성을 추계하고 있으며 기업 내부에서 전문인력을 활용하여 직접 제작한 자가계정 소프트웨어에 대한 투자액에 대한 추계는 충분히 고려되지 못하고 있다.

자가계정 소프트웨어는 투자가 발생하는 기업수준에서 일반적으로 투자로 회계처리하지 않기 때문에 회계자료를 이용하여 직접적으로 고정자본형성액을 추계하는 것이 용이하지 않다. 미국, 캐나다 등 주요 선진국의 경우 생산비용접근법을 활용하여 간접적으로 자가계정 소프트웨어를 추계하고 있으며, 그 추정치에 따르면 전체 소프트웨어 투자액에서 자가계정 소프트웨어 투자액의 비중이 약 30% 이상을 차지할 정도로 매우 중요한 것으로 나타나고 있다(Sharpe, 2014). 또한, 금융, 도소매, 과학 및 사업서비스 등 생산성이 높은 서비스산업들에서 자가계정 소프트웨어에 대한 투자가 활발히 진행되고 있는 것으로 분석되고 있다. 타 선진국과 달리 한국은 산업구조의 변화가 매우 빠르게 진행되고 있고 정보통신기술, 연구개발 등 지식재산의 중요성이 크게 증가함에 따라 산업별 소프트웨어자본의 투자와 그 경제적 역할에 대한 분석이 요구되고 있지만 이를 위해 필수적인 산업별 소프트웨어투자에 대한 통계는 미흡한 편이다. 특히 자가계정 소프트웨어는 기업 내 사업 활동에 특화

18) 한편, 전문가 의견을 반영해 1∼2차 연도 연구결과 일부를 변경했다.

되어 제작 및 개발되기 때문에 산업별로 투자액의 차이가 크게 존재할 수 있다. 따라서 산업별 소프트웨어 자본의 생산기여도를 엄밀하게 추정하기 위해서는 산업별 자가계정 소프트웨어 자본스톡의 추정이 선행될 필요가 있다.

2. 산업별 자가계정 소프트웨어 투자 추계 방법론

소프트웨어는 외부로부터의 구입 여부에 따라 구입 소프트웨어(purchased SW)와 자가계정 소프트웨어(own account SW)로 구분되며, 각 유형별로 서로 다른 자본스톡 추계 방식이 적용된다.

OECD는 지식재산생산물 자본측정 핸드북(OECD 2010, OECD · 통계청 2011)에서 구입 소프트웨어와 자가계정 소프트웨어의 고정자본형성 추계 방식으로 각각 수요접근법과 공급접근법을 방식을 제시하고 있으며, 두 가지 추계방식을 통해 독립적으로 추정한 추계 값을 서로 비교, 조정할 것을 권고하고 있다(권고 6, 7). 하지만 각 경제주체들의 소프트웨어투자를 직접 조사하는 것이 용이하지 않기 때문에 소프트웨어 총고정자본형성은 일반적으로 전체 소프트웨어 생산액에서 투자된 부분을 추정하는 공급접근법을 통해 간접적으로 추계한다. 이 중 구입 소프트웨어는 소프트웨어의 매출 자료를 기반으로 재화흐름접근법에 따라 추정하며, 자가계정 소프트웨어는 노동비용 및 간접비를 기반으로 추정한다. 이는 2008 SNA에서 자가 사용 목적의 산출물도 기초가격으로 평가할 것을 권고하고 있음에도, 자가계정 소프트웨어에 대해서는 일반적으로 신뢰할만한 시장가격이 형성될 만큼의 물량 판매가 이루어지기 어렵기 때문이다.

가. 구입 소프트웨어의 총고정자본형성 측정

재화흐름접근법을 이용하여 자산의 총고정자본형성을 추정하기 위해서는 먼저 판매되는 국내 총 소프트웨어 매출액 자료가 필요한데, 정확한 소프트웨어 매출액을 추정하기 위해서는 산업자료가 아니라 상품자료에 기반해야 한다. 즉, 소프트웨어 매출은 소프트웨어 관련 산업뿐만 아니라 다른 모든 산업에서 생산되어 판매된 소프트웨어 매출을 포함해야 한다. 구매자가격으로 평가하기 위해 상업마진과 세금을 더하고 소프트웨어 수입액을 합산하여 국내 소프트웨어의 총공급을 추정한다. 소프트웨어의 국내 총공급액 중 수출되거나 민간에서 소비되는 부문을 2차 자료에 기반하여 차감하면 기업과 정부의 총 소프트웨어 구매액을 추정할 수 있다. 마지막으로 중간재로 소비되는 소프트웨어, 중복계상을 피하기 위해 하도급계약 소프트웨어 매출, 그리고 유지보수비용을 차감하면 전체 구입 소프트웨어의 총고정자본형성을 구할 수 있다.

〈표 3－7〉 구매 소프트웨어 총고정자본형성 추정방법 개요

국내 SW 총매출
+ 상업마진과 세금
+ SW 수입(로얄티, 라이선스 등 포함)
⇓
= 국내 SW 총공급
－ SW 수출
－민간소비 SW
⇓
= 기업과 정부의 SW 총구매액
－하드웨어 탑재 SW
－하도급계약 SW매출
－유지보수비용
⇓
= 구입 SW 총고정자본형성

주: OECD(2002)와 Sharpe(2014); 김정언 외(2015) 재인용

나. 자가계정 소프트웨어의 총고정자본형성 측정

자가계정 소프트웨어의 총고정자본형성에는 기업 내부적인 사용을 목적으로 하거나 기업이 이용허가권 혹은 복제용 이용허가권을 판매할 목적으로 기업 내부에서 소프트웨어를 개발하는데 드는 비용을 포함해야 한다(OECD, 2010; OECD・통계청,

2011). 하지만 기업수준에서 자가계정 소프트웨어의 자산처리가 거의 이루어지지 않으므로 소프트웨어 투자액을 직접적으로 추정할 있는 자료가 존재하지 않는 경우가 많으므로, 대부분의 국가에서 생산비용접근법을 적용하여 자가계정 소프트웨어의 총고정자본형성을 추정한다. 자가계정 소프트웨어의 생산비용은 피고용자 보수, 중간재, 간접세와 고정자본소모 등을 포함한다. 일반적으로 자료의 불충분으로 노동비용과 비노동비용으로 구분하여 노동비용을 추정한 후 2차 자료를 활용하여 비노동비용의 비율을 가정하여 총생산비용을 추정한다.

〈표 3-8〉 자가계정 소프트웨어 총고정자본형성 추정방법 개요

SW전문가의 총노동비용
− 판매되거나 하드웨어에 장착되는 SW와 관련된 노동비용
− SW생산과 관련 없는 활동(유지보수 및 관리)의 노동비용
⇓
= 자가계정SW 생산의 노동비용
+ 자가계정SW 생산의 비노동비용
⇓
= 자가계정SW 총고정자본형성

주: OECD(2002)와 Sharpe(2014); 김정언 외(2015) 재인용

3. 자가계정 소프트웨어의 총고정자본형성 추계

본 연구는 현재 가용한 산업별, 직종별 자료를 기반으로 한국고용정보원의 산업직업별 고용구조조사와 통계청의 지역별고용조사를 활용하여 우리나라 산업별 자가계정소프트웨어 투자액을 추계했다.

산업별로 소프트웨어 생산인력을 조사하고 이들의 노동비용에서 판매되는 소프트웨어와 관련된 노동비용과 소프트웨어와 관련없는 노동비용을 차감하고, 자가계정 SW와 관련된 비노동비용을 합하여 자가계정 소프트웨어의 투자액을 추계했다.

이때, 자가계정 소프트웨어 생산비용 중 가장 중요한 요소는 소프트웨어 생산인

력의 노동비용이다. 추정의 편의를 위해 자가계정 소프트웨어의 생산은 소프트웨어 전문가에 의해서만 생산될 수 있다고 가정한다. 노동비용을 기반으로 자가계정 소프트웨어 투자를 추정할 때 한 가지 중요한 사항은 소프트웨어 전문가가 생산한 소프트웨어 생산액과 자가계정 소프트웨어의 생산액은 다르다는 것이다. 즉, 소프트웨어 전문가의 생산은 자가계정 소프트웨어의 생산뿐만 아니라 시장에 판매되는 소프트웨어의 생산도 포함하고 있다. 따라서 자가계정 소프트웨어의 투자를 추정할 때 판매되는 소프트웨어의 생산에 투입되는 노동비용과 관련 비노동비용은 제외해야 한다. 예를 들어, 패키지 소프트웨어를 제작하는 산업의 경우 복제를 위한 원본소프트웨어는 자가계정 소프트웨어 투자이며 원본소프트웨어는 판매가 되는 것이 아니라 원본을 복사한 복사본 소프트웨어만 판매가 된다. 이는 주문소프트웨어의 경우도 마찬가지이다. 따라서 자가계정 소프트웨어의 투자를 추정할 때 판매되는 소프트웨어(주문형소프트웨어 원본의 판매와 복사본소프트웨어의 판매)와 관련된 생산활동은 제외하여야 중복계상을 피할 수 있다.

2차 연도 연구에서는 소프트웨어 개발 및 공급업(582)과 컴퓨터 프로그래밍, 시스템 통합 및 관리업(62) 및 호스팅 및 관련 서비스업(63112)의 소프트웨어 인력에 대해서 소프트웨어 인력의 1%만을 자가계정 소프트웨어 개발인력으로 간주하였다. 하지만, 3차 연도 연구에서는 2차 연도 추정방식은 소프트웨어 생산산업의 자가계정 소프트웨어 개발인력을 과소추정한다고 판단하고, 자가계정 소프트웨어 개발인력을 소프트웨어 생산산업 종사자의 2%로 추정 방법을 변경했다.

자가계정 소프트웨어 생산과 관련한 비노동비용은 중간재, 고정자본소모, 영업잉여를 포함한다. 자가계정 소프트웨어의 생산구조는 주문소프트웨어 산업의 생산구조와 매우 비슷할 것으로 가정하고 소프트웨어 생산 산업에 관한 서베이나 기타 자료를 이용하여 노동비용 대비 비노동비용의 비중을 구하고 이를 적용하여 비노동비용을 추정할 수 있다. OECD(2010)에 따르면 주문소프트웨어 산업(computer services industries)의 경우 일반적으로 노동집약적이어서 전체 영업비용 중 노동비용의 비중이 약 2/3를 차지한다고 지적하고 있다.

한편, 본 연구가 표본규모가 큰 산업별, 직종별 조사를 활용하여 자가계정 소프트웨어 투자를 추계하였으나 소프트웨어 전문인력의 직업분류가 소분류이기 때문에 산업별 시계열 추정치가 다소 불안정할 수 있는 것으로 파악되었다. 향후 산업별 자가계정소프트웨어 투자액을 좀 더 엄밀히 추계하기 위해서는 좀 더 표본규모가 큰 인구총조사의 원자료를 활용하는 방안도 모색할 필요가 있다고 판단된다.

제 5 절 산업별 노동계정 구축 방법론[19)]

1. 노동계정

본 연구의 산업 분석 및 생산성 분석을 위해서는 산업별 노동 통계가 요구된다. 하지만 기존의 경제통계에서 제공하는 산업별 노동 데이터를 그대로 사용하는 것은 쉽지 않다. 이를테면 통계청의 '경제활동인구조사'는 1963년도부터 최근까지 농림어업, 제조업 등 KSIC 대분류 수준에서 노동 통계를 제공한다. 그리고 '전국사업체조사'의 경우 세세분류 수준에서 종사자 자료를 제공한다. 경제활동인구조사는 가구를 대상으로 취업자를 조사하고, 전국사업체조사는 사업체를 대상으로 종사자를 조사하기 때문에 두 통계간 노동의 총량에 차이가 발생한다. 한편 노동의 구성은 통계조사의 목적에 따라 다양한 통계에서 조사되고 있다.

본 연구에서는 노동의 총량 측정을 위해 경제활동인구조사와 전국사업체조사를 이용했으며, 종사자지위, 성별, 교육, 연령 등의 노동의 구성을 측정하기 위해 경제활동인구조사와 고용형태별 근로실태조사의 임금구조부문을 활용했다.

---

19) 본 절은 2차 연도 협동연구의 경제편인 정현준 외(2016)의 제4장을 수정 보완하여 작성했고, 발췌・요약에 따른 별도의 인용처리는 생략했다. 그리고 연구과정에서 일부 내용을 변경 수정했으며, 새로운 이슈는 추가로 연구했다.

2. 산업별 노동계정 추계 방법론

본 연구의 노동계정은 산업별 노동자 수와 노동시간으로 구성된다. 산업별 노동계정은 두 단계로 추계했다. 우선 산업별 노동자 수를 산출하고, 여기에 평균 노동시간을 적용해 노동시간을 추계했다.

산업별 노동계정을 구축하기 위한 기본 원칙으로 우선 이용 가능한 데이터를 최대한 활용하고, 추계 목적, 적합성, 일치성을 고려했다. 통계청과 정부부처를 통해 발표되는 국가통계 데이터를 최대한 활용했고, 해당 통계의 유효성을 확인하기 위해 통계간 비교 및 분석을 통한 시뮬레이션을 수행했다.

가. 산업별 노동자 수

산업별 노동계정을 구축하기 위한 기본 원칙으로 우선 이용 가능한 데이터를 최대한 활용하고, 추계 목적, 적합성, 일치성을 고려했다. 이에 노동 총량은 경제활동인구조사의 취업자 수와 일치시켰다. 그리고 산업별 특성을 반영하기 위해 가용한 데이터를 활용하고, 최대한 동일한 기준을 적용했다. 세부 산업별 노동 자료를 제공하는 통계 중 가장 긴 기간을 제공하는 전국사업체조사를 활용했다. 전국사업체조사는 사업체 전수 조사라는 장점이 있지만, 전국사업체조사의 종사자 수는 2015년 2,089만 명으로 경제활동인구조사의 취업자 2,594만 명 대비 505만 명이 적다. 이 차이는 경제활동인구조사 취업자 수의 19.5% 수준이다.

우선 산업분류를 몇 개 산업군으로 구분하고, 산업군별 노동을 경제활동인구조사의 대분류 수준의 취업자 수에 일치시켰다. 구체적으로 농업・임업 및 어업, 광업, 제조업, 전기가스수도업, 건설업, 도매 및 소매업, 운수업, 숙박 및 음식업, 출판・영상・방송통신 및 정보서비스업과 사업서비스, 금융 및 보험업, 공공행정, 교육, 보건 및 사회복지사업, 기타서비스업 등 10여개의 산업군으로 구분하고, 각 산업군별 노동을 배분하고, 이후 전국사업체조사의 산업별 종사자 수를 이용해 각 산업군 내에서 세부 산업의 노동에 배분하여 산업별 노동계정을 추계했다. 자영업자가 많은 농림어업의 경우 사업체 기반의 전국사업체조사를 적용하는 것이 바람직하지 않아

지역별고용조사 등을 적용했고, 1990년대 이전은 1981년, 1986년, 1991년 3차례 조사된 총사업체조사와 광업제조업조사를 적용했다.

나. 산업별 노동시간

산업별 노동시간을 추계하기 위해 고용형태별 근로실태조사(고용노동부)의 산업군별 평균 노동시간을 구했다. 구체적으로 원시데이터에서 산업군별로 정상근로시간에 초과근로시간을 더한 산업별 총근로시간을 산출한 후 산업별 취업자 수로 나눠 산업군별 평균 노동시간을 산출했다.

노동계정의 산업별 노동시간은 노동자 수에 위에서 산출한 산업군별 평균 노동시간을 곱하여 추계했다. 정리하면, 노동계정의 노동시간은 경제활동인구조사 기반 취업자수에 고용형태별 근로실태조사에서 산출한 1인당 평균 노동시간을 적용하여 추계했다. 이때 종사자 지위별 평균 노동시간은 동일하다고 가정했다.

우리나라 산업별 노동시간 관련 통계는 경제활동인구조사(통계청), 고용형태별 근로실태조사(고용노동부, 구 임금구조기본통계조사), 사업체노동력조사(고용노동부, 구 사업체임금근로시간조사), 근로자당 연평균 실제 근로시간(OECD) 등이 있다. 통계마다 관심이 있는 조사대상과 조사항목, 산업분류 수준 그리고 이용 가능한 통계의 기간이 상이하다. 본 연구에서는 노동시간과 노동의 구성에 주로 활용한 고용형태별 근로실태조사는 “근로자 1인 이상 사업체에 종사하고 있는 자영업주를 제외한 정규직 근로자, 비정규근로자의 임금, 근로시간, 고용형태, 사회보험 등 각종 근로조건에 관한 사항을 사업체 특성 및 인적 속성별로 파악하여 관련 정책수립의 기초자료 제공”하기 위해 조사된다. 그리고 한국표준산업분류 중분류 수준에서 근로시간과 성별, 학력, 연령 등 노동의 구성 정보를 제공하며, 조사대상으로 근로자 1인 이상으로 설계되었다는 점에서 본 연구의 노동계정에 가장 적절한 통계로 판단된다. 한편 고용형태별 근로실태조사는 면접조사를 통해 자료를 수집하고, 매년 6월 기준으로 1980년부터 1년 주기로 조사 중이다.

한국의 근로시간 자료는 통계별로 편차가 존재한다. 이에 개별 통계별 현황을 살펴봤다. 1인당 연평균 노동시간은 경제활동인구조사가 가장 높게 조사되었고, 사업체노동력조사가 가장 낮게 조사되었다. 고용형태별 근로실태조사는 양 통계의 사이에 위치하는데, 이는 가구조사(경제활동인구조사)와 사업체조사(사업체노동력조사, 고용형태별 근로실태조사)간의 차이, 그리고 조사범위가 5인 이상(사업체노동력조사)인 통계와 1인 이상(고용형태별 근로실태조사) 통계간의 차이로 보인다.[20] 모든 통계에서 1인당 평균 노동시간은 하락 추세이다. 하지만 2005년 이후 통계간 변동성이 커진 것도 동시에 확인할 수 있었다. 본 연구에서는 연구목적과 범위에 가장 일치하는 고용형태별 근로실태조사를 사용하지만, 참고치로 HP 필터를 적용한 고용형태별 근로실태조사의 추세 근로시간을 제시했다. 향후에도 관련 통계를 이용할 경우 이에 근로시간 관련한 해석에 주의가 필요할 것으로 판단된다.

〔그림 3－6〕 1인당 연평균 노동시간 비교

(단위: 시간)

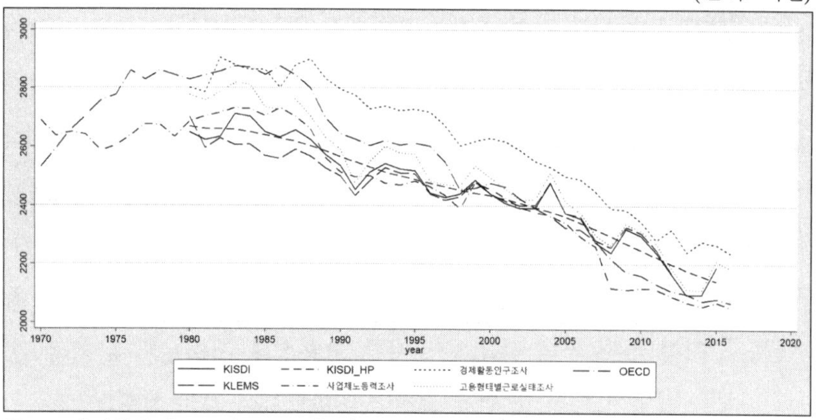

주: 1) 경제활동인구조사는 '주당 평균 노동시간×52주'로 계산
2) 고용형태별 근로실태조사는 임금구조부문으로 '월 근로시간×12개월'로 계산
3) 사업체노동력조사는 '월 근로시간×12개월'로 계산

자료: 경제활동인구조사(통계청), OECD, ASIA KLEMS (http://asiaklems.net/, 2017. 11. 1 기준), 사업체노동력조사(고용노동부), 고용형태별 근로실태조사(고용노동부)

---

20) 이외에도 기존 조사기법으로는 베이비부머 세대의 은퇴 및 재취업과 관련한 노동시장 진입퇴출 현황을 반영하는데 한계가 있고, 이에 따라 1인 이상을 조사대상으로 하는 고용형태별 근로실태조사의 근로시간 정보에 변동성이 확대되었다는 의견도 있다.

3. 산업별 노동의 구성

노동은 종사자 지위, 성별, 학력, 연령 등으로 구분할 수 있다. 이를 구분하는 이유는 이질적인 노동이 어떻게 구성되어 있는가 즉 산업별 노동의 구성을 구체적으로 살펴보기 위해서이다. 노동의 구성은 노동의 질을 반영하여 이질적인 노동을 하나의 노동서비스 지수로 계산하는 기초 자료가 된다.

가. 종사자 지위별 노동 구성

노동 계정의 취업자는 종사자 지위별로 피고용자와 자영업주 및 무급가족종사자(이하 자영업자)로 구분할 수 있다. 피고용자와 자영업주 및 무급가족종사자는 각 산업별 경제활동인구조사의 종사자 지위별 비율을 적용하여 추계했다.

나. 성별, 학력별, 연령별 노동 구성

노동계정에서 성별, 학력, 연령 등의 노동의 구성은 고용형태별 근로실태조사의 임금구조부문을 활용했다. 노동의 구성을 살펴보기 위해 노동을 산업군별로 성별(2개), 학력별(3개), 연령별(3개) 18개 유형으로 구분했다.

〈표 3－9〉 노동의 구성

구분	내용
성별	① 남, ② 여
학력별	① 중졸이하, ② 고졸, ③ 초대졸 및 대졸
연령별	① 15세 이상～30세 미만, ② 30세 이상～50세 미만, ③ 50세 이상

자료: 고용형태별 근로실태조사, OECD(2001), EUKLEMS(2007) 등을 참고하여 저자가 구분

고용형태별 근로실태조사를 이용해서 산업별로 18개 유형의 취업자 비중과 1인당 평균 급여를 도출했다.[21] 그리고 노동계정의 산업별 취업자에 산업별로 성별, 학력

21) 노동의 구성 추출을 위한 산업군 연계표는 분류체계 연계표는 부록 1에 수록되어 있다. 노동구성에 적용한 분류는 노동소득 분배율 추정을 위한 산업군 분류와 동일하다.

별, 연령별 18개 유형의 취업자 비중을 곱해 산업별 취업자를 세분화했다. 이후 산업별 18개 유형의 평균급여를 곱해 산업별 유형별 급여 비중을 도출했다. 급여 비중은 향후 노동서비스의 비중으로 활용된다. 한편 고용형태별 근로실태조사의 1984~1998년 농림어업 부문의 노동 구성에 대한 정보가 제공되지 않는다. 이에 해당 구간의 구성 정보는 선형 보간 처리를 통해 추정했다. 그리고 15세 미만 종사자는 분석에서 제외했다.

4. 노동서비스

산업별 노동계정은 취업자 수와 노동시간으로 구성되어 있다.

생산함수 관점에서 투입요소로서의 노동은 노동시간을 이용하는 것이 적절하다. 노동시간은 아래 식과 같이 취업자 수와 평균 노동시간으로 분해된다.[22)]

$$H_{i,m} = E_{i,m} \bullet h_i \qquad \text{(식 3-11)}$$

이때, H은 노동시간(Hours worked), E는 취업자 수(Employment), h는 평균 근로시간(average hours worked)이고, 하첨자 $i \in 1,2,\cdots,38$는 산업, $m \in 1,2,\cdots,18$은 성별(2), 학력별(3), 연령별(3)로 총 18개 유형으로 구분한 노동의 유형을 의미한다.

산업별 노동서비스는 유형별 노동의 통크비스트 지수를 개별 유형의 당기와 전기의 노동소득 비중 평균을 가중치로 집계하여 산출한다. 성별, 학력, 연령 측면의 품질을 조정한 노동서비스의 증가율은 아래와 같다. 이때 H_m은 품질유형별 노동시간을 의미하고, v_m은 산업별 노동소득에서 m 유형이 차지하는 노동소득의 비중이다.[23)] $\bar{v}_m$은 산업별 m 유형의 당기와 전기 노동소득 비중의 평균이다.

---

22) 산업별 노동시간은 산업별 취업자 수에 산업별 1인당 평균 근로시간을 곱하여 산출했다.

23) 유형별 노동소득은 산업별 유형별 취업자 수에 산업별 유형별 1인당 평균급여를 곱하여 산출했다.

$$\Delta \ln L_i = \sum_{m=1}^{M} \bar{v}_{m,i} \Delta \ln H_{m,i} \qquad \text{(식 3-12)}$$

$$v_m = COMP_m / \sum_{m=1}^{M} COMP_m \ , \ \bar{v}_{m,t} = 0.5 \times (v_{m,t} + v_{m,t-1}) \qquad \text{(식 3-13)}$$

$COMP_m$는 산업내 품질유형별 노동소득을 의미한다. 여기서는 표기의 단순화를 위해 산업을 의미하는 하첨자 i와 시간을 나타내는 하첨자 t를 일부 생략했다.

제 6 절 산업별 노동소득 분배율 구축 방법론[24)]

1. 개 요

본 연구는 2차 연도에 산업별 노동소득 분배율 추계 방법론을 연구했다. 본 절에서는 2차 연도의 산업별 노동소득 분배율 추계 방법론을 간략히 소개하고, 본 연구의 생산성 계정에 적용한 결과를 소개했다.

노동소득 분배율(labor income share)은 노동과 자본 간의 소득 비중을 보여주는 지표이다. 일반적으로 노동소득 분배율은 자본과 노동 간 소득분배 추이를 살펴보기 위해서 이용되지만 노동소득 분배율의 측정은 성장회계분석에서 노동과 자본의 산출기여도 측정과 총요소생산성(total factor productivity) 분석에 있어서도 필수적이다. 특히 자영업에 종사하는 비임금근로자의 비중이 높은 한국의 경우 임금근로자의 피용자보수만을 노동소득으로 간주할 경우 노동소득 분배율이 과소 추정될 수 있다. 따라서 임금자료가 없는 비임금근로자의 소득으로부터 노동소득과 자본소득

24) 본 절은 2차 연도 협동연구의 경제편인 정현준 외(2016)의 제4장을 수정 보완하여 작성했고, 발췌 · 요약에 따른 별도의 인용처리는 생략했다. 그리고 연구과정에서 일부 내용을 변경 수정했으며, 새로운 이슈는 추가로 연구했다. 3차 연도 연구에서는 2차 연도 연구의 일부를 수정 적용했다. 예를 들면 2차 연도에는 산업군을 6개로 구분했으나, 본 절에서는 15개 산업군으로 확장했다. 산업별 노동소득 분배율 추정은 생산성 연구에 매우 중요하며 향후에도 지속적인 추가연구가 필요하다.

을 분리해 내는 것이 정확한 노동 소득분배율 측정을 위한 중요한 요소이다.

본 절에서는 Gollin(2002)이 제시한 세 가지 노동소득 분배율 조정방법을 이용하여 피용자보수에 누락되어 있는 비임금근로자의 노동소득을 보정하고 한국의 산업별 노동소득 분배율을 추정했다.

한국의 경우 급속한 경제발전을 경험하면서 산업별 구성의 변화를 경험했다. 그래서 전산업 수준에서 경제구조 변화가 크지 않다는 전제하에서 이루어진 기존의 연구방법에는 한계가 있을 수 있다. 예를 들면 한국의 경우 비임금근로자의 노동소득 비중의 장기간 변화는 농업부문의 급속한 축소와 서비스업의 지속적인 확대라는 산업 간 구성의 변화를 통해서 발생하였다.

본 연구에서는 비임금근로자의 귀속소득(imputed income)과 임금근로자 소득의 차이를 시기별, 산업별로 동일하게 적용했다. 이로 인해 농업 부문과 서비스업 부문의 비임금근로자의 급속한 변화를 반영하는데 일정한 한계가 있을 수 있다. 하지만, 노동소득 분배율 산정에 피용자보수만을 이용한다거나 OECD와 같이 비임금근로자의 귀속임금을 임금근로자의 임금과 동일하게 처리하는 방식은 명확히 문제를 발생시킨다는 점에서 본 연구의 노동소득 분배율 연구는 산업별 생산성 분석의 적절한 대안이 될 것으로 판단한다.

2. 노동소득 분배율 측정 방법론

가. 노동소득 분배율 정의

분배 측면에서 노동소득 분배율은 노동소득이 국민소득(national income)에서 차지하는 비중으로 정의된다(이병희 외, 2014). 반면, 생산 및 소득 측면에서 정의할 때는 국내총생산(gross domestic product; GDP) 또는 총부가가치(gross value-added; GVA)에 대한 노동소득 비중을 노동소득 분배율로 정의된다. 본 연구에서는 성장회계분석에 필요한 산업별 노동소득 분배율 측정에 주안점을 두고 있으므로 총부가가치 기준 노동소득 분배율을 이용했다.

피용자보수만을 노동소득으로 고려한 노동소득 분배율은 다음과 같다.

비조정 분배율: 노동소득 분배율(LS0) = 피용자보수÷총부가가치

나. 혼합소득

노동소득은 기본적으로 피용자보수를 이용하지만, 자영업자 등 비임금근로자의 노동소득은 피용자보수에 포함되지 않기 때문에 피용자보수만을 노동소득으로 간주할 경우 노동소득 분배율이 과소 추정된다.

비임금근로자의 노동소득은 요소소득 중 영업잉여 항목에 포함되어 있다. 가계 비법인의 경우 생산 활동의 결과로 발생한 소득에는 피용자보수와 영업잉여가 구별되어있지 않고 혼합되어 있다(한국은행 2010, 이병회 외 2014). 즉 비법인 기업의 소유자인 자영업주의 경우 기업가로서의 역할과 근로자의 역할을 동시에 수행하지만 피용자보수를 받지는 않는다.

이에 따라 혼합소득을 노동소득에서 제외하면, 노동소득 분배율이 과소평가되는 문제가 있다. 특히 자영업자의 비중이 높은 국가의 경우 이러한 현상이 더욱 크게 나타난다. 일반적으로 개인 농가 중심의 농업의 비중이 높은 경우, 그리고 서비스업이 영세 업체로 구성된 경우 경제 전체에서 자영업이 차지하는 비중이 높다.

한국은 1970～1980년대 개인 농가로 구성된 농업비중이 높았기 때문에 농가의 노동소득을 제외하면 노동소득 분배율이 과소 추정될 우려가 있다. 그리고 서비스업의 자영업 비중은 높기 때문에 자영업자의 노동소득을 제외할 경우 노동소득 분배율이 과소 추정된다. 한편, 한국은행은 국민계정에서 1975～2016년의 경제전체의 혼합소득 자료를 제공하고 있다.

다. 노동소득 분배율 조정

노동소득 분배율 조정의 핵심은 비임금근로자의 노동소득을 조정한다는 점이다. Gollin(2002)에 따라 세 가지 노동소득 분배율 조정 방법을 살펴봤다.

첫 번째 조정방식은 혼합소득을 모두 노동소득으로 간주한다. 이 방법은 자영업자가

자본을 보유함으로써 얻는 소득을 모두 노동소득으로 간주한다는 관점에서 노동소득 분배율이 과대 측정된다는 한계가 있다. 하지만 첫 번째 조정방식의 노동소득 분배율은 분배율의 최댓값(upper bound)으로 간주할 수 있다. 반면에 피용자보수만으로 측정된 노동소득 분배율(LS0)은 분배율의 최솟값(lower bound)에 대한 정보를 제공한다.

조정 1안: 노동소득 분배율(LS1) = (피용자보수+혼합소득)÷(총부가가치)

두 번째 조정방식은 혼합소득의 노동소득과 자본소득의 비율이 다른 경제 부문과 동일하다는 가정 하에 혼합소득에서 노동소득을 분리하는 방식이다. 자영업 부문이 경제전체와 동일한 노동소득 분배율을 가지므로, 조정 2안의 노동소득 분배율은 총부가가치에서 혼합소득을 제외하고 피용자보수에 대한 비중을 구함으로써 계산할 수 있다. 하지만, 자영업 부문은 일반적으로 다른 경제 부문보다는 노동집약적이므로 이러한 조정방식은 노동소득 분배율을 과소 추정할 가능성이 있다. 또한 경제가 발전함에 따라서 자영업 부문과 그 외 부문 간의 자본집약도의 차이가 확대될 경우 과소 추정은 과거에 비해서 최근 기간에서 더욱 심하게 발생할 수 있다.

조정 2안: 노동소득 분배율(LS2) = (피용자보수)÷(총부가가치－혼합소득)

세 번째 조정방식은 비임금근로자와 임금근로자의 1인당 평균 소득이 동일하다고 가정하고, 비임금근로자수에 임금근로자 1인당 평균소득을 곱하여 비임금근로자의 귀속소득을 구한다. 임금근로자의 평균소득은 피용자보수를 임금근로자수로 나누어 구할 수 있다.[25)] 이러한 방식은 비임금근로자수를 이용하여 귀속소득을 추정한다는 점에서 첫 번째와 두 번째 조정방식과는 다르다. 또한 기간별, 산업별 차이를 고려할 수 있다는 특징이 있다. 하지만 동일한 인적자본을 가진 근로자는 자영업을 포함하여 어떤 업종에 종사하든지 동일한 임금을 받는다는 가정은 노동시장에서 이동성

25) 1인당 평균 소득의 차이의 일부는 근로시간의 차이로부터 기인할 수도 있다.

이 낮은 한국 등의 국가에 적용하기는 무리가 있다. 예를 들면, 한국의 경우 비임금 근로자의 1인당 평균 소득은 임금근로자보다 낮은 것으로 알려져 있기 때문이다.

조정 3안은 비임금근로자와 임금근로자간 임금격차가 없는 경우(LS3A)와 임금격차가 50%인 경우(LS3B)를 적용해서 노동소득 분배율을 산출했다. OECD는 비임금 근로자와 임금근로자간 임금격차가 없는 경우(LS3A)를 적용하는 것으로 알려졌다. 본 연구에서는 조태형(2016), Cho, Hwang, Schreyer(2017)에서 제시한 임금격차 50%를 이용해 노동소득 분배율(LS3B)을 추정했다.[26)]

조정 3안:
노동소득 분배율
= [(피용자보수÷임금근로자수)×총근로자수]÷총부가가치

노동소득 분배율(LS3A)
= [(피용자보수÷임금근로자수)×임금근로자수
+ (100%)×(피용자보수÷임금근로자수)×비임금근로자수]÷총부가가치

노동소득 분배율(LS3B)
= [(피용자보수÷임금근로자수)×임금근로자수
+ (50%)×(피용자보수÷임금근로자수)×비임금근로자수]÷총부가가치

하지만 비임금근로자는 농업 및 서비스업 등 특정 산업 부문에 집중되어 있고, 임금격차 50%는 전산업을 대상으로 한 연구결과라는 점에서 전산업 평균 임금격차를 개별 산업에 적용하는 것은 일정한 한계가 존재한다.

본 연구에서는 다섯 가지 노동소득 분배율 시뮬레이션(LS0, LS1, LS2, LS3A, LS3B) 결과 우리나라 전산업에서 적절하다고 논의되는 임금격차 50%를 개별 산업에 적용하더라도 적절한 것으로 판단하고 이를 적용했다.

26) 김동석 외(2012)는 2015년 고용형태별 근로실태조사 자료의 5인 미만 사업체의 평균 급여가 전체 사업체 급여의 약 60%라는 점을 근거로 비주택기업부문의 귀속임금은 임금근로자의 약 60%이며 임금격차는 전 기간에 걸쳐 동일하다고 가정했다.

〈표 3－10〉 노동소득 분배율 산식

구분		산정방식
기본안	LS0	(피용자보수)÷(총부가가치)
조정 1안	LS1	(피용자보수+혼합소득)÷(총부가가치)
조정 2안	LS2	(피용자보수)÷(총부가가치－혼합소득)
조정 3안	－	[(피용자보수÷임금근로자수)×총근로자수]÷총부가가치
	LS3A	[(피용자보수÷임금근로자수)×임금근로자수 + (100%)×(피용자보수÷임금근로자수)×비임금근로자수]÷총부가가치
		= LS0×(임금근로자수+비임금근로자수)÷임금근로자수 (OECD, 2001)
	LS3B	[(피용자보수÷임금근로자수)×임금근로자수 + (50%)×(피용자보수÷임금근로자수)×비임금근로자수]÷총부가가치

자료: 정현준 외(2016)을 수정[27)]

참고로 OECD(2001)은 비임금근로자의 귀속임금이 포함된 혼합소득(mixed income)의 일부가 노동소득 분배율에 포함하도록 하고 이는 노동 투입량에 자영업자의 근로시간을 포함하는 것과 일관성을 갖는다고 지적했다. OECD(2001)는 비임금근로자의 귀속임금을 조정하기 위해 다음과 같은 방식을 제시했다.

조정 노동소득 분배율 = 조정전 노동소득 분배율 × (임금근로자수 + 비임금근로자수)
÷ 임금근로자수

이는 LS3A안과 동일하다.

3. 산업별 노동소득 분배율 측정

본 연구는 생산성 계정에서 노동의 구성에 대한 정보를 수록하고 있는 15개 산업군에 대해 노동소득 분배율을 산출했다.[28)]

---

27) 정현준 외(2016)의 노동소득 분배율 계산식을 내용을 표와 같이 변경한다.

28) 노동소득 분배율 추정을 위한 산업군은 노동구성에 적용한 분류와 동일하다. 분

우선 (1) 산업별 비조정 노동소득 분배율(LS0)을 살펴본다. 노동소득 분배율의 산업별 차이는 자본 집약도의 차이가 주된 요인이지만 농림어업, 도소매업 등의 경우 높은 비임금근로자 비중 또한 노동소득 분배율에 영향을 준다. 전기가스수도 산업의 낮은 노동소득 분배율은 높은 자본 집약도에 기인하지만, 농림어업의 낮은 노동소득 분배율은 높은 비중을 차지하는 비임금근로자의 귀속소득이 노동소득에 포함되어 있지 않기 때문이다. 이외에도 (2) 산업군내 비임금근로자 비중, (3) 전산업 대비 산업군별 비임금근로자 비중, (4) 전산업 대비 산업군별 총근로자 비중 등을 검토했고, (5) 조정 1안과 2안의 노동소득 분배율(LS1, LS2)을 측정하기 위해 산업군별 혼합소득을 측정했다. 자세한 내용은 본 연구의 경제편(정현준 외, 2017)에 수록되어 있다.

4. 산업군별 노동소득 분배율 추정 결과

노동소득 분배율은 총요소생산성에 가장 큰 영향을 주는 파라메터이다. 자영업자 및 무급가족종사자 등 비임금근로자의 수가 상당하다는 점을 고려할 때, 적절한 노동소득 분배율을 적용할 필요가 있고, 나아가 노동시장에서의 변화를 고려시 산업별 노동소득 분배율에 대한 연구는 매우 중요하다.

본 연구는 노동소득 분배율 측정 시 피용자보수에 누락된 비임금근로자의 노동소득을 보정하는 방법을 살펴보고 이를 바탕으로 조정된 노동소득 분배율을 15개 산업군별로 추정하였다. 피용자보수만을 노동소득으로 간주한 비조정 노동소득 분배율은 1975～2015년 기간 평균 약 46.2%로 나타났다. Gollin(2002)이 제시한 세 가지 노동소득 분배율 조정방식 중에서 한국의 경우 비임금근로자의 임금을 임금근로자 대비 약 50%로 가정한 방식(LS3B)은 대체로 혼합소득을 모두 노동소득으로 간주한 LS1과 최소한의 부분을 노동소득으로 간주한 LS2 사이에 위치하고 있다. 하지만 OECD와 EU KLEMS와 같이 비임금근로자의 귀속임금이 임금근로자의 임금과 동일하다고 가정한 방식은 대부분의 산업에서 LS1을 초과하기 때문에 한국에 적용하

류체계 연계표는 부록 1에 수록되어있다.

기에는 어렵다는 사실을 확인할 수 있었다. 따라서 임금근로자 대비 비임금근로자의 임금을 50～60% 수준으로 가정한 김동석 외(2012), 조태형(2016), Cho, Hwang, & Schreyer (2017) 등의 기존 연구를 적용했다.

아래 그림은 산업군별 노동소득 분배율과 임금격차를 50%로 가정하여 노동소득 분배율에 비임금근로자의 귀속소득을 반영한 LS3B 안의 추정 결과와 관련 산업군의 분류표이다.[29] 본 연구에 적용할 LS3B의 숙박 및 음식 산업군은 노동소득 분배율이 1보다 크기 때문에 추세를 보고 1982～1991년 분배율을 0.9로 조정했다.

〔그림 3－7〕 산업군별 노동소득 분배율

(단위: unity)

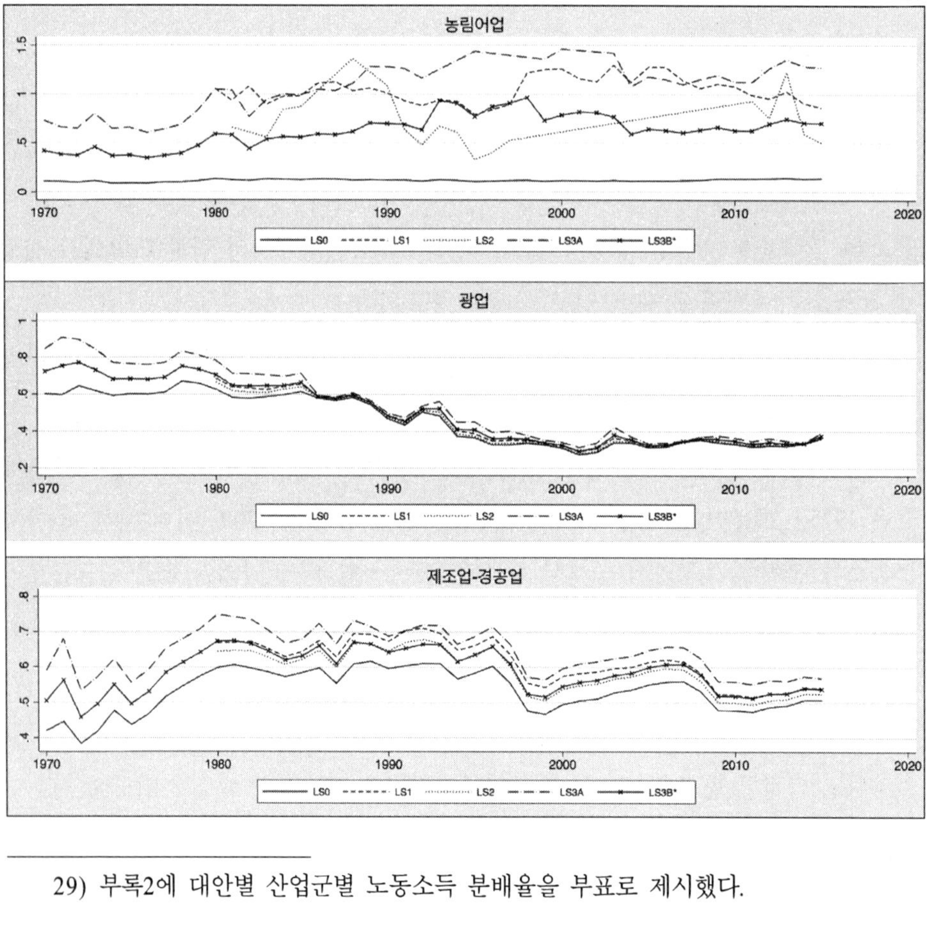

29) 부록2에 대안별 산업군별 노동소득 분배율을 부표로 제시했다.

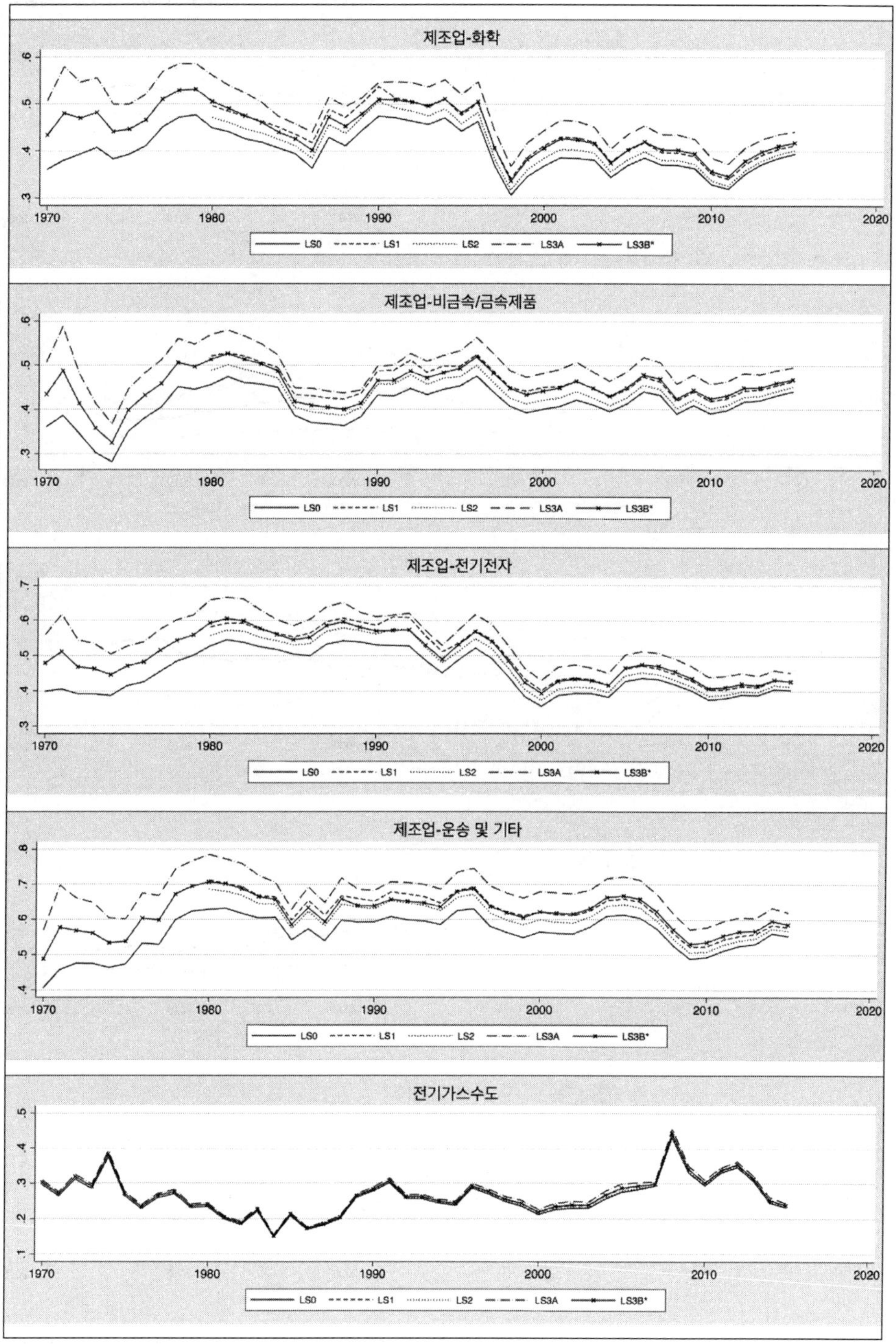
제조업-화학
.3
.4
.5
.6
1970
1980
1990
2000
2010
2020
LS0
LS1
LS2
LS3A
LS3B*
제조업-비금속/금속제품
.3
.4
.5
.6
1970
1980
1990
2000
2010
2020
LS0
LS1
LS2
LS3A
LS3B*
제조업-전기전자
.3
.4
.5
.6
.7
1970
1980
1990
2000
2010
2020
LS0
LS1
LS2
LS3A
LS3B*
제조업-운송 및 기타
.4
.5
.6
.7
.8
1970
1980
1990
2000
2010
2020
LS0
LS1
LS2
LS3A
LS3B*
전기가스수도
.1
.2
.3
.4
.5
1970
1980
1990
2000
2010
2020
LS0
LS1
LS2
LS3A
LS3B*

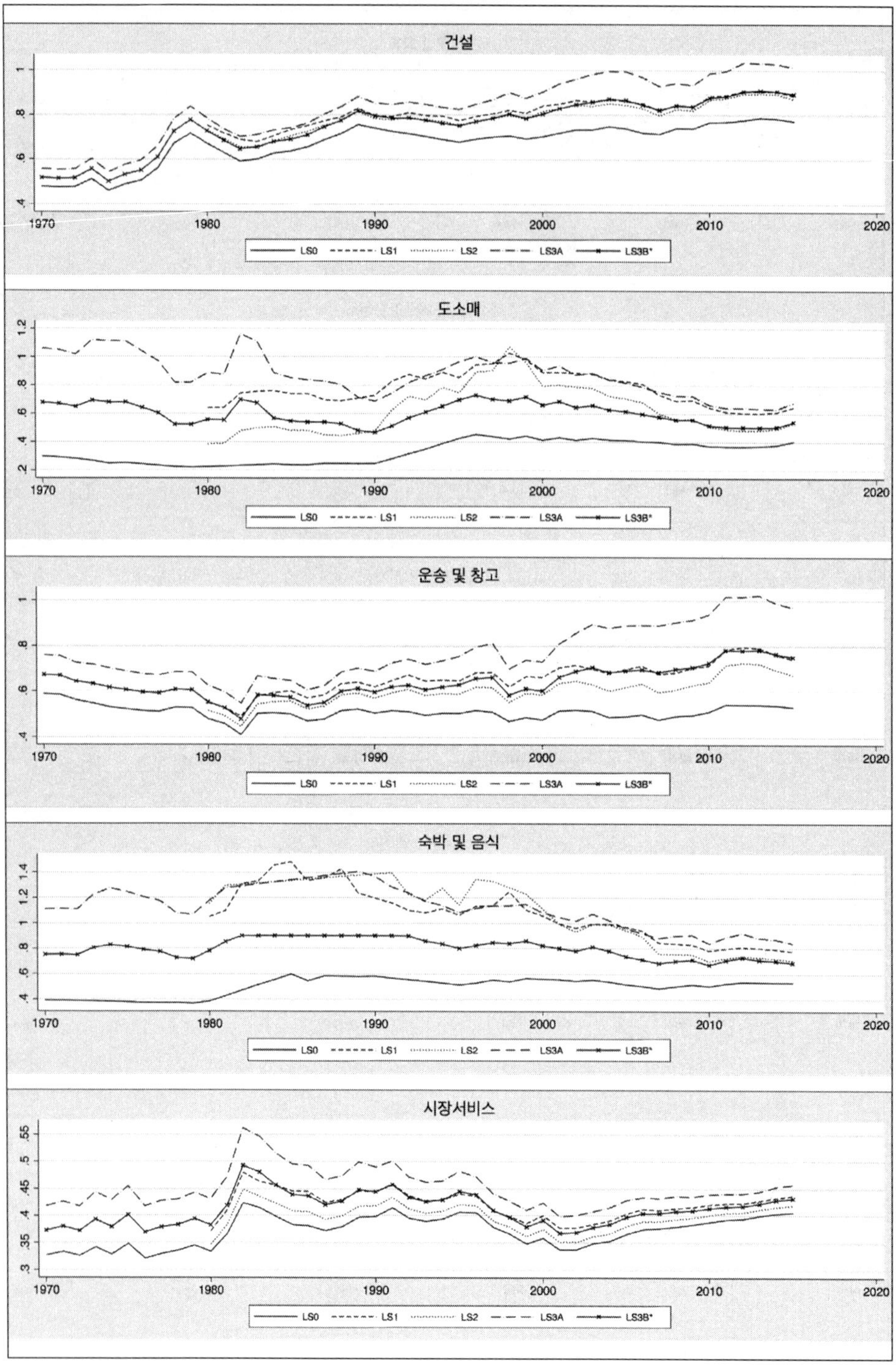
건설
1
.8
.6
.4
1970
1980
1990
2000
2010
2020
LS0
LS1
LS2
LS3A
LS3B*
도소매
1.2
1
.8
.6
.4
.2
1970
1980
1990
2000
2010
2020
LS0
LS1
LS2
LS3A
LS3B*
운송 및 창고
1
.8
.6
.4
1970
1980
1990
2000
2010
2020
LS0
LS1
LS2
LS3A
LS3B*
숙박 및 음식
1.4
1.2
1
.8
.6
.4
1970
1980
1990
2000
2010
2020
LS0
LS1
LS2
LS3A
LS3B*
시장서비스
.55
.5
.45
.4
.35
.3
1970
1980
1990
2000
2010
2020
LS0
LS1
LS2
LS3A
LS3B*

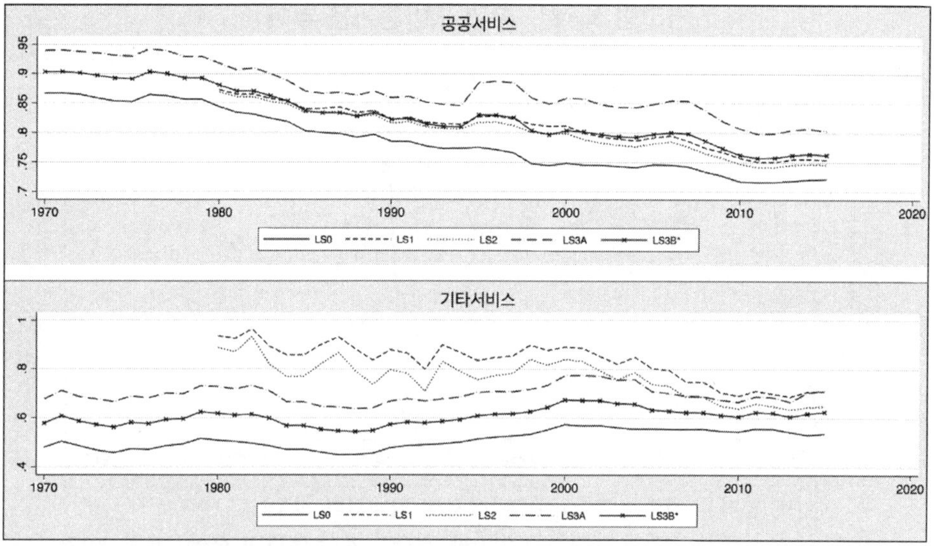

자료: 본 연구에서 추계한 데이터를 이용해 저자가 계산

제 7 절 생산성 계정을 통해 살펴본 우리 경제의 산업구조

본 절에서는 생산성 계정의 몇 가지 주요 변수의 추이를 살펴본다. 그 외 자세한 내용은 협동연구의 경제편에 수록되어 있다.

1. 부가가치

산업별 생산계정에서 전산업 총부가가치 증가율은 지속적으로 감소 추세를 보인다. 1990년대 평균 7.5%에서 2000년대 5.0%에서 2008년 글로벌 금융위기 이후 2010년대 3.6%로 감소했다. 1998년 외환위기보다는 부가가치 증가율 감소폭이 작지만, 2008년 글로벌 금융위기를 기점으로 우리나라 성장률이 5% 미만의 저성장 추세로 전환된 것으로 보인다. 특히 저출산, 고령화 현상과 더불어 2017년부터는 생산가능인구 자체도 감소하면서 새로운 성장전략의 필요성이 더욱 커지고 있다.

〔그림 3－8〕 부가가치 증가율 추이

(단위: %)

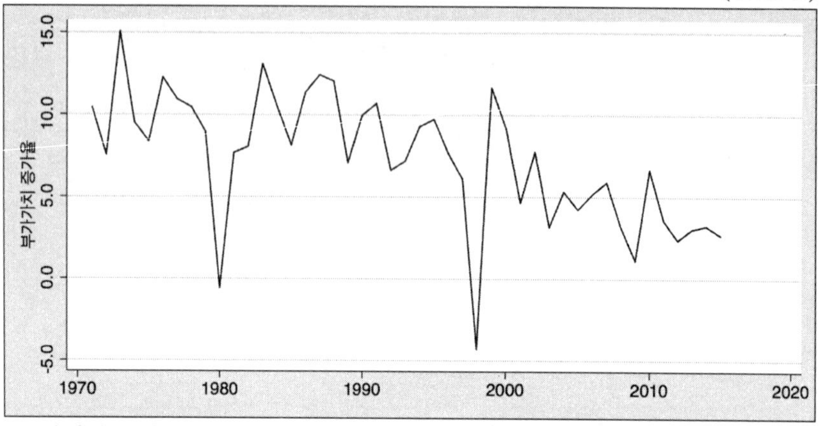

주: 산업별 증가율 자료를 Tornqvist 방식으로 집계하여 산출
자료: 본 연구에서 추계한 데이터를 이용해 저자가 계산 (KISDI 생산성계정 2017)

제조업의 부가가치 증가율의 변동성이 서비스업 보다 크게 나타나고 있다. 하지만 최근 들어 경제위기를 제외하면 변동성이 감소하는 추세이다. 한편 제조업의 부가가치 증가율이 서비스업보다 평균적으로 높게 나타나고 있으나, 2000년대와 비교

〔그림 3－9〕 부가가치 증가율 추이

(단위: %)

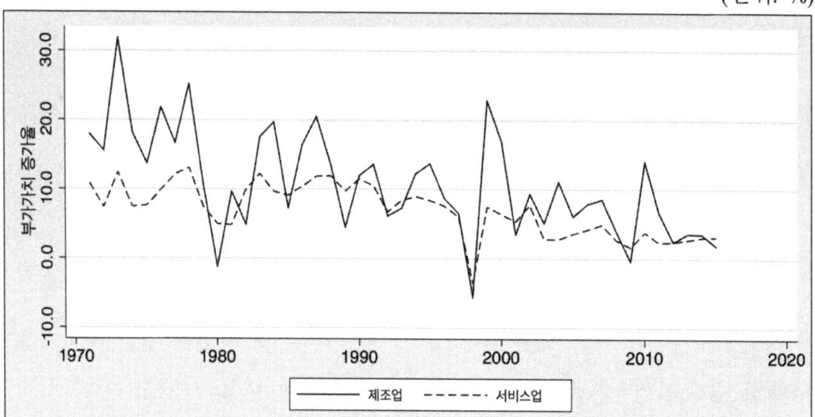

주: 산업별 증가율 자료를 Tornqvist 방식으로 집계하여 산출
자료: 본 연구에서 추계한 데이터를 이용해 저자가 계산 (KISDI 생산성계정 2017)

시 2010년대 들어 제조업의 부가가치 증가율 하락(6.9%→3.6%)이 서비스업(4.0%→2.8%)에 비해 더 크게 나타났다.

ICT산업의 부가가치 증가율은 2000년대 평균 11.2% 수준으로, 비ICT산업의 4.0%에 비해 7.2%p 높은 것으로 나타났다. 2010년대 ICT산업의 증가율은 6.5%로 비ICT산업 2.6%에 비해 3.9%p 높게 나타났지만, ICT산업 증가율 하락폭이 비ICT산업에 비해 큰 것으로 나타났다.

〔그림 3－10〕 부가가치 증가율 추이

(단위: %)

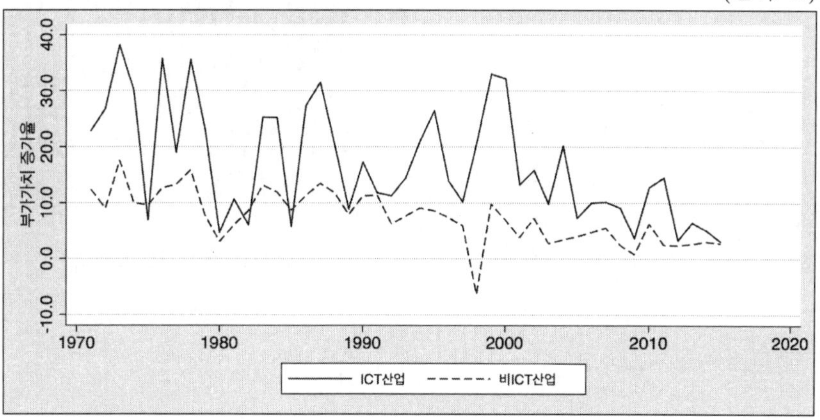

주: 산업별 증가율 자료를 Tornqvist 방식으로 집계하여 산출

자료: 본 연구에서 추계한 데이터를 이용해 저자가 계산 (KISDI 생산성계정 2017)

전산업 부가가치율은 2000년대 초반 42-43% 수준에서 글로벌 금융위기 기간 하락하여 2010년 35.9%까지 하락했으나 2015년 40.1% 수준까지 회복했다. 산업별 부가가치율은 서비스업이 제조업에 비해 2배 가량 높게 나타났다. 제조업과 서비스업에서도 부가가치율은 2000년대 초 이후 글로벌 금융위기까지 하락 추세를 보이다가 2010년 초반 이후 증가세로 돌아섰다. 하지만 2015년 부가가치율은 2000년대 초반의 수치를 회복하지 못하고 있다.

〔그림 3－11〕 연도별 부가가치율 추이

(단위: %)

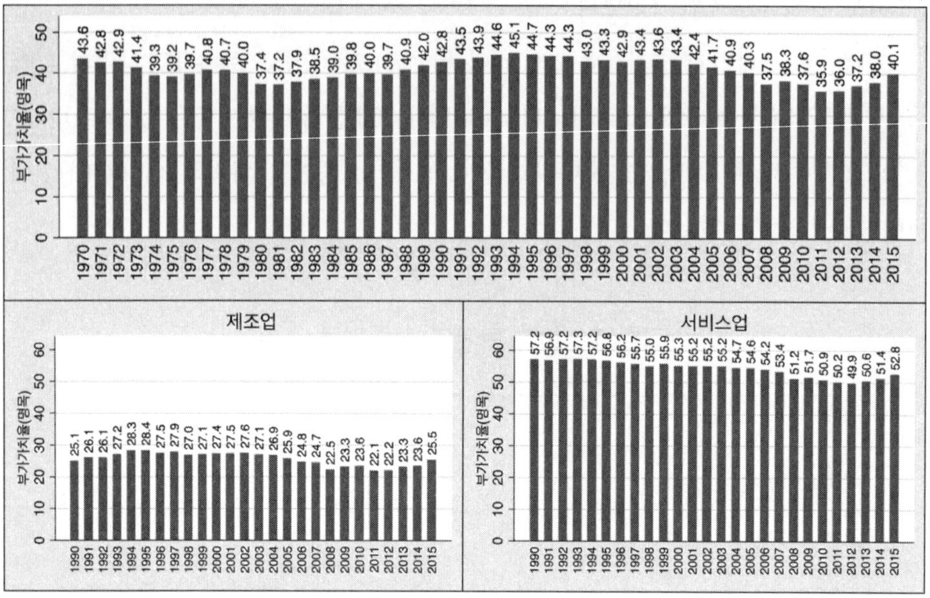

주: 전산업, 제조업 및 서비스업에서 집계하여 작성
자료: 본 연구에서 추계한 데이터를 이용해 저자가 계산 (KISDI 생산성계정 2017)

2. 노동생산성

가. 전산업

노동생산성은 노동이 부가가치 창출에 얼마나 생산적으로 활용되는가를 보여주는 지표이다(OECD, 2001). 노동생산성의 변화는 자본의 변화, 기술, 조직 그리고 효율성 변화, 규모의 경제, 측정오류 등을 종합적으로 반영한다. 전산업 혹은 집계 산업 수준에서 노동생산성은 생활수준, 1인당 소득 등과 밀접한 관계를 갖는다. 노동생산성은 노동자 수, 노동시간 등 노동의 단위에 따라 서로 다르게 측정된다.

아래 그림은 노동자 수와 노동시간을 기준으로 추정한 노동생산성 지수이다. 노동자수 기준 노동생산성은 지속적으로 증가 추세를 보이고 있다. 노동시간 기준 노동생산성이 노동자 수 기준 노동생산성보다 높게 나타나는데, 이는 평균 노동시간이 감소함을 의미한다. 즉 동일한 부가가치를 생산하면서도 시간을 보다 효율적으로 활용하고 있음을 시사한다.

노동생산성 지수는 증가율의 경우 지속적으로 증가 추세이나, 2010년 이후 노동생산성 증가율이 2000년대의 1/2에서 1/3 수준에 머물고 있고, 노동시간 기준 노동생산성은 일부 연도에서 마이너스 성장을 한 것으로 나타난다.

〔그림 3－12〕 노동생산성 지수 및 증가율 추이

(단위: 1980=1, %)

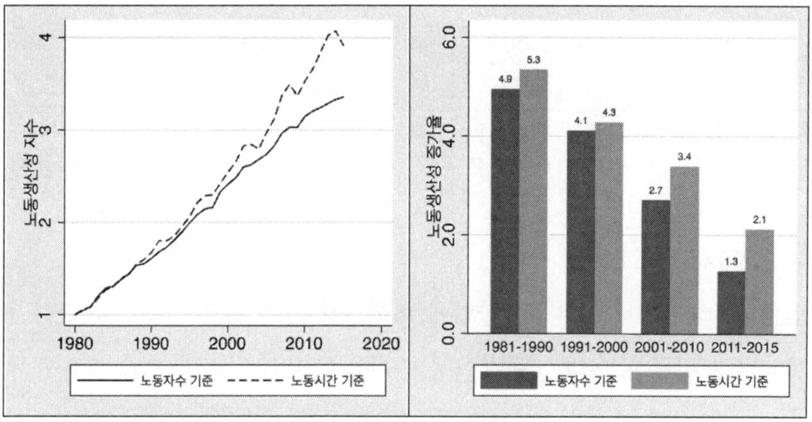

주: 산업별 증가율 자료를 Tornqvist 방식으로 집계하여 산출
자료: 본 연구에서 추계한 데이터를 이용해 저자가 계산 (KISDI 생산성계정 2017)

나. 제조업과 서비스업

산업군별로 제조업의 노동생산성이 서비스업에 비해 빠르게 증가한 것을 알 수 있다. 하지만 제조업의 노동생산성 증가율은 2000년 후반 글로벌 금융위기 이후 증가세가 감소한 반면, 서비스업의 경우 2000년대와 비교시 큰 차이가 없음을 알 수 있다. 한편 최근 2015년 기준 제조업과 서비스업 모두 노동시간 기준 노동생산성 증가율이 노동자 수 기준 노동생산성 증가율보다 낮게 나타났다. 이는 부가가치 생산 변동에 대응해 노동자 수보다 노동시간을 변동시켜 대응했음을 시사한다. 하지만 우리나라의 노동시간 통계가 불안정하고, 이러한 현상이 2010년 이후 커졌다는 측면에서 해석에 주의를 요한다.[30)]

〔그림 3－13〕 제조업과 서비스업의 노동생산성 추이

(단위: 1980=1, %)

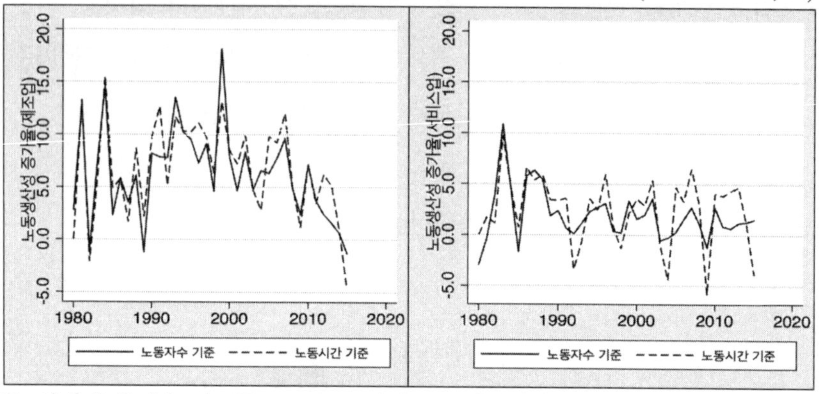

주: 산업별 증가율 자료를 Tornqvist 방식으로 집계하여 산출

자료: 본 연구에서 추계한 데이터를 이용해 저자가 계산 (KISDI 생산성계정 2017)

다. ICT산업과 비ICT산업

ICT산업의 노동생산성은 비ICT산업에 비해 5배 가량 빠르게 증가해 왔다. ICT산업은 2000년대 평균 9.7%의 노동생산성 증가율을 보였으나, 글로벌 금융위기 이후

〔그림 3－14〕 ICT산업과 비ICT산업의 노동생산성 추이

(단위: 1980=1, %)

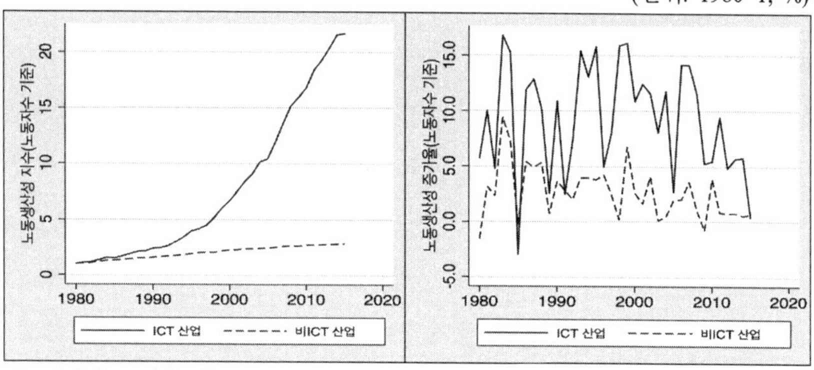

주: 산업별 증가율 자료를 Tornqvist 방식으로 집계하여 산출

자료: 본 연구에서 추계한 데이터를 이용해 저자가 계산 (KISDI 생산성계정 2017)

30) 추세－노동시간을 이용하더라도 주요 분석결과는 동일하게 나타났다.

2010년대 노동생산성 증가율은 5.2%로 5%p 가량 감소했다. 반면 비ICT산업은 1.9%에서 0.8%로 1.1%p 하락했다. 최근 들어 ICT산업의 노동생산성 증가율이 빠르게 하락하고 있으며, 2015년에는 비ICT산업에 비해서도 낮게 나타났다.

글로벌 금융위기 이후 ICT산업의 노동생산성 둔화는 ICT제조업 부문에서 발생하고 있다. ICT제조업의 노동생산성 증가율은 2000년대 12.9% 수준에서 2010년대 6.8%까지 6.1%p 하락했다. 한편 ICT서비스업도 2000년대 5.7%에서 2010년대 2.7%로 3.0%p 하락했다.

〔그림 3－15〕 ICT제조업과 ICT서비스업의 노동생산성 증가율 추이

(단위: %)

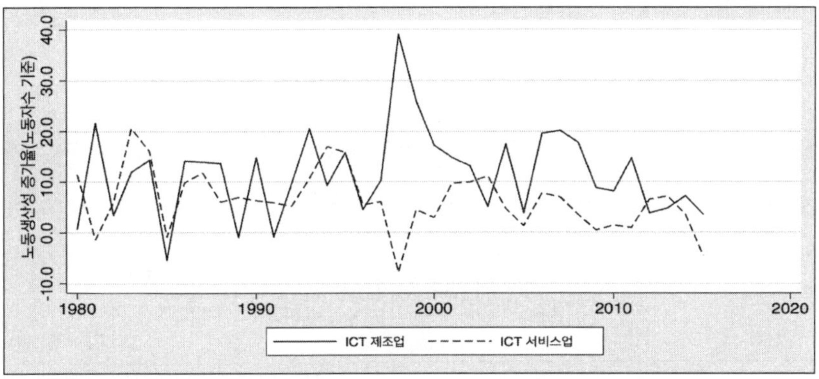

주: 산업별 증가율 자료를 Tornqvist 방식으로 집계하여 산출

자료: 본 연구에서 추계한 데이터를 이용해 저자가 계산 (KISDI 생산성계정 2017)

3. 투자 및 순자본스톡

가. 전산업 실질 투자 추이

2015년 전산업 실질 투자는 437조 원으로 1970년 이후 지속적으로 증가하는 추세이며, 실질 투자 증가세는 감소하는 추세를 보인다. 외환위기(1998) 당시 실질 투자는 전년대비 21.7% 큰 폭으로, 금융위기(2008)에는 0.5% 소폭 감소한 모습을 보인다. 2015년 실질 투자 전년대비 증가율은 5.4%로 12년 이후 지속적으로 증가하는 추세를 보인다.

〔그림 3－16〕 전산업 실질 고정자본형성 및 증가율 추이

(단위: 조 원, %)

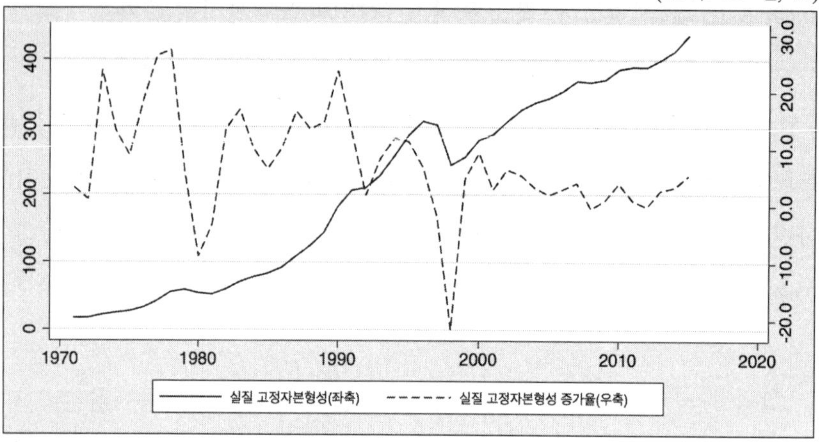

자료: 본 연구에서 추계한 데이터를 이용해 저자가 계산 (KISDI 생산성계정 2017)

나. 자산별 실질 투자 추이

2015년 전산업 실질 투자(437조 원) 중 가장 높은 비중을 차지하는 자산은 건설자산(48.4%)이며, 그 다음 설비자산 26.8%, 혁신자산 14.2%, ICT자산 10.6% 비중을

〔그림 3－17〕 전산업 자산별 실질 투자 추이

(단위: 조 원)

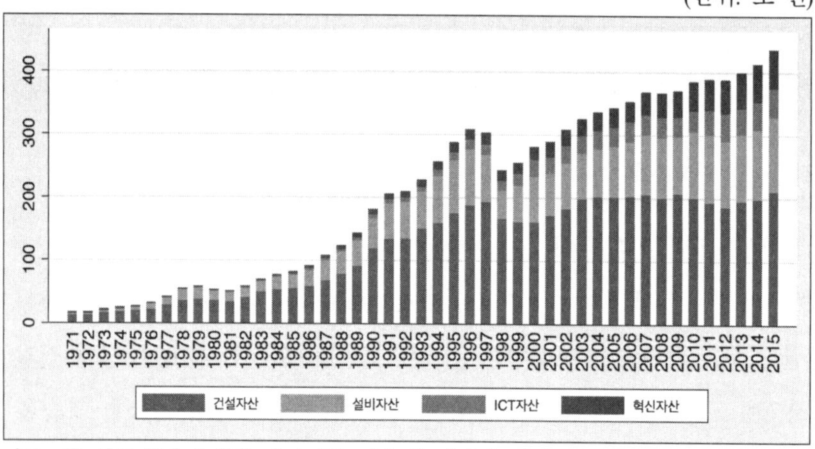

자료: 본 연구에서 추계한 데이터를 이용해 저자가 계산 (KISDI 생산성계정 2017)

차지한다. 2015년 건설자산 비중은 2000년 대비 9.2%p 감소한 반면, 이와 반대로 혁신자산의 비중은 6.9%p 증가했다. ICT자산의 경우 2000년 9.5% 비중에서 2015년 10.6%로 소폭 증가했다.

다. 전산업 순자본스톡 추이

2015년 전산업 실질 자본스톡은 4,705조 3천억 원으로 1970년 이후 지속적으로 증가하는 추세이며, 증가세는 감소하는 추세를 보인다. 외환위기(1998) 이전 실질 자본스톡 증가율은 10.0% 이상 수준을 유지했으나, 2000년 5.9% 이후 감소하는 추세이다. 2015년 실질 자본스톡은 전년대비 3.1% 증가하여 소폭 회복한 모습을 보인다.

〔그림 3－18〕 전산업 실질 순자본스톡 추이

(단위: 조 원(좌축), %(우축))

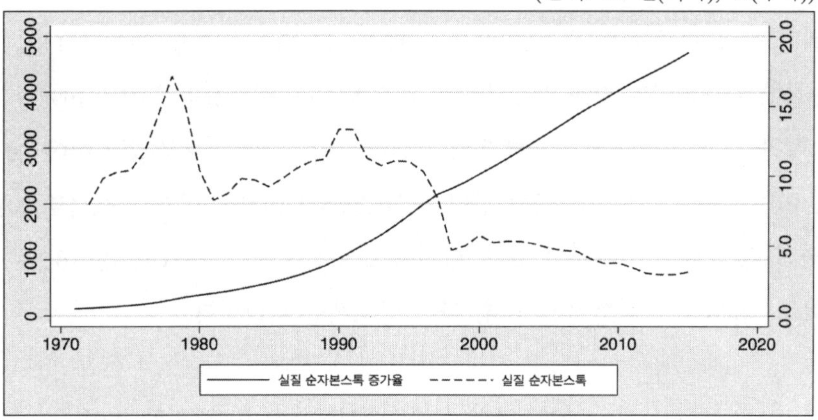

자료: 본 연구에서 추계한 데이터를 이용해 저자가 계산 (KISDI 생산성계정 2017)

라. 전산업 자산별 순자본스톡 추이

2015년 전산업 순자본스톡 중 가장 큰 비중을 차지하는 자산은 건설자산(78.8%)이며, 다음으로 설비자산 11.7%, 혁신자산 5.9%, ICT자산 3.7% 비중을 차지한다. 2015년 건설자산과 설비자산의 비중은 2000년 대비 1.5%p씩 감소했으며, 혁신자산과 ICT자산의 비중은 각 2.3%p, 0.7%p 증가했다.

〔그림 3－19〕 전산업 자산별 실질 순자본스톡 추이

(단위: 조 원)

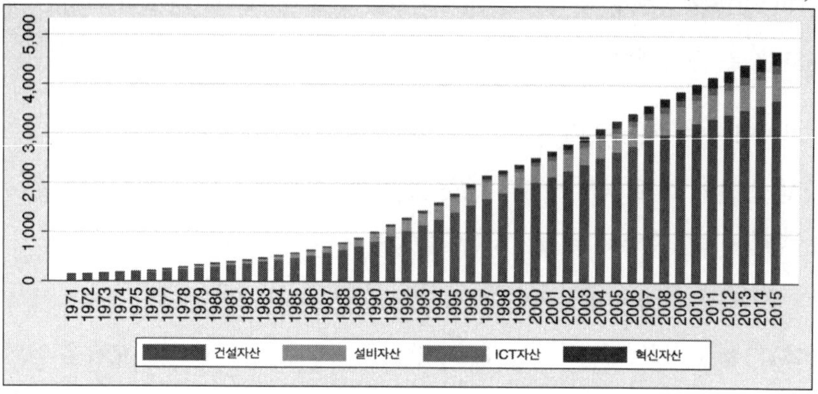

자료: 본 연구에서 추계한 데이터를 이용해 저자가 계산 (KISDI 생산성계정 2017)

마. ICT자산별 실질 순자본스톡

컴퓨팅 장비의 순자본스톡 증가율은 글로벌 금융위기 기간인 2009년 1.8% 저점 후 큰 폭으로 증가하여 다시 감소하는 추세를 보인다. 통신장비의 경우 1998년 외환위기 이전 19.0% 수준을 유지했지만, 2000년 이후 지속적으로 감소하여 2015년 4.5% 수준을 유지하고 있다. 분석장비 역시 2005년(10.5%) 이후 감소세로 2014~2015년 6.0% 수준을 유지하고 있다. 마지막 소프트웨어의 경우 2010년 -0.2% 저점 후 2012년 4.0%로 회복했지만, 이후 다시 감소세를 나타낸다.

〔그림 3－20〕 ICT자산별 실질 순자본스톡 및 증가율 추이

(단위: 조 원(좌), %(우))

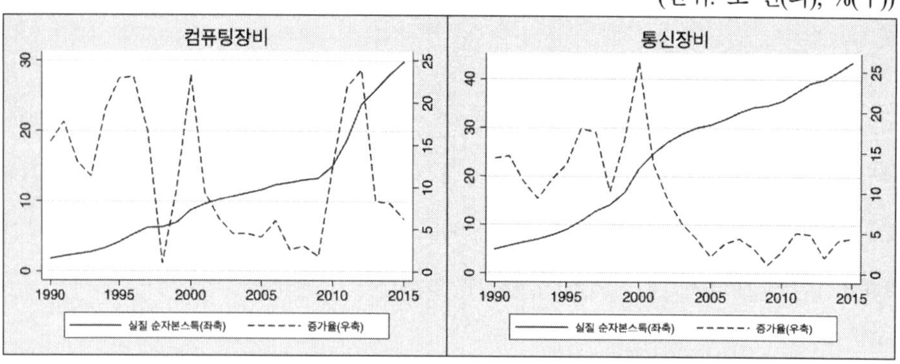

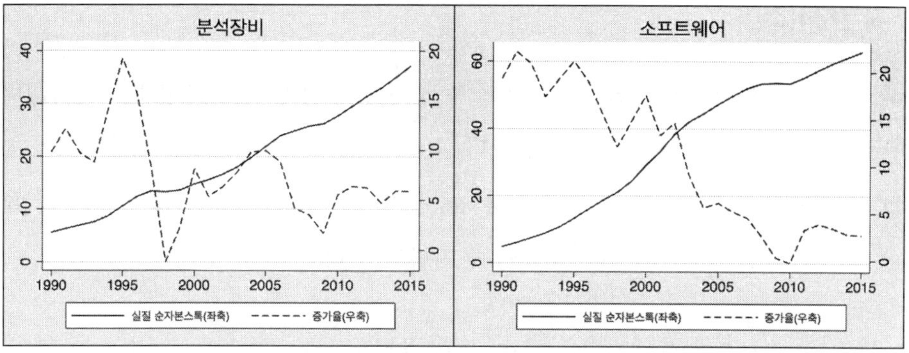

자료: 본 연구에서 추계한 데이터를 이용해 저자가 계산 (KISDI 생산성계정 2017)

바. 혁신자산의 실질 순자본스톡

연구개발 자본스톡의 증가율은 1998년 외환위기 당시 6.5% 저점 후 2011년 11.3%로 회복했으며, 2004～2014년 7～8% 수준을 유지했으나 2015년 5.8%까지 감소했다. 기타 지식재산생산물의 경우 2003년 -0.5% 저점을 기록한 후 2006～2012년 10～12% 수준까지 증가했으나, 이후 감소하는 추세를 보인다.

〔그림 3－21〕 혁신자산의 실질 순자본스톡 추이

(단위: 백만 원, %)

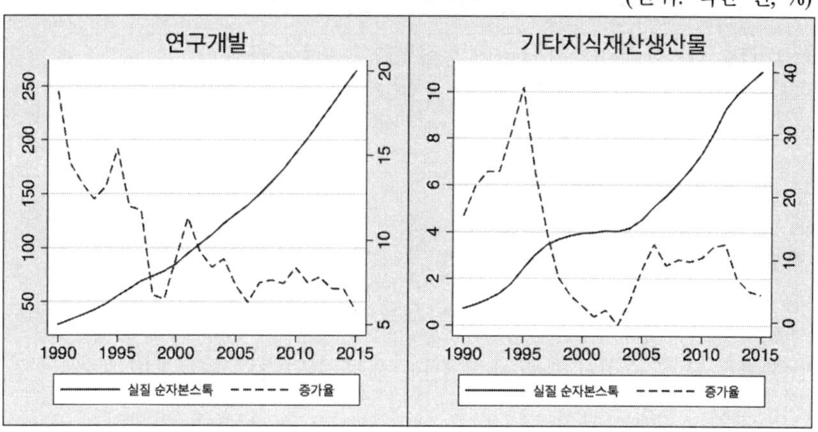

자료: 본 연구에서 추계한 데이터를 이용해 저자가 계산 (KISDI 생산성계정 2017)

4. 자본서비스

전산업 자본서비스 증가율은 순자본스톡 증가율 추이와 유사한 형태를 나타내며, 전년도간 대체로 순자본스톡 증가율보다 소폭 높은 수준을 보인다. 자본서비스 증가율은 1998년 외환위기 이전 10% 이상 높은 수준을 유지했지만, 이후 감소세로 2003～ 2011년 4% 수준 이후 3% 수준을 유지하고 있다.

〔그림 3－22〕 전산업 순자본스톡 및 자본서비스 증가율 추이

(단위: %)

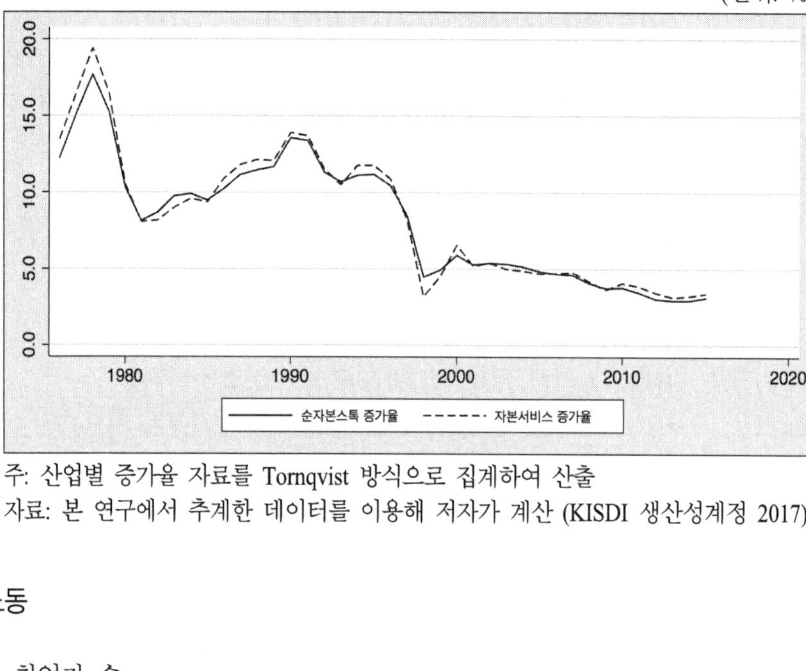

주: 산업별 증가율 자료를 Tornqvist 방식으로 집계하여 산출
자료: 본 연구에서 추계한 데이터를 이용해 저자가 계산 (KISDI 생산성계정 2017)

5. 노동

가. 취업자 수

2015년 전산업 취업자 수는 2,593만 명으로 전년대비 1.3% 증가했으며 2000년 이후 연평균 1.4%로 증가하는 추세를 보인다. 세부 산업별로 살펴보면, 우선 농림어업의 2015년 취업자 수는 136만 명으로 전산업 대비 5.2% 비중을 차지하며, 2000년 이후 연평균 3.3%로 감소하는 추세를 보인다. 제조업의 경우 1991년 516만 명으로 정점을 이룬 후 1998년 외환위기 이후 감소 추세를 보였으나 글로벌 금융위기 이후

2009년부터 연평균 2.6% 증가하고 있다. 서비스업의 경우 외환위기 이후 매해 증가하고 있으며, 2000년 이후 연평균 2.1% 증가하고 있으며 전산업 대비 비중도 2015년 77.5%로 증가했다.

〔그림 3－23〕 노동계정의 전산업 취업자 수 및 증가율 추이

(단위: 천명, %)

취업자 수(천명) 증가율(%)

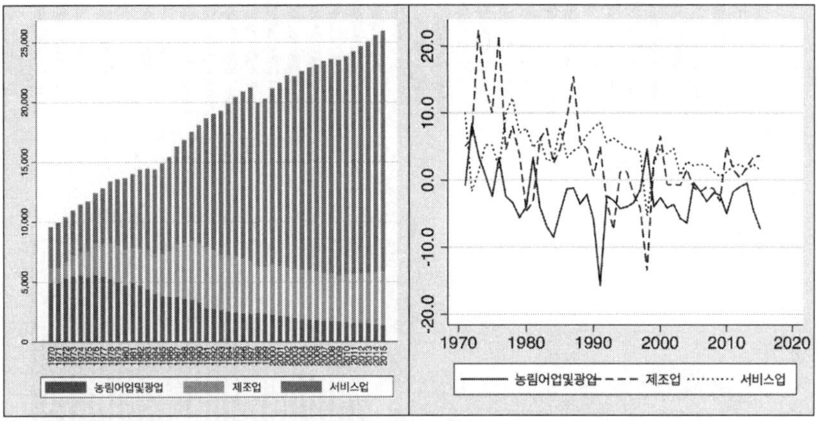

자료: 본 연구에서 추계한 데이터를 이용해 저자가 계산 (KISDI 생산성계정 2017)

나. 노동시간

총노동시간은 2000년 이후 증가세가 둔화되었다. 제조업은 1990년대 중반부터 소폭 감소세를 보이고 있으며, 서비스업은 2000년대 후반 글로벌 금융위기 이후 증가 성장세가 둔화되고 있다. 최근 2012～2013년 유럽 재정위기로 노동시간이 감소되었으나 2014～2015년의 경우 노동시간이 증가세로 전환되었다.

〔그림 3－24〕 연간 총노동시간 추이

(단위: 백만 시간)

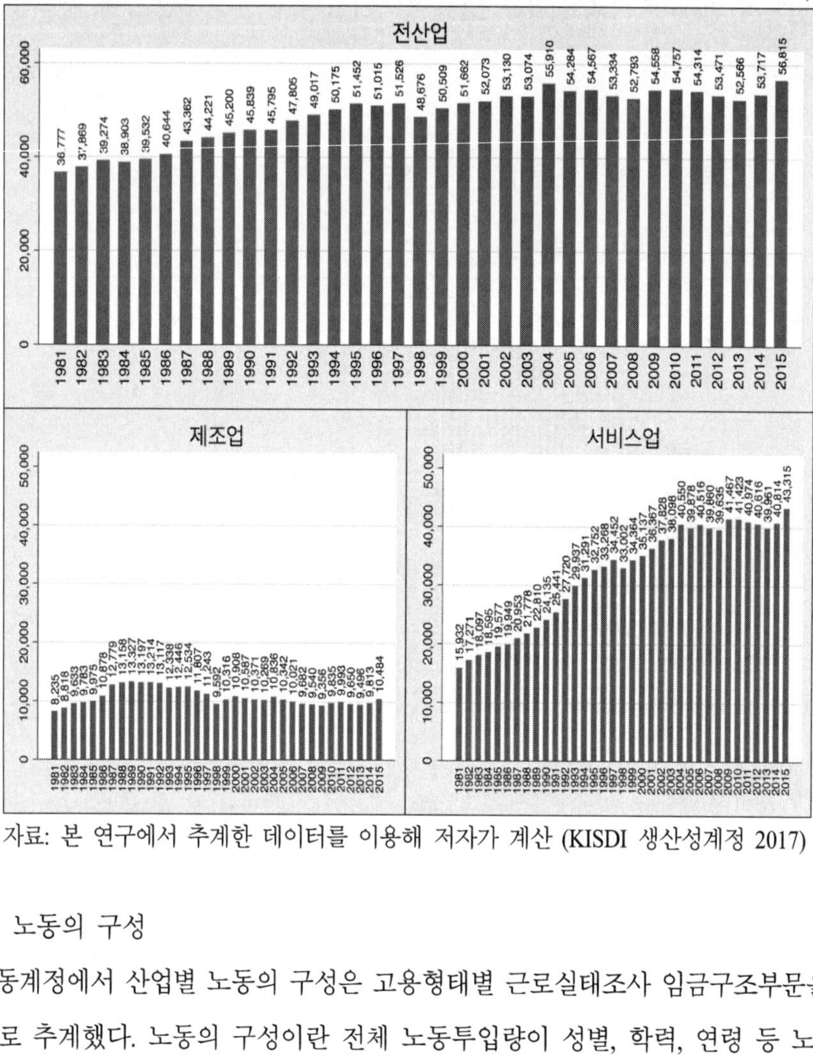

자료: 본 연구에서 추계한 데이터를 이용해 저자가 계산 (KISDI 생산성계정 2017)

다. 노동의 구성

노동계정에서 산업별 노동의 구성은 고용형태별 근로실태조사 임금구조부문을 기본으로 추계했다. 노동의 구성이란 전체 노동투입량이 성별, 학력, 연령 등 노동의 특성별로 어떻게 구성되었는가를 의미한다. 노동의 구성은 성장회계에서 개별 특성별 유형을 구분하고 이들의 임금을 가중치로 노동서비스를 추정하는데 활용된다.

〔종사자 분포〕

1) 연령별

1980년 이후 전산업의 연령별 근로자 분포는 29세이하 구간은 감소세, 30～49세, 50세이상 구간은 증가세를 나타낸다. 전산업 30～49세 구간 근로자 분포는 1981～1985년 45.5%에서 2006～2010년 58.3%로 12.8%p 증가 후 2011～2015년 56.7%로 소폭 감소하는 추세를 나타내며, 이 추이는 제조업 및 서비스업에서도 동일하게 나타난다. 제조업의 경우 29세이하 구간의 분포는 1981～1985년 62.4%에서, 2011～2015년 18.7%로 43.7%p 감소하여, 산업별 연령별 가장 높은 변동성을 보인다.[31]

2) 성별

1980년 이후 전산업과 서비스업의 남녀 분포는 남성은 감소세, 여성은 증가세인 반면, 제조업의 경우 남성은 증가세, 여성은 감소세로 상반된 모습을 나타낸다. 또한, 제조업의 여성 분포는 2011～2015년 37.9%로 1981～1985년 대비 17.7%p 감소하여, 전산업, 서비스업 대비 높은 변동성을 보인다.

3) 학력별

1980년 이후 전산업, 제조업, 서비스업의 학력별 근로자 분포는 중졸이하 구간에서는 감소세, 초대졸 및 대졸이상 구간은 증가세를 보인다. 전산업의 고졸 근로자 분포는 1991～1995년에 47.2%로 정점을 이루고 하락하는 추세를 나타내며, 서비스업의 경우 1986～1990년에 50.0% 정점 이후 하락세로 전산업과 유사한 추이를 보인다. 반면 제조업 고졸의 경우 1981～1995년 이후 증가하여 1996～2000년 53.9% 이후 그 수준을 유지하고 있다.

31) 제조업과 서비스업의 연령별, 성별, 학력별 추이는 협동연구의 경제편(정현준 외, 2017)에 수록되어 있다.

〔그림 3－25〕 유형별 근로자 분포 추이

(단위: %)

연령별 근로자 분포 추이

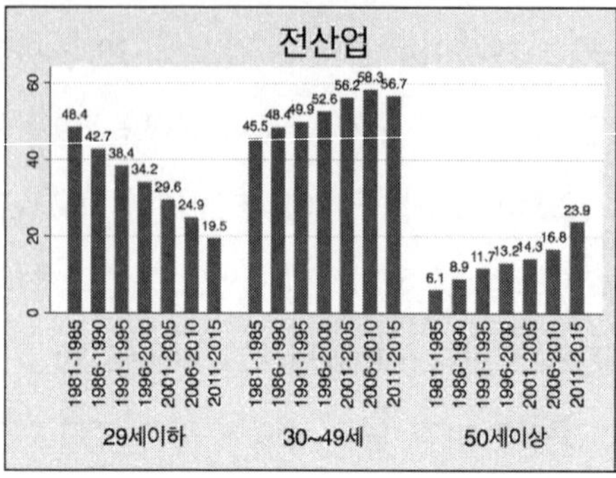

성별 근로자 분포 추이

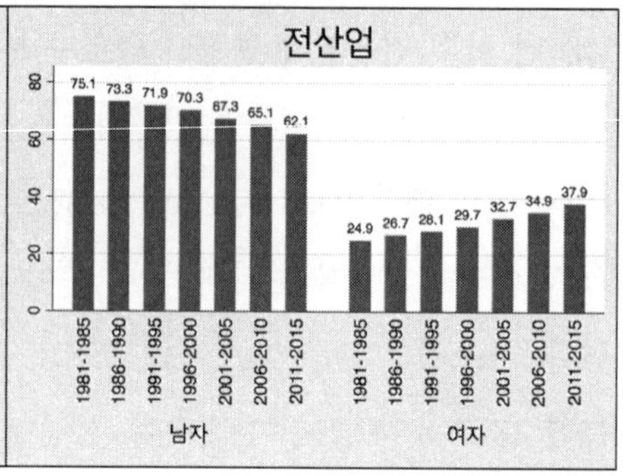

학력별 근로자 분포 추이

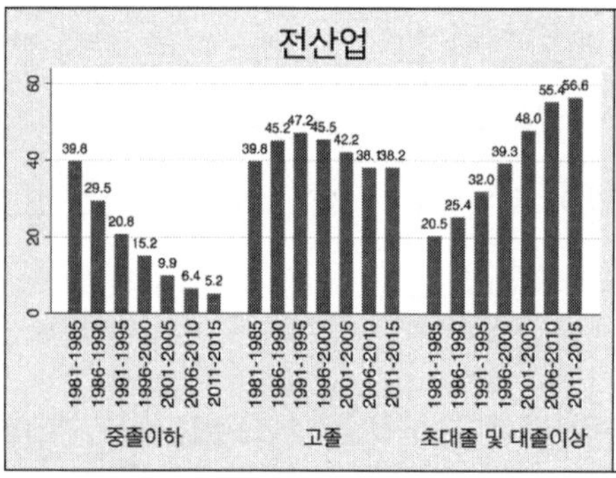

주: 구성 비율은 각 유형별 비중의 5년 산술평균

자료: 본 연구에서 추계한 데이터를 이용해 저자가 계산 (KISDI 생산성계정 2017)

제 4 장 우리나라 산업별 성장회계 분석: 성장의 원천

제 1 절 성장회계 분석

1. 성장회계

성장회계란 부가가치의 증가분 중에서 노동 증가의 기여분, 자본 증가의 기여분, 그리고 총요소생산성(TFP)의 향상의 기여가 각각 어떻게 되는가를 살펴보는 분석이다. 이를 위해서는 먼저 노동 증가의 기여분과 자본 증가의 기여분을 파악하고, 전체 부가가치에서 노동 증가와 자본 증가로 인한 기여분을 뺀 나머지는 교육, 노동, 시장 등 제도와 자본과 노동의 효율적 결합을 통한 총체적인 생산요소의 효율성 강화로 인한 총요소생산성의 증가에 의한 것으로 파악한다. 성장회계 분석을 위해서 생산함수를 설정할 필요가 있다. 또한, 자본스톡과 노동을 산정하는데 있어서, 양적인 지표만을 활용하느냐 아니면 질적인 조정을 하는가에 따라 각각의 기여도가 변화한다. 예를 들어, 노동 투입량이 같더라도, 교육 및 훈련 등으로 노동의 질이 좋아졌다면 노동 투입은 증가했다고 볼 수 있다. 질적 조정을 하지 않은 경우에는 이러한 노동의 질적 개선에 따른 경제성장에의 기여는 총요소생산성의 증가로 계상되지만, 질적인 조정을 가한 후에는 총요소생산성의 증가가 아니라 노동투입량의 증가로 계상된다.

본 연구에서는 산업별 부가가치 생산함수를 설정했다. 투입요소는 생산자본스톡에서 나오는 자본서비스와 노동에서 나오는 노동서비스로 설정했고, 추가 분석을 통해 자본투입을 ICT자본과 혁신자본으로 구분하여 ICT자산과 R&D 등 혁신자산의 경제성장기여를 직접 분석했다.

2. 산업별 생산함수

가. 산업별 생산함수

부가가치 생산함수 V를 다음과 같이 자본과 노동 그리고 기술수준의 함수로 정의한다.

$$V = f(K, L, T) \quad \text{(식 4-1)}$$

$$P_V V = P_K K + P_L L \quad \text{(식 4-2)}$$

이때 V는 실질 부가가치, K는 자본, L은 노동, 그리고 T는 기술수준을 의미하고, 하첨자 i는 산업을 의미한다.

자본분배율과 노동분배율은 각각 다음과 같다.

$$v_K = P_K K / (P_K K + P_L L)$$

$$v_L = P_K L / (P_K K + P_L L) \quad \text{(식 4-3)}$$

부가가치 성장은 자본과 노동 그리고 총요소생산성의 기여로 분해된다. 이를 정리하면 총요소생산성(TFP) 증가율은 다음과 같이 정리된다.

$$v_T \equiv \Delta \ln V - \bar{v}_K \Delta \ln K - \bar{v}_L \Delta \ln L \quad \text{(식 4-4)}$$

자본소득 분배율과 노동소득 분배율은 당기와 전기의 평균값을 이용한다.

$$\bar{v}_K = 0.5 \times (v_{K,t} + v_{K,t-1})$$

$$\bar{v}_L = 0.5 \times (v_{L,t} + v_{L,t-1}) \quad \text{(식 4-5)}$$

본 연구에서는 산업별 생산활동을 보다 세부적으로 분석하기 위해 생산함수에 부가된 제약조건을 완화했다.

산업별 부가가치 함수가 산업별로 동일하다는 제약을 완화하여, 산업별 부가가치 생산함수 V_i를 다음과 같이 설정한다. 이때 부가가치의 가격은 산업별로 동일하지 않아도 된다.

$$V_i = f(K_i, L_i, T_i) \qquad \text{(식 4-6)}$$

$$P_{V,i} V_i = P_K K_i + P_L L_i \qquad \text{(식 4-7)}$$

한편, 자본소득 분배율과 노동소득 분배율을 산업별로 상이하게 설정했다.

$$v_{K,i} = P_{K,i} K_i / (P_{K,i} K_i + P_{L,i} L_i)$$

$$v_{L,i} = P_{L,i} L_i / (P_{K,i} K_i + P_{L,i} L_i) \qquad \text{(식 4-8)}$$

산업별 부가가치 생산함수 증가율은 아래와 같이 분해된다.

$$\Delta \ln V_i = \bar{v}_{K,i} \Delta \ln K_i + \bar{v}_{L,i} \Delta \ln L_i + v_{T,i} \qquad \text{(식 4-9)}$$

산업별 총요소생산성 증가율은 다음과 같다.

$$v_{T,i} = \Delta \ln V_i - \bar{v}_{K,i} \Delta \ln K_i - \bar{v}_{L,i} \Delta \ln L_i \qquad \text{(식 4-10)}$$

본 연구에서는 $i = 1, 2, \cdots, 38$ 이고, 요소소득 분배율에 적용된 산업의 수는 14개이다.

나. ICT자산과 혁신자산 구분

ICT자산과 혁신자산은 타 자산과 구별되는 특징이 있다. ICT자산의 경우 기술발전 속도가 빨라 한편으로는 감가상각이 매우 빨리 일어나고, 다른 한편으로는 물가수준이 하락하는 특징이 있다. 연구개발자산과 지식자산으로 구성된 혁신자산도 감가상각이 빠르고, 기존의 물적자산과는 차별적인 무형자산이라는 특징이 있다.

최근 미국 등 선진국에서 전통적인 생산시설 즉 공장 없는 기업이 높은 부가가치를 얻는 사례에서 볼 수 있듯이 기존의 자산으로는 성장을 설명하기 힘든 사례들이 점차 많아지고 있다. 이에 ICT자산과 혁신자산을 식별하고, 이들 자산의 효과를 개별적으로 분석할 필요성이 커지고 있다.

본 연구의 자본 계정은 자본스톡을 12개 자산유형으로 구분하고, 이를 다시 건설자산과 설비자산, ICT자산, 혁신자산으로 묶었다.

생산함수에서 ICT자본과 혁신자본을 명시적으로 반영하면 다음과 같다.

$$V_i = f(K_{ICT,i}, K_{INO,i}, K_{STR,i}, K_{EQP,i}, L_i, T_i) \quad \text{(식 4-11)}$$

$$P_{V_i} V_i = P_{K_{ICT},i} K_{ICT,i} + P_{K_{\in INO},i} K_{\in INO,i} + P_{K_{STR},i} K_{STR,i} + P_{K_{EQP},i} K_{EQP,i} + P_{L,i} L_i \quad \text{(식 4-12)}$$

산업별 부가가치 생산함수 증가율은 아래와 같이 분해된다.

$$\Delta \ln V_i = \bar{v}_{K_{ICT},i} \Delta \ln K_{ICT,i} + \bar{v}_{K_{\in INO},i} \Delta \ln K_{\in INO,i} + \bar{v}_{K_{STR},i} \Delta \ln K_{STR,i} + \bar{v}_{K_{EQP},i} \Delta \ln K_{EQP,i} + \bar{v}_{L,i} \Delta \ln L_i + v_{T,i} \quad \text{(식 4-13)}$$

노동분배율은 이전 모형과 동일하고, 자본분배율은 1에서 노동분배율을 차감한 값을 개별 자산의 자본서비스를 가중치로 분해했다.

$$v_{K_j} = s_{KS_j}\left(1 - \frac{P_L L}{P_V V}\right), \; j \in ICT, INO, STR, EQP \quad \text{(식 4-14)}$$

이때 s_{KS_j}는 산업별 자산유형별 자본서비스 비중이다. 기본모형에서와 같이 자본소득 분배율과 노동소득 분배율을 산업별로 상이하게 설정했고, 자본소득 분배율과 노동소득 분배율은 당기와 전기의 평균값을 이용한다.

$$\bar{v}_{K_j} = 0.5 \times (v_{K_j,t} + v_{K_j,t-1}), \; j \in ICT, INO, STR, EQP$$
$$\bar{v}_L = 0.5 \times (v_{L,t} + v_{L,t-1}) \quad \text{(식 4-15)}$$

ICT자산과 혁신자산을 반영한 총요소생산성은 다음과 같이 도출된다.

$$v_{T,i} = \Delta \ln V_i - \bar{v}_{K_{ICT},i} \Delta \ln K_{ICT,i} - \bar{v}_{K_{\in INO},i} \Delta \ln K_{\in INO,i} - \bar{v}_{K_{STR},i} \Delta \ln K_{STR,i} - \bar{v}_{K_{EQP},i} \Delta \ln K_{EQP,i} - \bar{v}_{L,i} \Delta \ln L_i \quad \text{(식 4-16)}$$

개별 산업 i의 ICT자산과 혁신자산의 경제성장기여는 각각 $\bar{v}_{K_{ICT},i} \Delta \ln K_{ICT,i}$ 와 $\bar{v}_{K_{INO},i} \Delta \ln K_{INO,i}$ 가 된다.

3. 상위 부문 집계

가. 상위부문 집계 방법론

산업별 생산성 계정을 이용한 생산성 분석에서 경제 전체와 같은 상위 부문의 생산성을 구하기 위해서는 산업수준의 정보를 상위 부문으로 집계할 필요가 있다. Jorgenson, Ho, Samuels & Stiroh (2007)는 집계 생산함수(aggregate production function) 방식, 생산가능경계(production possibility frontier) 방식, 그리고 산업간 직접 집계(direct aggregation across industries) 방식의 세 가지 집계 방식을 제시하고 있다. 첫째, 집계 생산함수 방식은 부가가치와 노동 그리고 자본을 직접 더하는 방식으로 산업별 생산함수가 동일하고, 상품과 요소 가격이 동일하고 이동이 자유롭다는 강한 제약이 필요하다. 둘째, 생산가능경계 방식은 산업의 생산함수의 제약을 완화하여, 산업간 생산함수가 동일할 필요가 없다. 이에 따라 상위 부문 부가가치는 하위 부문의 부가가치를 단순 합계하면 안된다. 이에 생산가능경계의 집계 부가가치를 산업 부가가치의 트랜스로그 지수 형태로 정의했다. 하지만 투입요소는 모든 산업에서 동일한 가격에 직면한다고 가정하고 있다. 셋째, 산업간 직접 집계 방식은 산업의 생산, 투입 그리고 생산성 증가를 산업의 비중으로 가중치로 사용해 합계한다. 산업의 산출물과 투입물 가격에 제약이 부과되지 않고, 상위 부문을 개별 산업의 가중평균으로 간주하는 것으로, 산업의 부가가치 함수와 투입요소에 부과된 제약이 가장 완화되었다.

본 연구는 세 번째 방식인 산업간 직접 집계 방식을 통해 개별 산업 수준의 정보를 상위 부문으로 집계했다.

나. 산업간 직접 집계 방식

산업 수준의 성장을 분해한 결과를 상위 부문으로 집계를 하기 위해서 (식 4-9)의 산업별 성장회계 방정식을 살펴본다.

$$\Delta \ln V_i = \bar{v}_{K,i} \Delta \ln K_i + \bar{v}_{L,i} \Delta \ln L_i + v_{T,i} \qquad \text{(식 4-9)}$$

생산가능곡선으로부터 집계 부가가치 생산을 정의하면, 집계 생산의 증가율은 산업의 부가가치 성장률의 가중평균 값으로 계산된다. 상위부문의 부가가치 증가율이 산업별 자본투입, 노동투입 그리고 TFP의 기여를 하위부문의 부가가치 비중으로 가중평균하여 산출한다. 이때 부가가치 비중은 당해연도와 전년도의 평균값을 적용한다. 한편, OECD 생산성 측정 매뉴얼(2001)도 부가가치 기반 생산성 집계 방식으로 가중평균법을 제시하고 있다.

$$\Delta \ln V = \sum_i \overline{w_i} \Delta \ln V_i = \sum_i \overline{w_i}\, \overline{v}_{K,i} \Delta \ln K_i + \sum_i \overline{w_i}\, \overline{v}_{L,i} \Delta \ln L_i + \sum_i \overline{w_i}\, v_{T,i}$$

$$w_i = \frac{P_{V,i} V_i}{\sum P_{V,i} V_i}$$

$$\overline{w}_i = 0.5\, w_{i,t} + 0.5\, w_{i,t-1} \qquad \text{(식 4-17)}$$

위 산식은 산업수준 투입요소의 성장기여가 하위부문의 부가가치 비중(w_i)과 요소소득 분배율(v_L, v_K)에 영향을 받고, TPF 증가율의 성장기여는 하위부문의 부가가치 비중(w_i)에 영향을 받음을 의미한다.

제2절 우리나라 산업별 생산성 및 성장기여 분석

본 절에서는 우리나라 생산성 하락의 원인을 분석하기 위해 산업군에 따라 성장회계 결과를 분석했다. 첫째, 제조업과 서비스업의 성장기여를 분석하고, 둘째, ICT 산업과 비ICT산업의 성장기여도 분석했다.

1. 전산업 성장회계

우리나라는 글로벌 금융위기 이후 2010년대 들어 부가가치 증가율이 3% 수준까지 하락했다. 2000년대 4.7% 수준에서 1.7%p 하락한 것인데, 일시적인 경기변동이라기 보다는 저출산·고령화 현상, 잠재성장률 하락 등 경제 · 사회구조 변화와 동시에 발생했다는 점에서 엄밀한 분석이 요구된다. 2010년대 이후 우리나라 전산업 부가가치 성장은 자본서비스 투입으로 1.8%p, 노동서비스 투입으로 0.6%p 그리고 총요소생산성 증가율 0.6%p로 구성되어 있다. 자본서비스의 경우 2000년대 2.0%p에서 1.8%p로 0.2%p 감소한데 비해 노동서비스의 성장기여는 1.1%p에서 0.6%p로 0.5%p 감소했다. 특히 자원배분의 효율성 및 기술진보(techincal progress) 등 생산성을 반영하는 TFP 증가율은 2000년대 1.6%에서 2010년대 0.6%로 감소했다.

글로벌 금융위기 이후 TFP 증가율의 감소는 종합적인 해석이 필요하다.[32] 2010년대 TFP는 성장기여도뿐만 아니라 성장기여율도 동시에 큰 폭으로 감소한 것으로 나타나 경제 전반에 생산성 향상을 유인하는 대책이 요구되는 상황이다. 특히, 우리나라 경제성장률이 3%대로 하락한 가운데, 총요소생산성 증가율이 0.6% 수준에 불과하다는 점은 향후 지속가능한 성장 관점에서 커다란 문제점으로 지적될 수 있다. 한편 산업간 구조조정 등 산출물의 구성변화를 통해 고부가가치 산업으로의 전환도 필요할 것으로 보인다. 특히, 주력산업의 경쟁력 강화와 ICT 융합 신산업과 같은 성장동력 육성을 통해 경제성장률 자체를 직접적으로 증가시킬 수 있는 정책도 요구된다.

성장회계 결과를 투입요소 측면에서 세부적으로 살펴보면, 자본서비스의 성장기여도는 하락하고 있으나 성장기여율은 40~50% 수준에서 2010년대 이후 대략 60% 수준까지 증가했다. 본 연구는 자본을 건설자산, 설비자산, ICT자산, 혁신자산으로 분류했다. 자본서비스의 성장기여를 자산별로 구분해보면 첫째, 우리나라 경제성장

32) 본 연구는 ICT자산을 설비자산에서 분리했고, 2008 SNA를 반영해 혁신자산을 신설했다는 점에서 TFP 증가율 해석에 주의할 필요가 있고, 이전 연구결과와 직접 비교가 곤란한 측면이 있다. 이를테면, ICT자산이 분리되지 않은 경우 ICT자산의 성장기여가 과소평가되어 TFP 증가율은 과대평가될 가능성이 있다. 또한 기존에 중간소비로 계상하던 R&D를 혁신자산으로 자산화하면서 기존 TFP 증가율에 포함되었던 R&D의 효과가 별도로 계상되어 TFP 증가율에 영향을 줄 수 있다.

〈표 4－1〉 우리나라 전산업 생산요소별 성장기여도

(단위: %p, %)

	부가가치	자본서비스					노동서비스			TFP 증가율
		소계	건설자산	설비자산	ICT 자산	혁신자산	소계	노동구성	시간	
1981～1990	10.0	4.6	1.8	0.6	1.9	0.3	2.9	0.4	2.5	2.6
1991～2000	7.4	3.7	1.7	0.7	1.0	0.4	1.7	0.2	1.6	1.9
2001～2010	4.7	2.0	1.1	0.3	0.3	0.3	1.1	0.3	0.8	1.6
2011～2015	3.0	1.8	0.9	0.3	0.3	0.4	0.6	0.1	0.4	0.6

주: 소수점 불일치는 반올림에 의한 단수 차이임

자료: 본 연구에서 추계한 데이터를 이용해 저자가 계산 (KISDI 생산성계정 2017)

〈표 4－2〉 우리나라 전산업 생산요소별 성장기여율(상대적 성장기여)

(단위: %p, %)

	부가가치	자본서비스					노동서비스			TFP 증가율
		소계	건설자산	설비자산	ICT 자산	혁신자산	소계	노동구성	시간	
1981～1990	100.0	46.1	18.4	5.6	19.0	3.1	28.4	3.6	24.9	25.5
1991～2000	100.0	50.7	22.9	9.0	13.8	5.0	23.4	2.1	21.3	25.9
2001～2010	100.0	43.3	22.5	6.8	7.1	7.0	23.0	6.8	16.2	33.7
2011～2015	100.0	59.8	29.1	8.7	9.0	13.0	19.2	4.3	14.8	21.0

주: 소수점 불일치는 반올림에 의한 단수 차이임

자료: 본 연구에서 추계한 데이터를 이용해 저자가 계산 (KISDI 생산성계정 2017)

의 약 20% 이상이 건설자산에서 발생했다. 건설자산의 성장기여가 높은 것은 우리 경제가 여전히 외형적으로 빠르게 확장 중이라는 점을 시사한다. 글로벌 금융위기 이후 건설투자를 통한 경기진작을 추진했기 때문에 건설자산의 성장기여는 전체 성장의 29.1%까지 확대됐다. 둘째, 설비자산의 경우 성장기여도는 감소 추세이지만, 부가가치 성장률이 하락하는 가운데 상대적 성장기여율의 경우 6.8%에서 8.7%까지 증가했다. 셋째, ICT자산의 경우 2000년대 ICT 투자 증가율 하락으로 인해 성장기여도 역시 0.3%p까지 하락했으나, 글로벌 금융위기 이후 ICT자산 투자 확대로 상대적 기여율은 2000년대 7.1%에서 2010년대 9.0%로 증가했다. 넷째, R&D 자산과 기타지식재산생산물로 구성된 혁신자산의 성장기여는 0.3～0.4%p를 유지하고 있으며, 상대적 기여율은 지속적으로 증가해 2010년대 13.0% 수준에 달한다. 결과적으로 저성장 기조의 영향으로 자본서비스의 성장기여도는 하락했으나 성장기여율은 상승했다. 특히 ICT자산과 혁신자산의 성장기여율이 크게 증가했다. 저출산・고령화 현상으로 노동서비스 투입에도 한계가 있는 상황에서 4차 산업혁명 시대에 대응하기 위해서 투입 관점에서 ICT자산과 혁신자산과 같은 질 좋은 투자를 위한 전환이 필요하다.

노동서비스 기여도는 2000년대 1.1%p에서 2010년대 0.6%p로 감소하고 있으며, 상대적 성장기여 역시 2000년대 23.0%에서 2010년대에는 19.2%로 감소했다. 노동서비스를 질적 부분인 노동구성과 양적 부분인 노동시간으로 구분해서 살펴보면, 첫째 노동시간의 기여도가 0.8%p에서 0.4%p로 감소하고 동시에 노동의 질적 요소를 반영한 노동구성의 기여도 역시 0.3%p에서 0.1%p로 감소했다. 노동자 수는 증가하는 가운데 평균 근로시간 감소로 노동시간을 통한 기여가 소폭 감소했고, 노동구성 즉 임금수준을 반영한 노동의 질도 하락했다. 이는 글로벌 금융위기 이후 노동시장에 나타난 양적, 질적 변화가 동시에 반영된 것으로 판단된다. 뒤에서 살펴보겠지만, 제조업에서는 외환위기 이후 2000년대 긴축적으로 운영하던 고용이 점차 증가해 2010년 이후 종사자 증가가 나타나고 있다. 한편 베이비 부머 세대가 제조업에서 퇴직 후 서비스업으로 이동하고 동시에 이들의 임금수준이 하락하는 현상이 반영된 것으로 보인다.

2. 제조업

제조업은 2010년대 3.6% 성장하였고, 이중 자본서비스 투입으로 2.4%p, 노동서비스 투입으로 0.9%p, 그리고 총요소생산성 증가로 0.3%p 성장했다. 전산업 성장회계 결과와 비교할 때 제조업은 자본과 노동 투입으로 인한 성장기여는 높은 반면, TFP의 성장기여는 상대적으로 낮았다.

제조업의 경우 글로벌 금융위기 이후 자본서비스의 성장기여도는 2.5%p에서 2.4%p로 소폭 감소한 반면, 노동서비스의 성장기여는 0.1%p에서 0.8%p 증가한 0.9%p까지 증가했다. 반면 TFP 증가율은 2000년대 4.3%p에서 2010년대 0.3%p로 감소했는데, TFP의 성장기여뿐만 아니라 상대적 성장기여 역시 하락한 것으로 분석되어 제조업 부문의 생산성 개선을 위한 대책이 시급한 것으로 판단된다.

자산별 성장기여를 살펴보면, 첫째 제조업 성장률 감소에도 불구하고 건설자산의 성장기여가 증가하고 있다. 둘째, 설비자산의 경우 성장기여도가 변동은 없지만, 성장기여율의 경우 4.6%로 소폭 증가했다. 셋째, ICT자산의 경우 성장기여도는 0.3%p 까지 하락했고, 성장기여율 역시 2000년대 9.1%에서 2010년대 7.9%로 감소했다. 넷째, R&D 자산과 기타지식재산생산물로 구성된 혁신자산의 성장기여는 0.9%p 수준까지 증가했으며, 성장기여율도 지속적으로 증가해 2010년대 25.6%를 기록했다.

노동서비스 기여도는 2010년대 0.9%p로 증가했으며, 성장기여율 역시 2000년대 1.8%에서 2010년대에는 25.0%로 크게 증가했다. 노동서비스를 구분해서 살펴보면, 노동시간의 기여도가 -0.2%p에서 0.7%p로 증가했고, 동시에 노동의 질적 요소를 반영한 노동구성의 기여도는 0.3%p로 유지되고 있다. 최근 제조업의 노동시간 증가는 우리나라 여러 통계조사에서 공통적으로 관찰되는 현상으로, 그동안 지속적인 성장에도 불구하고 긴축적으로 운영되었던 제조업 부문의 노동시장에 투입이 확대된 것을 반영한다.

〈표 4－3〉 우리나라 제조업 생산요소별 성장기여

(단위: %, %p)

	부가가치	자본서비스					노동서비스			TFP 증가율
		소계	건설자산	설비자산	ICT자산	혁신자산	소계	노동구성	시간	
1981～1990	12.6	6.1	0.9	0.6	3.8	0.7	3.6	0.7	2.9	3.0
1991～2000	10.3	3.6	0.7	0.6	1.5	0.8	-0.2	0.3	-0.5	6.8
2001～2010	6.9	2.5	0.7	0.2	0.6	0.9	0.1	0.3	-0.2	4.3
2011～2015	3.6	2.4	1.0	0.2	0.3	0.9	0.9	0.3	0.7	0.3

주: 소수점 불일치는 반올림에 의한 단수 차이임

자료: 본 연구에서 추계한 데이터를 이용해 저자가 계산 (KISDI 생산성계정 2017)

〈표 4－4〉 우리나라 제조업 생산요소별 성장기여율(상대적 성장기여)

(단위: %)

	부가가치	자본서비스					노동서비스			TFP 증가율
		소계	건설자산	설비자산	ICT자산	혁신자산	소계	노동구성	시간	
1981～1990	100.0	48.1	7.0	4.9	30.4	5.8	28.4	5.6	22.8	23.5
1991～2000	100.0	35.5	7.1	6.3	14.6	7.5	-1.7	2.8	-4.6	66.2
2001～2010	100.0	35.8	10.6	3.5	9.1	12.5	1.8	4.6	-2.8	62.4
2011～2015	100.0	66.9	28.8	4.6	7.9	25.6	25.0	7.0	18.0	8.2

주: 소수점 불일치는 반올림에 의한 단수 차이임

자료: 본 연구에서 추계한 데이터를 이용해 저자가 계산 (KISDI 생산성계정 2017)

3. 서비스업

서비스업은 2010년대 2.8% 성장을 기록했다. 성장률은 제조업 부문보다 낮지만, 글로벌 금융위기 이후 성장률 감소폭은 1.2%p로 제조업 부문의 3.3%p 보다 작다. 서비스업 부문은 자본서비스 투입으로 1.6%p, 노동서비스 투입으로 0.5%p, 그리고 TFP 증가로 0.7%p 증가했다.

글로벌 금융위기 이후 서비스업은 자본서비스와 노동서비스 등 투입요소의 성장기여도는 감소한 반면, TFP 증가율은 0.3%p에서 0.7%p로 2배 이상 개선되었다. 또한, TFP 증가율뿐만 아니라 상대적 성장기여율도 증가한 것으로 분석되어 제조업과 상반된 결과를 보인다. 최근 전산업의 TFP 증가율을 견인하고 있는 산업은 서비스업인 것으로 해석된다. 환언하면, 제조업 TFP 증가율 감소로 인한 전산업 TFP 증가율의 감소를 서비스업이 상쇄하고 있다. 하지만, TFP 개선은 노동서비스 성장기여 감소와 연관이 있는데, 노동의 질적요소를 반영하는 노동구성의 기여도 감소했다는 점에서 TFP 개선을 바람직하다고 단정하기는 어려운 것으로 보인다.

서비스업의 자본서비스 성장기여도는 하락 추세이나, 성장기여율은 2010년대 56.2%로 증가했다. 각 자산별로 살펴보면, 첫째 서비스업 성장의 약 30% 가량이 건설자산 자본서비스에서 발생했다. 다만, 제조업과 달리 건설자산의 성장기여율은 최근 소폭 감소했다. 둘째, 설비자산의 경우 성장기여도는 소폭 감소했지만, 서비스업 부가가치율이 하락하는 가운데 성장기여율의 경우 11.2%로 소폭 증가했다. 셋째, ICT자산의 경우 성장기여도는 0.3%p로 유지되었으나, 성장기여율은 2000년대 6.4%에서 2010년대 10.0%로 크게 증가했다. 넷째, R&D 자산과 기타지식재산생산물로 구성된 혁신자산의 성장기여도는 소폭 증가한 0.2%p를 나타내고 있지만, 성장기여율은 증가해 2010년대 5.4%까지 증가했다. 전반적으로 자본서비스의 성장기여도는 하락했으나, 성장기여율은 2010년 들어 상승했다. 특히 최근 ICT자산과 혁신자산의 성장기여가 증가하고 있다.

노동서비스 기여도는 2010년대 0.5%p로 감소했으며, 성장기여율 역시 2000년대 41.3%에서 2010년대에는 18.8%로 크게 감소했다. 노동서비스를 구분해서 살펴보면, 노동시간의 기여도가 1.3%p에서 0.4%p로 감소했고, 동시에 노동의 질적요소를 반영한 노동구성의 기여도도 0.1%p로 감소했다. 서비스업에서는 노동서비스의 양과 질에 의한 성장기여도가 모두 감소했다.

〈표 4－5〉 우리나라 서비스업 생산요소별 성장기여

(단위: %, %p)

	부가가치	자본서비스					노동서비스			TFP 증가율
		소계	건설자산	설비자산	ICT자산	혁신자산	소계	노동구성	시간	
1981～1990	10.1	4.4	2.6	0.6	1.0	0.2	3.4	0.1	3.3	2.4
1991～2000	6.7	4.0	2.2	0.7	0.9	0.2	3.0	0.1	2.9	-0.3
2001～2010	4.0	2.0	1.2	0.4	0.3	0.1	1.6	0.3	1.3	0.3
2011～2015	2.8	1.6	0.8	0.3	0.3	0.2	0.5	0.1	0.4	0.7

주: 소수점 불일치는 반올림에 의한 단수 차이임

자료: 본 연구에서 추계한 데이터를 이용해 저자가 계산 (KISDI 생산성계정 2017)

〈표 4－6〉 우리나라 서비스업 생산요소별 성장기여율(상대적 성장기여)

(단위: %)

	부가가치	자본서비스					노동서비스			TFP 증가율
		소계	건설자산	설비자산	ICT자산	혁신자산	소계	노동구성	시간	
1981～1990	100.0	43.0	25.4	6.0	10.0	1.7	33.7	1.3	32.5	23.2
1991～2000	100.0	60.4	33.3	10.8	12.7	3.5	44.7	1.4	43.3	-5.1
2001～2010	100.0	49.9	31.2	9.3	6.4	3.0	41.3	7.4	33.9	8.7
2011～2015	100.0	56.2	29.5	11.2	10.0	5.4	18.8	3.1	15.7	25.0

주: 소수점 불일치는 반올림에 의한 단수 차이임

자료: 본 연구에서 추계한 데이터를 이용해 저자가 계산 (KISDI 생산성계정 2017)

4. ICT산업

우리나라 ICT산업은 2010년대 평균 6.5% 성장하여 전산업보다 2배 이상 빠르게 성장했다. ICT산업의 성장의 원천을 분해하면 자본서비스 투입으로 3.3%p, 노동서비스 투입으로 0.5%p 그리고 TFP 증가 2.7%p로 구성되어 있다. 전산업 성장회계 결과와 비교할 때 ICT산업은 자본서비스와 생산성 개선의 성장기여가 중요했던 것으로 나타났다.

ICT산업의 경우 글로벌 금융위기 이후 자본서비스의 성장기여도는 4.6%p에서 3.3%p로 감소한 반면, 노동서비스의 성장기여는 0.3%p에서 소폭 증가한 0.5%p로 증가했다. 한편 TFP 증가율은 2000년대 6.4%p에서 2010년대 2.7%p로 감소했는데, TFP의 상대적 성장기여 역시 2000년대 56.8%에서 2010년대 41.9%로 다소 하락한 것으로 분석되어 산업의 생산성을 자원배분의 효율성 관점에서 주의 깊게 살펴볼 필요가 있다.

글로벌 금융위기 이후 자산별 성장기여를 살펴보면, 첫째, ICT산업 성장의 9% 가량이 건설자산 자본서비스에서 발생했다. 둘째, 설비자산의 경우 성장기여도가 0.3%p 감소했지만, 성장기여율은 7%로 변동이 없었다. 셋째, ICT자산의 경우 성장기여도는 1.2%p에서 0.7%p까지 하락했고, 성장기여율도 2000년대 10.8%에서 2010년대 10.5%로 소폭이지만 감소했다. 넷째, R&D 자산과 기타지식재산생산물로 구성된 혁신자산의 성장기여는 지속적으로 증가하여 1.6%p를 나타내고 있으며, 성장기여율도 대폭 증가해 2010년대 24.2% 수준에 달한다. 자본서비스의 성장기여도는 하락했으나, 성장기여율은 2010년대 들어 크게 상승했고, 특히 혁신자산의 성장기여율이 크게 증가했다.

노동서비스 기여도는 2000년대 0.3%p에서 2010년대 0.5%p로 소폭 증가했으며, 성장기여율 역시 2000년대 2.5%에서 2010년대에는 7.3%로 증가했다. 노동서비스를 구분해서 살펴보면, 노동시간의 기여도가 -0.1%p에서 0.3%p로 증가했고, 노동의 질적요소를 반영한 노동구성의 기여도는 0.2%p로 소폭 감소했다. ICT산업에서는 노동서비스의 양과 질이 상호 반대 방향으로 움직인 것으로 나타났다. 성장기여율도 성장기여도와 유사하게 노동시간에 의한 부분은 최근 증가했지만 노동구성에 의한 부분은 감소한 것으로 나타났다.

〈표 4-7〉 우리나라 ICT산업 생산요소별 성장기여

(단위: %, %p)

	부가가치	자본서비스					노동서비스			TFP 증가율
		소계	건설자산	설비자산	ICT자산	혁신자산	소계	노동구성	시간	
1981~1990	17.8	7.4	1.2	3.0	2.1	1.1	4.1	0.4	3.7	6.4
1991~2000	19.5	7.9	1.6	2.7	2.3	1.4	2.8	-0.2	2.9	8.8
2001~2010	11.2	4.6	1.2	0.8	1.2	1.3	0.3	0.4	-0.1	6.4
2011~2015	6.5	3.3	0.6	0.5	0.7	1.6	0.5	0.2	0.3	2.7

주: 소수점 불일치는 반올림에 의한 단수 차이임

자료: 본 연구에서 추계한 데이터를 이용해 저자가 계산 (KISDI 생산성계정 2017)

〈표 4－8〉 우리나라 ICT산업 생산요소별 성장기여율(상대적 성장기여)

(단위: %)

	부가가치	자본서비스					노동서비스			TFP 증가율
		소계	건설자산	설비자산	ICT 자산	혁신자산	소계	노동구성	시간	
1981～1990	100.0	41.3	6.5	16.7	12.0	6.2	23.0	2.3	20.7	35.7
1991～2000	100.0	40.5	8.2	13.6	11.6	7.1	14.2	-0.9	15.1	45.3
2001～2010	100.0	40.6	10.9	7.0	10.8	12.0	2.5	3.5	-0.9	56.8
2011～2015	100.0	50.7	9.0	7.0	10.5	24.2	7.3	2.7	4.6	41.9

주: 소수점 불일치는 반올림에 의한 단수 차이임

자료: 본 연구에서 추계한 데이터를 이용해 저자가 계산 (KISDI 생산성계정 2017)

5. 비ICT산업

비ICT산업은 2010년대 평균 2.6%의 성장률을 보이며, 이를 성장의 원천별로 살펴보면 자본서비스 투입으로 1.7%p, 노동서비스 투입으로 0.7%p 그리고 TFP 증가로 0.3%p로 구분할 수 있다.

비ICT산업의 경우 글로벌 금융위기 이후 자본서비스의 성장기여도는 1.8%p에서 1.7%p로 소폭 감소한 반면, 노동서비스의 성장기여는 1.3%p에서 절반 가량 감소한 0.7%p를 기록했다. 한편 TFP 증가율은 2000년대 0.9%p에서 2010년대 0.3%p로 감소했는데, TFP의 상대적 성장기여율도 2000년대 22.8%에서 2010년대 12.1%로 하락했다. 비ICT산업의 TFP 증가율은 ICT산업의 1/10 수준인데 우리나라도 기존의 주력산업 중 하나인 ICT산업 이외의 분야에 새로운 성장동력을 확충할 필요성이 크다.

비ICT산업은 성장률 하락에도 불구하고 자본서비스의 성장기여도는 소폭 하락하는데 그쳐 상대적 성장기여가 크게 증가했다. 자산별 성장기여를 살펴보면, 첫째, 비ICT산업 성장의 35% 정도가 건설자산 자본서비스에서 발생했다. 둘째, 설비자산의 경우 성장기여도는 큰 변화가 없지만, 비ICT산업 부가가치율이 하락하는 가운데 성장기여율의 경우 다소 증가했다. 셋째, ICT자산의 경우 성장기여도는 글로벌 금융위기 이후 0.2%p로 큰 변화가 없지만, 성장기여율은 2000년대 6.4%에서 2010년대 8.9%로 증가했다. 넷째, R&D 자산과 기타지식재산생산물로 구성된 혁신자산의 성장기여는 0.3%p로 소폭 증가했으며, 성장기여율도 대폭 증가해 2010년대 9.8% 수준을 기록했다.

노동서비스 기여도는 2010년대 1.3%p에서 0.7%p로 절반 가량 감소했으며, 성장기여율 역시 2000년대 32.1%에서 2010년대에는 25.1%로 감소했다. 노동서비스를 구분해서 살펴보면, 노동시간의 기여도가 1.0%p에서 0.5%p로 감소했고, 동시에 노동의 질적요소를 반영한 노동구성의 기여도도 0.3%p에서 0.1%p로 감소했다. 비ICT산업에서는 노동서비스의 양과 질에 의한 성장기여도가 동시에 감소했다.

〈표 4-9〉 우리나라 비ICT산업 생산요소별 성장기여

(단위: %, %p)

	부가가치	자본서비스					노동서비스			TFP 증가율
		소계	건설자산	설비자산	ICT자산	혁신자산	소계	노동구성	시간	
1981~1990	10.4	4.8	2.1	0.5	1.9	0.3	3.4	0.3	3.1	2.2
1991~2000	6.7	3.6	1.8	0.5	0.9	0.3	2.0	0.2	1.8	1.1
2001~2010	4.1	1.8	1.1	0.3	0.3	0.2	1.3	0.3	1.0	0.9
2011~2015	2.6	1.7	0.9	0.2	0.2	0.3	0.7	0.1	0.5	0.3

주: 소수점 불일치는 반올림에 의한 단수 차이임
자료: 본 연구에서 추계한 데이터를 이용해 저자가 계산 (KISDI 생산성계정 2017)

〈표 4-10〉 우리나라 비ICT산업 생산요소별 성장기여율(상대적 성장기여)

(단위: %)

	부가가치	자본서비스					노동서비스			TFP 증가율
		소계	건설자산	설비자산	ICT자산	혁신자산	소계	노동구성	시간	
1981~1990	100.0	45.6	20.2	4.4	18.2	2.8	32.9	2.9	30.0	21.5
1991~2000	100.0	53.6	27.1	7.9	13.9	4.6	29.9	2.8	27.1	16.5
2001~2010	100.0	45.1	26.5	6.8	6.4	5.4	32.1	7.1	25.0	22.8
2011~2015	100.0	62.9	35.0	9.2	8.9	9.8	25.1	5.0	20.0	12.1

주: 소수점 불일치는 반올림에 의한 단수 차이임
자료: 본 연구에서 추계한 데이터를 이용해 저자가 계산 (KISDI 생산성계정 2017)

제 3 절 글로벌 금융위기 이후 생산성 및 성장기여 현황 국제비교

1. 개 요

본 절에서는 한국의 성장기여도를 EUKLEMS 데이터베이스의 주요국과 비교 분석했다. EUKLEMS 데이터베이스에 한국은 제외되어 있어 KISDI에서 구축한 자료를 이용했다. 그리고 EUKLEMS 데이터베이스에서는 자본에 대해 ICT자산, 비ICT자산으로만 구분하고 있으며, 노동에 대해서는 노동 구성과 노동 시간으로 구분하고 있다. 따라서 국제비교의 일관성을 위해 KISDI의 자산 분류를 ICT자산과 비ICT자산으로 재구분했다.

글로벌 금융위기 이전인 2001～2007년과 금융위기 이후인 2011～2015년 두 기간에 대해 추이 및 격차를 중심으로 비교했으며, 글로벌 금융위기 기간 중인 2008～2010년은 부록에 부표로 표시했다. 즉, 주요국의 부가가치 증가율, TFP 증가율, 자본(ICT자산, 비ICT자산)의 성장기여, 노동(노동 구성, 노동 시간)의 성장기여 각각에 대해 글로벌 금융위기 이전과 이후를 비교했다. 국가별 생산요소별 성장기여 및 총요소생산성에 대한 세부사항은 부록에 수록했다.

2. 부가가치 증가율 비교

모든 국가들에서 글로벌 금융위기 이전 기간보다 이후에 부가가치 증가율이 낮아진 것으로 나타났다. 그러나 감소폭에 있어서는 국가별로 큰 차이를 보인다. 예를 들어 독일은 불과 0.07%p가 감소한데 그쳤으나 EU12개국은 1.08%p, 한국은 2.19%p로 큰 폭으로 감소했다. 금융위기 이전 대비 한국의 부가가치 증가율은 60% 수준에도 미치지 못해 부가가치 증가율을 회복시킬 수 있는 다방면의 정책적 고려가 필요할 것으로 사료된다.

〔그림 4－1〕 주요국의 부가가치 증가율 비교

(단위: %)

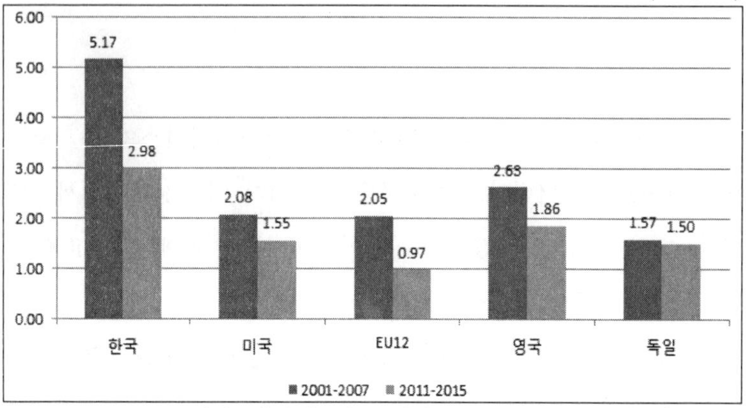

주: EU12는 오스트리아, 벨기에, 체코, 덴마크, 핀란드, 프랑스, 독일, 이탈리아, 네덜란드, 스페인, 스웨덴, 영국

자료: 한국은 본 연구에서 추계한 데이터를 이용해 저자가 계산(KISDI 생산성계정 2017). 그 외는 EUKLEMS

3. 총요소생산성 비교

모든 국가들에서 글로벌 금융위기 이전 기간보다 이후에 TFP 증가율이 낮아진 것으로 나타났다. 그러나 감소폭에 있어서는 부가가치 증가율과 마찬가지로 국가별로 큰 차이를 보인다. 예를 들어 EU12개국은 0.26%p, 독일은 0.31%p가 감소한데 그쳤으나 영국은 1.06%p, 한국은 1.52%p로 큰 폭으로 감소했다. 즉, 한국의 경우 글로벌 금융위기 이후에 부가가치 증가율과 총요소 생산성 증가율 모두 가장 크게 하락한 것으로 나타났다.

한국의 경우, 부가가치 증가율은 글로벌 금융위기 이전 기간 대비 60% 수준임에 반해 총요소생산성 증가율은 30% 수준에 불과한 것으로 나타났다. 따라서 성장기여율 측면에서도 총요소생산성의 역할이 축소된 것으로 나타나 이에 대한 정책적 대응이 필요하다. 즉, 한국 경제는 부가가치 증가율의 하락과 더불어 총요소생산성 증가율의 하락이 발생했는데 총요소생산성의 하락폭이 상대적으로 더 큰 것으로 분석되었다.

다만 총요소생산성의 성장기여율 측면에서 주요국 모두 한국과 유사한 특징을 나타내고 있어 한국만의 특수한 상황이 아닌 글로벌한 경기변동 요인이 일부 반영된 것으로 보인다.

〔그림 4－2〕 주요국의 총요소생산성 증가율 비교

(단위: %)

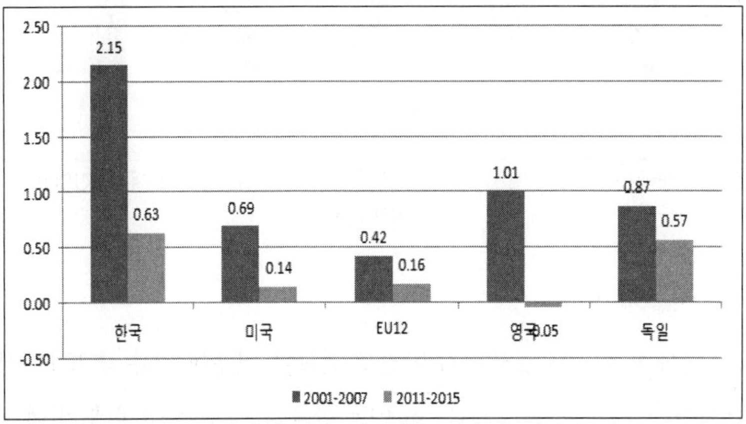

자료: 한국은 본 연구에서 추계한 데이터를 이용해 저자가 계산(KISDI 생산성계정 2017). 그 외는 EUKLEMS

4. 자본의 성장기여

가. 자본의 성장기여

모든 국가들에서 글로벌 금융위기 이전 기간보다 이후에 자본의 성장기여도가 낮아진 것으로 나타났다. 하지만 한국의 경우 주요국에 비해 감소폭이 0.34%p로 크지 않는 반면 미국은 0.50%p, EU12개국은 0.62%p로 크게 감소한 것으로 나타났다. EU12개국은 글로벌 금융위기 이전 대비 1/3 수준으로 가장 크게 감소했으며, 동기간 대비 미국, 영국, 독일은 50～60%내외, 한국은 80% 이상을 기록했다.

〔그림 4－3〕 주요국 자본의 성장기여도 비교

(단위: %p)

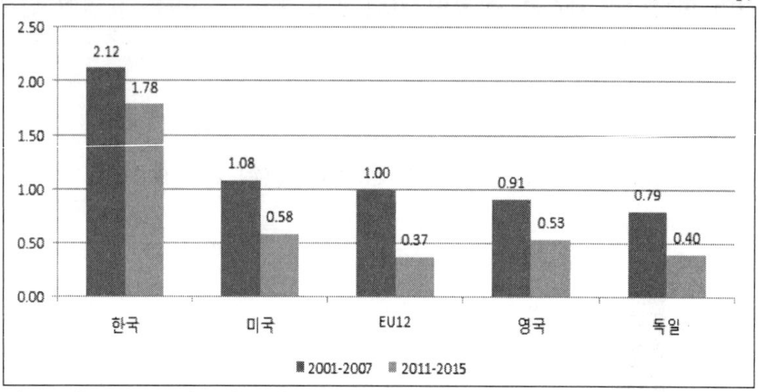

자료: 한국은 본 연구에서 추계한 데이터를 이용해 저자가 계산(KISDI 생산성계정 2017). 그 외는 EUKLEMS

나. ICT자산의 성장기여

모든 국가들에서 글로벌 금융위기 이전 기간보다 이후에 자본 중 ICT자산의 성장기여도가 낮아진 것으로 나타났다. 하지만 한국의 경우 주요국에 비해 감소폭이 0.06%p로 크지 않는 반면 미국은 0.15%p, EU12개국은 0.15%p로 크게 감소한 것으

〔그림 4－4〕 주요국 ICT자산의 성장기여도 비교

(단위: %p)

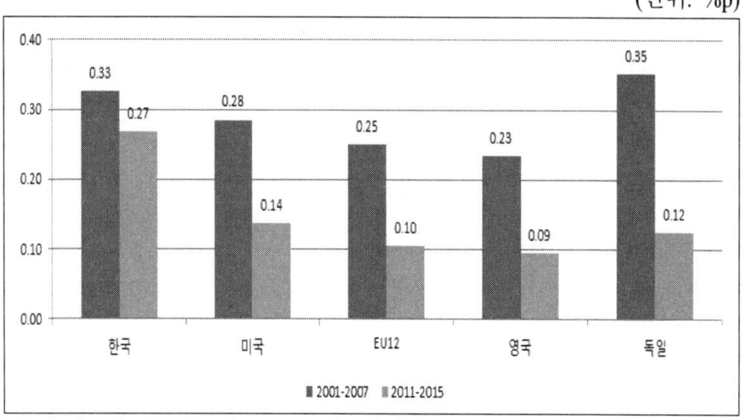

자료: 한국은 본 연구의 KISDI 생산성계정 2017, 미국, EU, 영국, 독일은 EUKLEMS

로 나타났다. 즉, 글로벌 금융위기 이전 대비 미국, 영국, 독일은 35～40%내외, 한국은 자본(ICT자산+비ICT자산)의 성장기여도와 유사하게 80% 이상을 기록했다.

다. 비ICT자산의 성장기여

모든 국가들에서 글로벌 금융위기 이전 기간보다 이후에 자본 중 비ICT자산의 성장기여도가 낮아진 것으로 나타났다. 한국의 경우 감소폭이 0.27%p이며, 한국보다 대폭 감소한 국가로 미국은 0.35%p, EU12개국은 0.48%p 감소한 것으로 나타났다. 반면, 한국보다 소폭 감소한 국가는 영국 0.24%p, 독일 0.17%p로 나타났다. EU12개국은 금융위기 이전 대비 1/3 수준으로 가장 크게 감소했으며, 미국, 영국, 독일은 55～65%내외를 기록했다. 한국에서 자본의 성장기여도는 ICT자산, 비ICT자산 구분없이 글로벌 금융위기 이전 기간대비 약 80% 이상을 기록하고 있다.

글로벌 금융위기 이후 기간(2011～2015년)에 대해 자본의 성장기여율을 살펴보면, ICT자산의 경우 한국과 미국은 9%, EU12개국은 11%, 영국은 5%, 독일은 8%로 나타났으며, 비ICT자산은 한국 51%, 미국 29%, EU12개국 28%, 영국 23%, 독일 18%로 나타났다. 즉, 자본의 성장기여율 관점에서 비ICT자산의 역할이 한국은 상

〔그림 4－5〕 주요국 비ICT자산의 성장기여도 비교

(단위: %p)

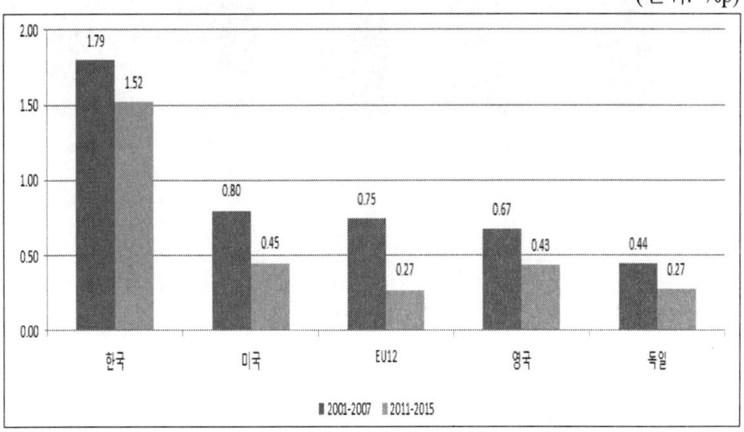

자료: 한국은 본 연구에서 추계한 데이터를 이용해 저자가 계산(KISDI 생산성계정 2017). 그 외는 EUKLEMS

대적으로 높은 것으로 나타났으며, ICT자산의 역할은 주요국 평균 수준에 근사한 것으로 나타났다.

5. 노동의 성장기여

가. 노동의 성장기여

한국과 EU12 국가들은 글로벌 금융위기 이전 기간보다 이후에 노동의 성장기여도가 낮아진 것으로 나타났다. 반면, 미국, 영국, 독일에서는 오히려 노동의 성장기여도가 높아진 것으로 나타났다. 한국의 경우 주요국에 비해 감소폭이 0.33%p로 매우 큰 반면, 미국은 0.52%p, 영국은 0.67%p, 독일은 0.63%p 증가한 것으로 나타나 대조를 이룬다. 한국에서 노동의 성장기여도는 금융위기 이전 대비 2/3 수준 미만을 기록한 반면, 미국은 2.7배, 영국은 1.9배 이상을 기록했다.

〔그림 4－6〕 주요국 노동의 성장기여도 비교

(단위: %p)

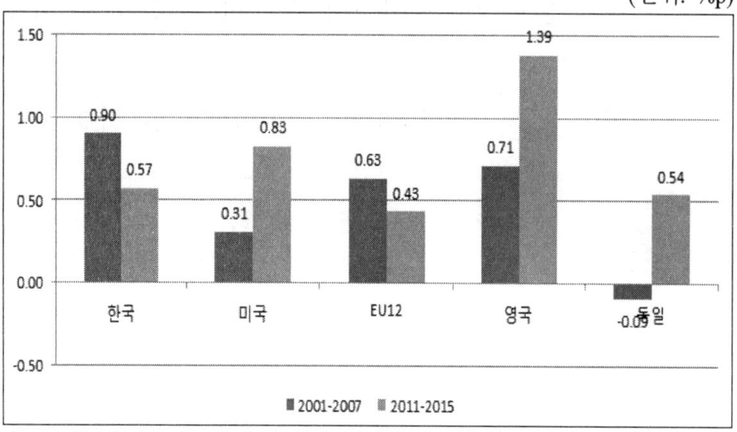

자료: 한국은 본 연구에서 추계한 데이터를 이용해 저자가 계산(KISDI 생산성계정 2017). 그 외는 EUKLEMS

나. 노동 구성의 성장기여

한국과 미국은 글로벌 금융위기 이전 기간보다 이후에 노동 중 노동 구성의 성장기여도가 낮아진 것으로 나타났다. 하지만, 한국의 경우 감소폭이 0.23%p로 미국의 0.08%p에 비해 큰 것으로 나타났다. 즉, 한국은 노동 구성의 성장기여도가 글로벌 금융위기 이전 대비 35% 수준에 불과한 것으로 나타났으며, EU12개국, 영국, 독일은 1.1배~2.0배 내외를 기록해 한국과 큰 대조를 보인다. 미국은 한국처럼 노동 구성의 성장기여도가 글로벌 금융위기 이전 기간보다 감소했지만 67% 수준은 유지하고 있다.

결과적으로 한국에서 노동의 성장기여도 하락에 대한 원인 중 하나로 노동 구성 부문에 의한 성장기여의 하락 추세가 크게 반영된 것으로 보인다.

〔그림 4－7〕 주요국 노동 구성의 성장기여도 비교

(단위: %p)

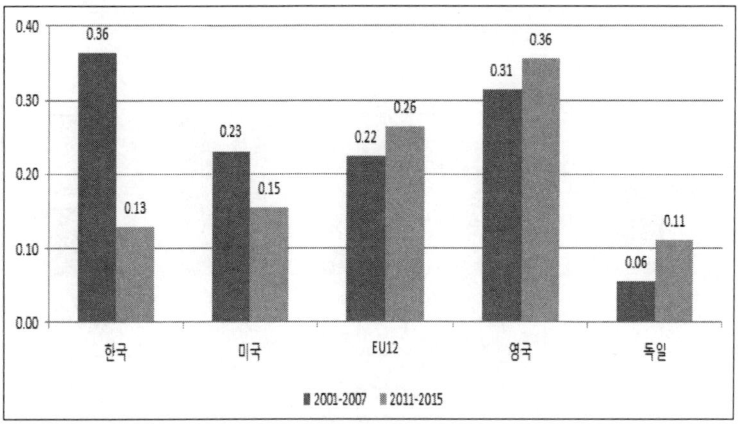

자료: 한국은 본 연구에서 추계한 데이터를 이용해 저자가 계산(KISDI 생산성계정 2017). 그 외는 EUKLEMS

다. 노동 시간의 성장기여

한국과 EU12개국은 글로벌 금융위기 이전기간보다 이후에 노동 시간의 성장기여도가 낮아진 것으로 나타났다. 상술한 바와 같이 노동 구성 및 노동 시간 모두 감소한 국가는 주요국들 중에서 한국이 유일한 것으로 나타났다.

한국의 경우 감소폭이 0.10%p이며, EU12개국은 0.24%p 감소한 것으로 나타났다. 반면, 한국과 달리 미국은 0.60%p, 영국은 0.63%p, 독일은 0.54%p 증가한 것으로 나타났다. 한국에서 노동 시간의 성장기여도는 글로벌 금융위기 이전대비 약 80% 수준을 기록하고 있다.

글로벌 금융위기 이후 기간(2011～2015년)에 대해 노동의 성장기여율을 살펴보면, 노동 구성의 경우 한국 4%, 미국 10%, EU12개국 27%, 영국은 19%, 독일은 7%로 나타났으며, 노동 시간은 한국 15%, 미국 44%, EU12개국 18%, 영국 55%, 독일 29%로 나타났다. 즉, 주요국에 비해 한국은 노동 구성과 노동 시간 모두 상대적으로 낮은 것으로 나타나 노동의 양과 질 모두 향상 시킬 수 있는 대응책 마련이 필요할 것으로 판단된다.

〔그림 4－8〕 주요국 노동 시간의 성장기여도 비교

(단위: %p)

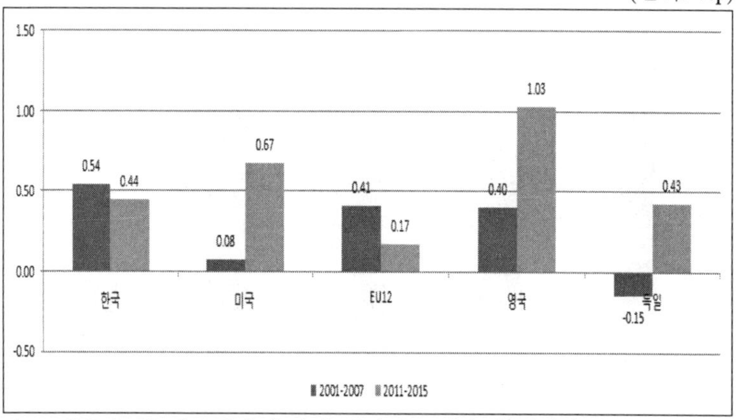

자료: 한국은 본 연구에서 추계한 데이터를 이용해 저자가 계산(KISDI 생산성계정 2017). 그 외는 EUKLEMS

제4절 산업별 자원배분 효과 분석

1. 개 요

앞에서 상위부문 집계와 관련하여 집계 생산함수 방식, 생산가능경계 방식, 그리고 산업간 직접 집계 방식을 간략하게 소개했다. 이들의 차이는 생산물과 투입요소의 가격과 이동성에 대한 가정의 차이이다. 자본과 노동의 이동성 확보에 따른 산업간 자원배분 효율성을 분석하기 위해서 Jorgenson et al.(2007)의 논의를 좀 더 구체적으로 살펴본다.

가. 집계 생산함수 방식(Aggregate Production Function)

집계 생산함수 방식은 생산함수가 분리가능(seperable)하고 모든 산업에서 동일하며, 자본과 노동의 결합하는 함수가 동일하고, 모든 산업에서 자본과 노동의 상대가격이 일치해야한다. 산업별 생산물의 조정이 자유롭고, 생산요소의 상대가격이 모두 동일하며 이동이 자유로운 상태를 의미한다.

나. 생산가능경제 방식(Aggregate Production Possibility Frontier)

생산가능경계 방식은 모든 산업에서 생산함수가 동일하다는 가정을 완화한 것인데, 이는 산업별 생산물간 가격이 더 이상 동일할 필요가 없다는 것이고 이로 인해 전체 생산은 개별 산업의 합과 일치하지 않게 된다. 여기서 Jorgenson et al.(2007)은 생산가능경계의 집계 부가가치를 산업별 부가가치의 트랜스로그 지수(index)로 정의했다. 지수 이론을 이용해 하위 부문을 상위 부문으로 집계하는 방식을 이용한 것이다.

다. 산업간 직접 집계 방식(Direct Aggregation Across Industries)

마지막으로 본 연구에서 적용한 산업간 직접 집계 방식은 개별 산업의 부가가치 개별적인 생산함수가 존재하고, 산업간 부가가치 생산 혹은 투입요소의 가격에 제약을 부과하지 않는다. 즉 동일한 부가가치 생산함수, 산업간 투입요소의 이동성, 모든 산업에서의 동일한 요소가격의 가정이 더 이상 적용되지 않는다. 생산가능경계 방식에 비해 요소 측면의 가격 및 이동성에 대한 가정이 완화된 것이다.

2. 산업간 자원배분에 따른 생산성 개선

아래에서는 자본과 노동의 이동성이 강화된 경우의 효율성 증대 효과를 살펴보고자 한다. 이를 위해 산업간 직접 집계 방식과 생산가능경제 방식의 차이를 살펴본다. 양자는 생산 부분은 동일한 가정에서 출발하나, 투입 부분은 요소 상대가격과 결합방식, 그리고 생산요소의 이동성에 대해 서로 상이한 상황을 가정한다. 즉, 동일한 특성을 보유한 인력과 동일한 유형의 자산이 A 산업에서 B 산업으로 산업간 자유로운 이동할 수 있으면, 노동과 자본의 상대가격이 산업간 동일해질 것이다. 현실에서 산업간 투입요소의 이동이 가능하지만 쉽지 않은 것이 사실이고, 산업간 임금격차가 존재하는 상황에서 자원배분에 따른 생산성 개선 정도를 확인하는 것은 의미가 있을 것으로 여겨진다.

산업간 직접 집계(direct aggregation across industries) 방식에 활용한 산업별 부가가치 생산함수는 $V_i = f(K_i, L_i, T_i)$로 정의하고, 제약조건은 $P_{V,i} V_i = P_K K_i + P_L L_i$으로 설정했다. 이때 산업별 부가가치 생산함수는 앞에서 살펴본 바와 같이 (식 4-9)와 (식 4-10)이 된다.

여기서 산출한 경제전체의 총요소생산성은 다음과 같이 정리된다.

$$\sum_i \overline{w_i} v_{T,i} = \sum_i \overline{w_i} \Delta \ln V_i - \sum_i \overline{w_i}\, \overline{v_{K,i}} \Delta \ln K_i - \sum_i \overline{w_i}\, \overline{v_{L,i}} \Delta \ln L_i \qquad \text{(식 4-18)}$$

이때, $w_i = \dfrac{P_{V,i} V_i}{\sum P_{V,i} V_i}$이고, $\overline{w_i} = 0.5\, w_{i,t} + 0.5\, w_{i,t-1}$이다.

한편 생산가능경계(production possibility frontier) 방식에 활용한 경제전체의 생산가능경계는 $\Delta \ln V = \sum_i \overline{w_i} \Delta \ln V_i$로 표현되며, 경제전체의 총요소생산성은 앞에서 살펴본 (식 4-4)와 같이 정의된다.

$$v_T \equiv \Delta \ln V - \overline{v_K} \Delta \ln K - \overline{v_L} \Delta \ln L \qquad \text{(식 4-4)}$$

이 모형에서는 기업이 직면하는 생산요소의 가격은 모든 산업에서 동일하고 ($P_{K,k} = P_{K,k,i}$, $P_{L,l} = P_{L,l,i}$), 산업별로 요소 결합 방식이 동일하기 때문에 산업별 자본과 노동은 합계도 가능하다.

$$K_k = \sum_i K_{k,i} \ , \ L_l = \sum_i L_{l,i} \qquad \text{(식 4-19)}$$

산업간 직접 집계(direct aggregation across industries) 방식과 생산가능경계 방식의 차이가 산업간 자본(RE_K)과 노동(RE_L)의 이동성이 생길 경우 발생하는 자원배분 효과이다(Jorgenson et al. 2007).

즉, RE_K와 RE_L 항은 산업간 요소 이동이 자유롭고, 자본과 노동의 상대가격이 동일할 경우 발생하는 자원배분의 효율성을 의미한다.

$$\begin{aligned} v_T &= \left(\sum_i \overline{w_i} v_{T,i}\right) + \left(\sum_i \overline{w_i}\, \overline{v_{K,i}}\, \Delta \ln K_i - \overline{v_K}\, \Delta \ln K\right) \\ &\quad + \left(\sum_i \overline{w_i}\, \overline{v_{L,i}}\, \Delta \ln L_i - \overline{v_L}\, \Delta \ln L\right) \\ &= \sum_i \overline{w_i} v_{T,i} + RE_K + RE_L \end{aligned} \qquad \text{(식 4-20)}$$

즉 RE_K와 RE_L은 각각 자본과 노동시장이 완전하고, 산업간 요소이동이 자유로운 경우 개선가능한 자원재배분 효과를 의미한다.

우리나라는 전산업의 생산가능경계 방식의 TFP와 산업간 직접 집계 방식의 TFP의 차가 양의 값을 갖는다. 이는 산업간 자원배분을 통해 생산성 개선의 여지가 있음을 시사한다. 2000년대 들어 우리 경제가 개방화, 자유화됨에 따라 자본재시장과 노동시장의 유연성이 강화되었고, 1990년대에 비해 RE_K와 RE_L가 줄어든 것으로 나타났다. 하지만 2010년대 자본재 자원배분을 통한 생산성 개선 효과는 0.3%p로 2000년대에 비해 증가하는데, 이는 글로벌 금융위기와 유럽 재정위기 등으로 인해 산업별로 과잉투자된 설비가 해소되지 못해 발생한 현상으로 보인다. 진입퇴출 과정에서 산업간 자본의 자원배분이 원활하지 못했음을 의미한다. 예를 들어 조선산업의 경우 대규모 투자를 요하는 산업이지만, 조선산업에 과잉 투자된 설비투자는 산업 특유성(industry specificity)으로 인해 타 산업에 활용되기 쉽지 않기 때문이다. 한편 산업간 노동의 재배분을 통한 생산성효과는 자원이동이 완전한 경우보다 2%p 초과한 것으로 나타나는데 이는 제조업의 질 좋은 인력이 퇴직하여 자영업 중심의 서비스업으로 이동하면서 동시에 임금도 낮아졌기 때문으로 나타난 효과로 판단된다.

〈표 4－11〉 전산업 자원배분 효율성 개선을 통한 생산성 개선

(단위: %p)

	TFP 증가율 차이 $(v_T - \sum \overline{w_i} v_{T,i})$	RE_K	RE_L
1991～2000	1.1	0.3	0.7
2001～2010	0.3	0.1	0.2
2011～2015	0.1	0.3	-0.2

주: 소수점 불일치는 반올림에 의한 단수 차이임
자료: 본 연구에서 추계한 데이터를 이용해 저자가 계산 (KISDI 생산성계정 2017)

산업간 생산물의 조정이 자유로운 경우 부가가치의 자원배분 효과는 다음과 같다. 한 산업에서 생산한 생산물이 다른 산업에서 생산한 생산물로 조정이 가능하다면, 위에서 살펴본 집계 생산함수 방식에서와 같이 생산함수가 분리가능하고 모든 산업에서 자본과 노동의 이동이 자유로워야 한다. 이때 경제전체의 부가가치 함수는 각 산업 부가가치의 합계, $V^{PF} = \sum_i V_i$로 측정되며, 부가가치 증가율은 $\Delta \ln V^{PF}$가 된다. 한편, 산업간 직접 집계 방식의 산업별 부가가치 생산함수는 $V_i = f(K_i, L_i, T_i)$이고, 경제전체의 부가가치 증가율은 개별산업의 부가가치 증가율을 각 산업의 부가가치 비중으로 가중평균한 값, $\sum_i \overline{w_i} \Delta \ln V_i$이 된다.

산업간 생산물의 조정이 자유로운 경우 부가가치 증가율이 그렇지 못한 경우보다 낮게 나타났다. 1990년대 각종 규제와 대기업 중심의 정책을 통해 생산물 조정이 자유로운 경우보다 더 나은 성과를 거둔 것으로 판단된다. 하지만, 각종 규제와 대기업 중심의 정책은 시장기제를 통한 상대가격 변화에 따른 산업간 생산물 조정을 어렵게 만들어 궁극적으로 바람직하지 못한 결과를 가져온다. 하지만 2000년대 자원재배분 효과의 크기가 점차 작아지고 최근에는 거의 0에 가까운 수치를 보여주는데, 이는 정부에 의한 시장 개입의 정도가 점차 낮아졌기 때문으로 보인다.

〈표 4－12〉 생산물 조정을 통한 부가가치 증가율 개선 효과

(단위: %p)

	부가가치 증가율 (집계생산함수)	부가가치 증가율 (산업간 직접 집계)	자원재배분 효과
1991～2000	7.0	7.4	-0.3
2001～2010	4.6	4.7	-0.1
2011～2015	3.0	3.0	0.0

주: 소수점 불일치는 반올림에 의한 단수차이임
자료: 본 연구에서 추계한 데이터를 이용해 저자가 계산 (KISDI 생산성계정 2017)

제 5 절 관심 변수 시뮬레이션을 통한 성장회계의 민감도 분석

1. 노동서비스 시뮬레이션

가. 개요

2000년도 이후 평균 노동시간의 변동폭이 확대되어, 특정연도 포함여부에 따라 성장회계 분석 결과의 민감도가 높아지는 현상이 발생하고 있다. 이에 노동서비스를 아래 표와 같이 세 가지 방법으로 산출하고, 각각의 노동 증가율, 노동 기여도와 TFP 증가율을 살펴봤다.

〈표 4－13〉 노동서비스 유형에 따른 성장회계 결과 시뮬레이션

모형	주요 내용
모형1. 노동서비스(노동시간)－기본모형	노동시간을 이용해 노동서비스 산출
모형2. 노동서비스(추세－노동시간)	HP 필터를 통해 평균 노동시간의 추세와 경기변동분을 분해. 추세－노동시간을 이용해 노동서비스 산출
모형3. 노동서비스(노동자 수)	노동자 수를 이용해 노동서비스 산출

평균 노동시간이 추세와 경기변동으로 분해 가능하다고 가정하고, HP 필터를 통해 15개 산업군별 평균 노동시간의 추세와 경기변동으로 분해했다. 아래 그림과 같

이 노동시간은 한국은행이 공시한 경기수축기에 감소하는 것으로 나타났다.

아래 그림은 노동 관련 통계에서 산출한 전산업 총노동시간 증가율이다. 경제활동인구조사, OECD STAN 데이터베이스의 경우 대체로 -3～5%의 증가율을 보이고 있다. 반면 고용형태별 근로실태조사의 경우 -5～10%로 증가율의 변동폭이 상대적으로 크게 나타난다. 특히, 2000년대 들어 총노동시간 증가율은 노동 통계 전반에 걸쳐 2000년대 중반 이후 변동폭이 커지고, 통계간 격차도 증가한 것으로 나타났다. 통계별로 OECD의 STAN database 통계는 경제활동인구조사와 유사하게 나타난다.

〔그림 4－9〕 주요 노동통계의 총노동시간 증가율 추이

(단위: %)

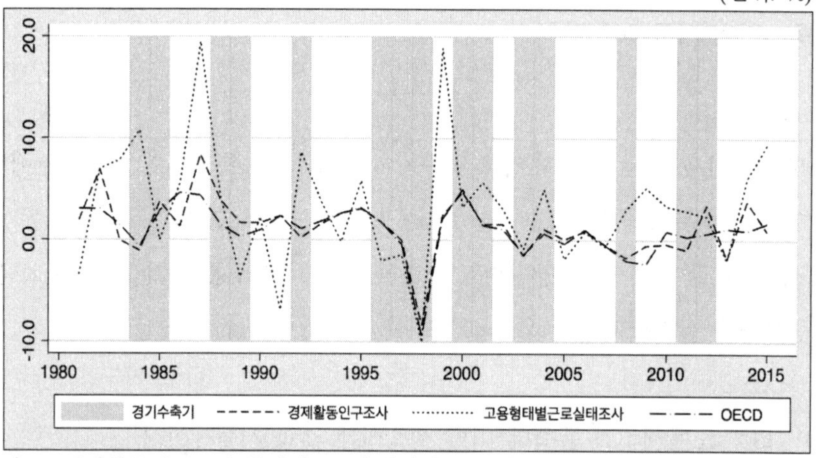

자료: 경제활동인구조사(통계청), 고용형태별 근로실태조사(고용노동부), OECD STAN database

다음 그림은 본 연구의 노동시간 증가율, 추세－노동시간 증가율, 노동자 수 증가율의 형태를 보여준다.

〔그림 4－10〕 본 연구 노동계정의 노동관련 변수 증가율 추이

(단위: %)

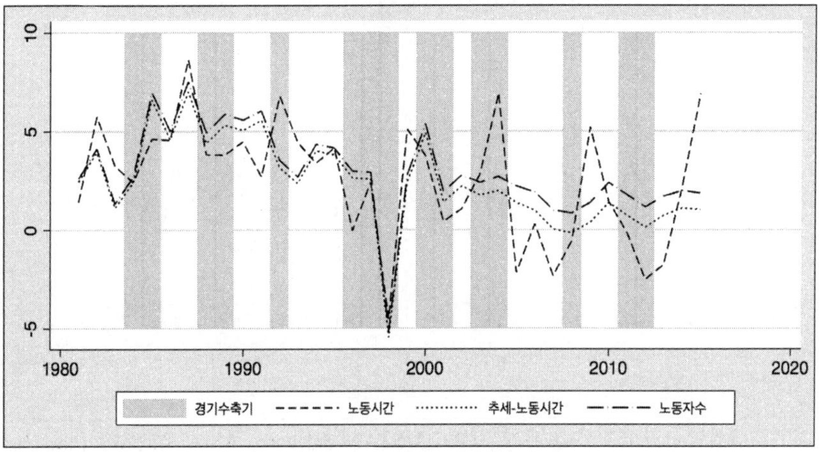

자료: 본 연구에서 추계한 데이터를 이용해 저자가 계산

본 연구의 노동은 종사자 수 관점에서는 경제활동인구조사와 일치하고, 노동시간 관점에서는 경제활동인구조사에 고용형태별 근로실태조사가 반영되어 있다. 이로 인해 본 연구의 총노동시간 증가율은 경제활동인구조사와 고용형태별 근로실태조사의 중간 정도에 위치한다. HP 필터로 분해한 추세 총노동시간 증가율과 노동자 수 증가율은 아래 그림과 같이 경제활동인구조사와 OECD STAN database 통계와 유사하게 나타난다. 한편 HP 필터로 분해한 추세 총노동시간 증가율과 노동자 수 증가율의 차이는 평균 노동시간의 감소를 반영하고 있다. 즉 노동자 수 증가율이 노동시간 증가율보다 높은 것은 평균 노동시간이 감소함을 의미한다. 추세－노동시간 증가율은 평균 노동시간 변화를 반영하면서 우리나라 노동 통계 중 기본이 되는 경제활동인구조사와 OECD의 STAN database에 제공된 한국 노동시간 통계와 유사함을 알 수 있다.

〔그림 4－11〕 KISDI 노동계정과 주요 노동통계의 총노동시간 증가율 추이

(단위: %)

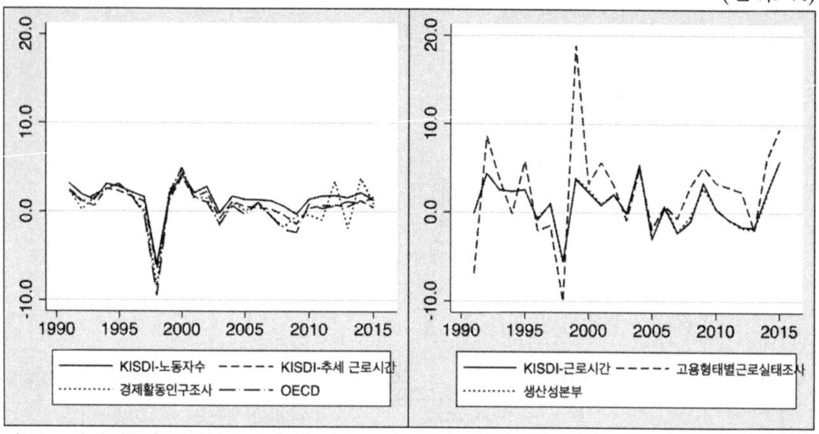

자료: 경제활동인구조사(통계청), OECD STAN database, ASIA KLEMS (http://asiaklems.net/, 2017. 11. 1.기준), 생산성본부, 고용형태별 근로실태조사(고용노동부), KISDI 생산성계정 2017.

나. 시뮬레이션 결과

본 연구에서는 기본모형로 노동시간 증가율을 사용하며, 최근기간 노동시간 변동폭 확대에 따른 효과를 살펴보기 위해 추세－노동시간 증가율, 노동자 수 증가율을 활용한 성장회계 결과를 시뮬레이션했다.

시뮬레이션 결과 첫째, 노동자 수 증가율을 반영한 모형은 평균 노동시간 정보 누락으로 인해 노동의 기여도를 과대추정되고 총요소생산성은 과소추정되는 문제점이 나타났다. 둘째, 추세－노동시간 증가율을 적용한 모형은 개별 요소의 변화를 반영하면서 성장회계 분석의 안정성을 높이는 것으로 나타났다. 셋째, 성장회계의 관행과 같이 경기변동을 제어하기 위해 적절한 기간의 평균값으로 분석하는 경우 노동시간을 반영한 기본모형과 추세－노동시간을 반영한 모형간 큰 차이가 나타나지 않았다. 이에 본 연구에서는 시뮬레이션 결과에 따라 노동시간을 이용하는 기본모형을 그대로 사용하기로 했다.

〔그림 4－12〕 노동서비스의 성장기여도 시뮬레이션

(단위: %p)

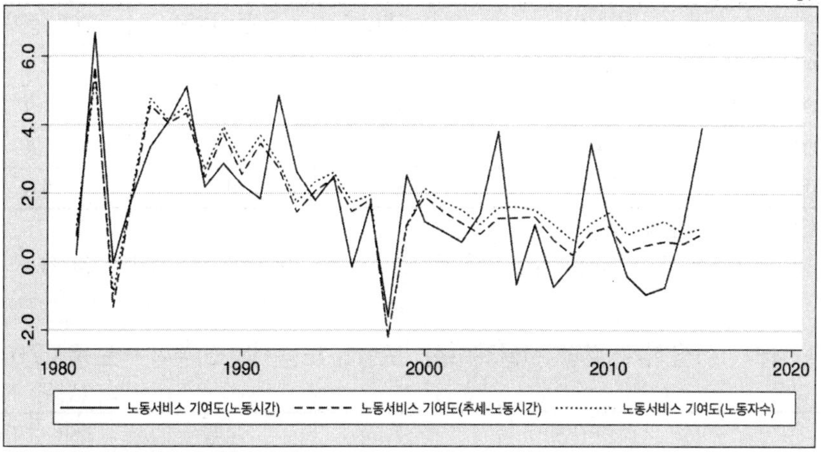

주: 산업별 집계자료에서 산출

자료: 본 연구에서 추계한 데이터를 이용해 저자가 계산 (KISDI 생산성계정 2017)

〔그림 4－13〕 TFP 증가율 시뮬레이션

(단위: %)

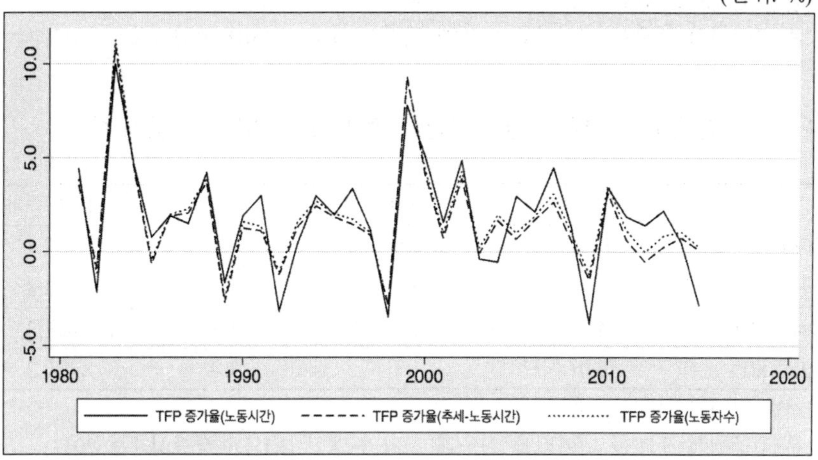

주: 산업별 집계자료에서 산출

자료: 본 연구에서 추계한 데이터를 이용해 저자가 계산 (KISDI 생산성계정 2017)

〈표 4－14〉 성장회계 결과 시뮬레이션: 모형1. 노동서비스(기본모형－노동시간)

(단위: %, %p)

	부가가치	자본서비스	노동서비스	TFP 증가율
1981～1990	10.0	4.6	2.9	2.6
1991～2000	7.4	3.7	1.7	1.9
2001～2010	4.7	2.0	1.1	1.6
2011～2015	3.0	1.8	0.6	0.6

주: 산업별 집계자료에서 산출

자료: 본 연구에서 추계한 데이터를 이용해 저자가 계산 (KISDI 생산성계정 2017)

〈표 4－15〉 성장회계 결과 시뮬레이션: 모형2. 노동서비스(추세－노동시간)

(단위: %, %p)

	부가가치	자본	노동	TFP 증가율
1981～1990	10.0	4.6	2.9	2.5
1991～2000	7.4	3.7	1.6	2.0
2001～2010	4.7	2.0	1.0	1.7
2011～2015	3.0	1.8	0.5	0.7

주: 산업별 집계자료에서 산출

자료: 본 연구에서 추계한 데이터를 이용해 저자가 계산 (KISDI 생산성계정 2017)

〈표 4－16〉 성장회계 결과 시뮬레이션: 모형3. 노동서비스(노동자 수)

(단위: %, %p)

	부가가치	자본	노동	TFP 증가율
1981-1990	10.0	4.6	3.1	2.4
1991-2000	7.4	3.7	1.8	1.8
2001-2010	4.7	2.0	1.3	1.3
2011-2015	3.0	1.8	1.0	0.2

주: 산업별 집계자료에서 산출

자료: 본 연구에서 추계한 데이터를 이용해 저자가 계산 (KISDI 생산성계정 2017)

2. 노동소득 분배율 시뮬레이션

가. 개요

통상 자본서비스 증가율이 노동서비스 증가율보다 2배 가량의 값을 갖는다. 본 연구의 전산업 집계자료에서도 동일한 특성이 나타난다. 이는 기술적으로 노동소득 분배율이 과대추정되면, 노동의 성장기여는 소폭 과대추정하고 자본의 성장기여는 대폭 과소추정하고 결과적으로 총요소생산성이 과대추정되는 문제를 발생시킨다.

우리나라와 같이 비임금근로자의 비중이 크고, 이들의 경쟁력이 크지 않은 상황에서 OECD와 같이 비임금근로자의 귀속임금을 임금근로자와 동일하다고 가정하면 노동소득 분배율이 과대추정되는 문제가 발생한다.

〔그림 4－14〕 노동서비스와 자본서비스 증가율 추이

(단위: %)

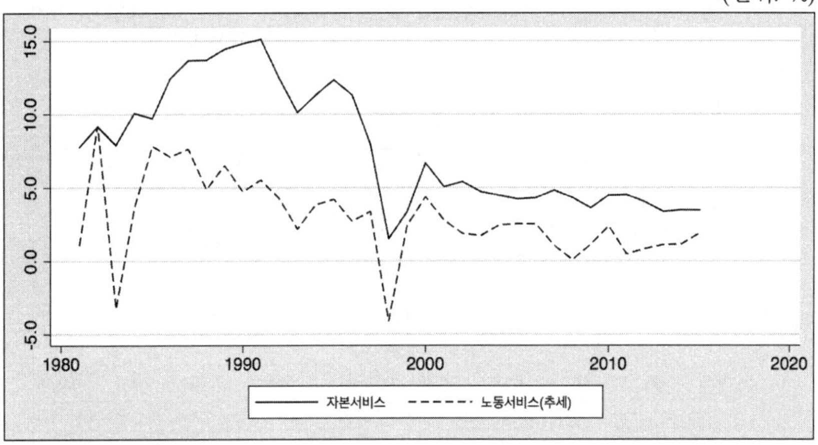

주: 산업별 집계자료에서 산출

자료: 본 연구에서 추계한 데이터를 이용해 저자가 계산 (KISDI 생산성계정 2017)

나. 시뮬레이션 결과

본 연구는 비임금근로자와 임금근로자의 임금격차를 50%로 가정하고 15개 산업의 노동소득 분배율을 추정했다. 여기서는 앞에서 살펴본 산업별 노동소득 분배율 중 LS0, LS3A, LS3B 세 가지 모형을 성장회계에 적용했다.

모형1(LS0) : 노동소득 분배율 = 피용자보수÷총부가가치
모형2(LS3A) : 노동소득 분배율
= [(피용자보수÷임금근로자수)×임금근로자수
+ (100%)×(피용자보수÷임금근로자수)×비임금근로자수]÷총부가가치
모형3(LS3B) : 노동소득 분배율
= [(피용자보수÷임금근로자수)×임금근로자수
+ (50%)×(피용자보수÷임금근로자수)×비임금근로자수]÷총부가가치

시뮬레이션 결과 노동서비스의 성장기여도는 LS3A, LS3B, LS0 순의 크기로 나타났고, 자본서비스의 성장기여도는 LS0, LS3B, LS3A 순으로 나타났다. 한편 앞에서 설명한 바와 같이 자본서비스의 증가율이 노동서비스 증가율보다 크기 때문에 성장기여도의 변동폭은 자본서비스가 더 크게 나왔다.

〔그림 4－15〕 노동서비스 및 자본서비스의 성장기여도 시뮬레이션

(단위: %p)

〈노동서비스〉 〈자본서비스〉

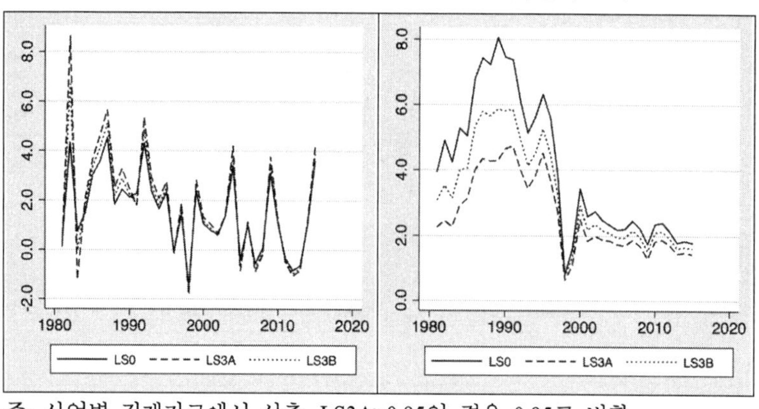

주: 산업별 집계자료에서 산출. LS3A>0.95인 경우 0.95로 변환
자료: 본 연구에서 추계한 데이터를 이용해 저자가 계산 (KISDI 생산성계정 2017)

TFP 증가율은 LS3A, LS3B, LS0 순으로 나타났으나, 2000년대 들어 TPF 증가율에 미치는 영향은 2000년대 이전에 비해 줄어들었다. 이는 부가가치 증가율 자체가 감소 추세이고, 노동서비스 기여가 감소 추세이고, 자본서비스 기여도 역시 2% 수준에 머물기 때문으로 보인다.

〔그림 4－16〕 TFP 증가율 시뮬레이션

(단위: %p)

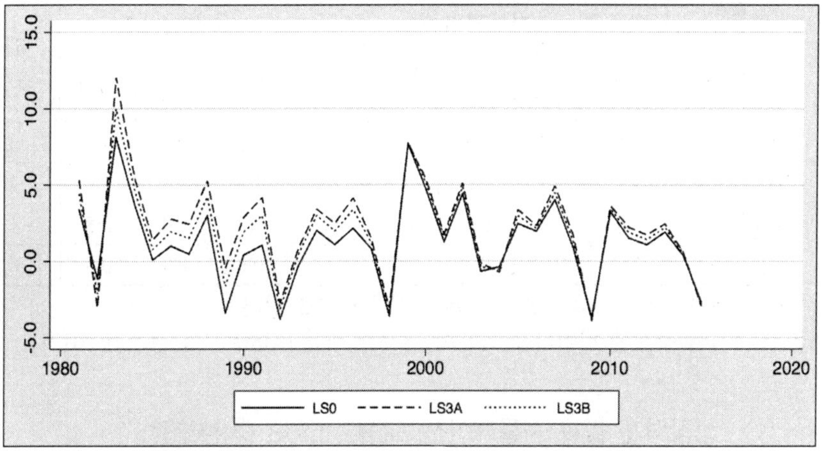

주: 산업별 집계자료에서 산출. LS3A>0.95인 경우 0.95로 변환

자료: 본 연구에서 추계한 데이터를 이용해 저자가 계산 (KISDI 생산성계정 2017)

〈표 4－17〉 성장회계 결과 시뮬레이션: 모형1. LS0 (피용자보수)

(단위: %, %p)

	부가가치	자본서비스					노동서비스			TFP 증가율
		소계	건설자산	설비자산	ICT 자산	혁신자산	소계	노동구성	시간	
1981～1990	10.0	6.0	2.6	0.7	2.4	0.3	2.4	0.2	2.2	1.6
1991～2000	7.4	4.6	2.2	0.7	1.3	0.4	1.6	0.1	1.5	1.2
2001～2010	4.7	2.3	1.3	0.3	0.4	0.4	1.0	0.3	0.8	1.3
2011～2015	3.0	2.0	1.0	0.3	0.3	0.4	0.6	0.1	0.4	0.4

주: 산업별 집계자료에서 산출

자료: 본 연구에서 추계한 데이터를 이용해 저자가 계산 (KISDI 생산성계정 2017)

〈표 4－18〉 성장회계 결과 시뮬레이션: 모형2. LS3A (OECD)

(단위: %, %p)

	부가가치	자본서비스					노동서비스			TFP 증가율
		소계	건설자산	설비자산	ICT 자산	혁신자산	소계	노동구성	시간	
1981～1990	10.0	3.5	1.2	0.5	1.5	0.3	3.2	0.5	2.7	3.4
1991～2000	7.4	3.1	1.4	0.6	0.8	0.3	1.9	0.2	1.7	2.4
2001～2010	4.7	1.8	0.9	0.3	0.3	0.3	1.2	0.4	0.8	1.8
2011～2015	3.0	1.6	0.8	0.2	0.2	0.4	0.6	0.1	0.5	0.8

주: 산업별 집계자료에서 산출. LS3A>0.95인 경우 0.95로 변환

자료: 본 연구에서 추계한 데이터를 이용해 저자가 계산 (KISDI 생산성계정 2017)

〈표 4－19〉 성장회계 결과 시뮬레이션: 모형3. LS3B (기본모형)

(단위: %, %p)

	부가가치	자본서비스					노동서비스			TFP 증가율
		소계	건설자산	설비자산	ICT 자산	혁신자산	소계	노동구성	시간	
1981～1990	10.0	4.6	1.8	0.6	1.9	0.3	2.9	0.4	2.5	2.6
1991～2000	7.4	3.7	1.7	0.7	1.0	0.4	1.7	0.2	1.6	1.9
2001～2010	4.7	2.0	1.1	0.3	0.3	0.3	1.1	0.3	0.8	1.6
2011～2015	3.0	1.8	0.9	0.3	0.3	0.4	0.6	0.1	0.4	0.6

주: 산업별 집계자료에서 산출

자료: 본 연구에서 추계한 데이터를 이용해 저자가 계산 (KISDI 생산성계정 2017)

3. ICT 물가지수 시뮬레이션

가. 개요

ICT자산은 빠른 기술발전 속도로 인해 시간이 지남에 따라 성능은 좋아지고, 자산의 가격이 오히려 하락하는 현상이 관찰된다. ICT자산 자본스톡 추계를 위해 즉 ICT자산의 실질화를 위해 ICT의 가격이 중요한데, 실질화를 위해서는 ICT자산의 품질은 동일하다고 가정하고, 순수한 가격변동만을 추출해야 한다. “ICT 부문과 같은 하이테크 산업의 경우 컴퓨터, 반도체와 같은 상품 가치의 개선 혹은 열화를 추정하는 것은 매우 어려운 과제이다. 특히 하이테크 산업에서는 상품의 질이 높아지

면서 동시에 생산비용도 감소되는 현상이 발견되는데, 이러한 현상은 기존의 품질 조정 방법의 적용"(정현준 외, 2015)이 곤란하다.

미국의 경우 ICT자산의 품질을 고려한 헤도닉 기법을 적용하여 물가지수를 산출하고 있다.

본 연구에서는 국민계정 기반의 투자 디플레이터를 이용했다. 우리나라도 2000년 이후 헤도닉 기법을 적용하고 있기 때문에 별도의 추정보다는 한국은행의 공식통계를 활용했다. 본 연구의 ICT 투자 디플레이터는 전기와 당기의 ICT 자본스톡 디플레이터의 평균값을 이용했다.

기본모형: $P_t^{ICTgfcf} = 0.5 \times (P_{t-1}^{ICTasset} + P_t^{ICTasset})$

하지만, 한국은행의 투자 디플레이터가 실제 품질을 잘 반영한 것인가에 대해 점검이 필요했고, 본 연구에서는 품질 조정의 대안적인 방법론으로 Harmonized ICT 디플레이터를 산출하고, 이를 이용해 성장회계 분석을 시뮬레이션했다.[33] Harmonized ICT 디플레이터를 산출하기 위해 비교적 ICT자산의 품질이 잘 반영되었다고 평가되는 미국의 ICT자산의 상대가격을 적용했다.

Harmonized ICT 투자 디플레이터: $H_{KOR}^{ICT} = \dfrac{P_{US}^{ICT}}{P_{US}^{GFCF}} \times P_{KOR}^{GFCF}$

컴퓨팅장비의 경우 2000년대 이전 기본모형의 ICT 투자 디플레이터가 harmonized ICT 디플레이터에 비해 높게 나타났다. 하지만, 2000년 이후에는 차이가 거의 없는 것으로 나타났는데, 이는 2000년 이후 컴퓨팅 장비 부문의 물가지수 산정에 헤도닉 기법이 적용되었기 때문으로 보인다.

33) Schreyer(2000)는 harmornized 디플레이터를 고안했는데, 엄밀한 의미의 품질조정 방법은 아니지만 품질조정이나 국제 비교를 위해서 많은 연구에서 harmonized 디플레이터를 사용하고 있다(정현준 외 2016). 자세한 내용은 1차 연도 연구를 참고.

한편, 통신장비와 소프트웨어의 경우 기본모형의 디플레이터와 harmonized 디플레이터가 유사하게 나타났다.

〔그림 4－17〕 ICT자산의 투자 디플레이터 증가율 추이

(단위: %p)

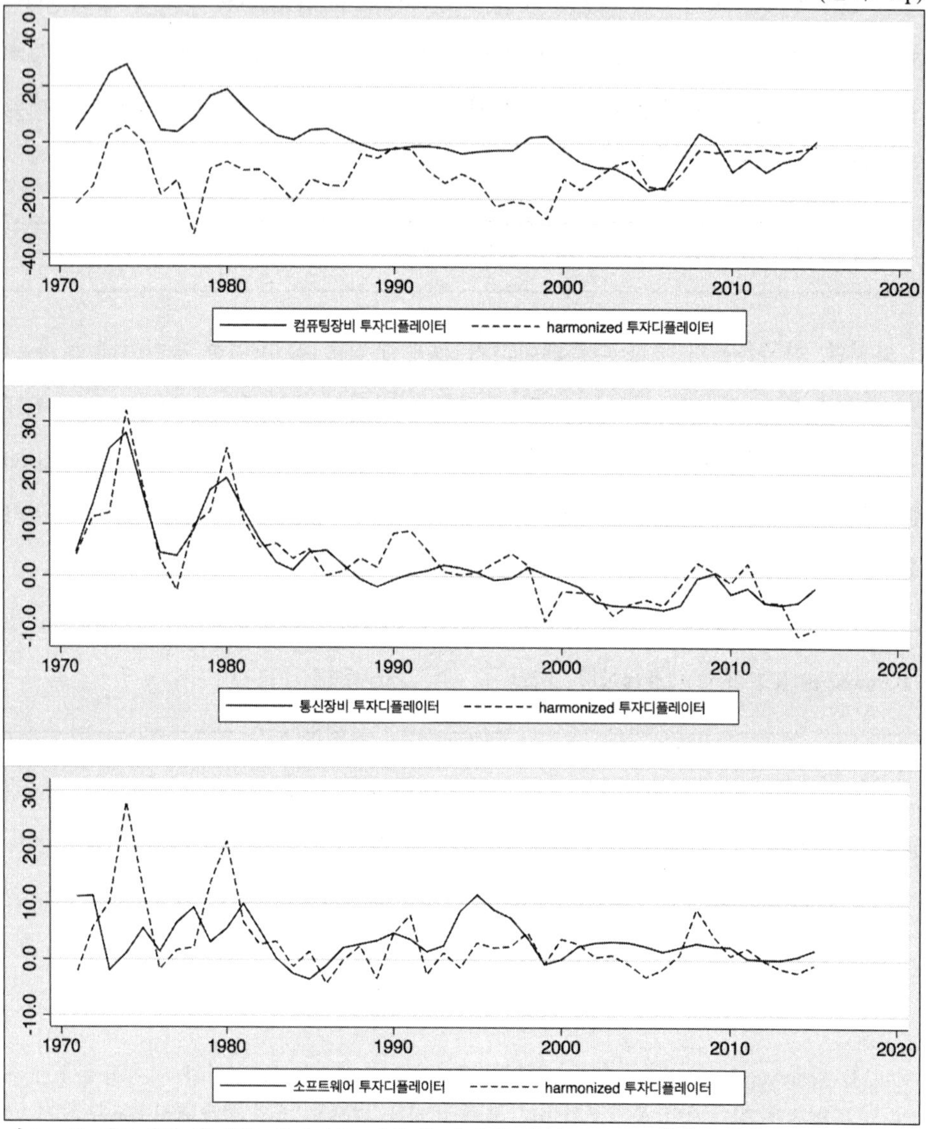

자료: 본 연구에서 추계한 데이터를 이용해 저자가 계산 (KISDI 생산성계정 2017)

나. 시뮬레이션 결과

본 연구에서는 국민계정 기반의 투자 디플레이터를 이용했다. ICT자산의 투자 디플레이터 증가율 추이에서 알 수 있듯 2000년 이후에는 한국은행의 디플레이터에도 ICT 품질조정이 상당부분 적용된 것으로 확인됐다.

모형 1: 국민계정 기반의 ICT 투자 디플레이터 (기본모형)
모형 2: Harmonized ICT 투자 디플레이터

모형1과 모형2의 성장회계 결과는 대체로 큰 차이가 나타나지 않았다. 자본서비스와 TFP 증가율에 차이가 발생하게 되는데, 자본서비스에서 건설자산의 기여도가 소폭 감소하고 설비자산의 기여도가 소폭 증가하는 변화가 나타났다.

이는 모형 2의 경우 자본소득 분배율에서 각 자산 증가율에 적용되는 자산별 가중치가 변동했기 때문이다. 구체적으로 ICT자산의 가중치가 증가하고 나머지 자산의 가중치가 감소했다. 이때 자산의 비중이 큰 건설자산과 설비자산에서 기여도 차이가 0.1～0.3%p까지 차이가 나타났다. 반면, ICT자산의 경우 소득분배율에서 가중치는 증가했지만, 앞에서 살펴본바와 같이 ICT 투자 디플에이터 증가율이 감소해 기여도에는 큰 변동이 없는 것으로 나타났다.

본 연구에서는 2000년대 이후 우리나라의 ICT자산 가격도 헤도닉 기법이 적용되어 품질 조정이 상당히 이루어졌고, 감가상각률도 높아 과거 투자에 영향을 받는 기간도 짧기 때문에 별도의 조정을 하기 보다는 공식통계의 자료를 적용한 모형 1 기본모형을 적용했다.

〈표 4－20〉 성장회계 결과 시뮬레이션: 모형1. 기본모형

(단위: %, %p)

	부가가치	자본서비스					노동서비스			TFP 증가율
		소계	건설자산	설비자산	ICT자산	혁신자산	소계	노동구성	시간	
1981～1990	10.0	4.6	1.8	0.6	1.9	0.3	2.9	0.4	2.5	2.6
1991～2000	7.4	3.7	1.7	0.7	1.0	0.4	1.7	0.2	1.6	1.9
2001～2010	4.7	2.0	1.1	0.3	0.3	0.3	1.1	0.3	0.8	1.6
2011～2015	3.0	1.8	0.9	0.3	0.3	0.4	0.6	0.1	0.4	0.6

주: 산업별 집계자료에서 산출. 소수점 불일치는 반올림에 의한 단수 차이임

자료: 본 연구에서 추계한 데이터를 이용해 저자가 계산 (KISDI 생산성계정 2017)

〈표 4－21〉 성장회계 결과 시뮬레이션: 모형2. Harmonized ICT 투자 디플레이터

(단위: %, %p)

	부가가치	자본서비스					노동서비스			TFP 증가율
		소계	건설자산	설비자산	ICT자산	혁신자산	소계	노동구성	시간	
1981～1990	10.0	4.6	1.6	0.7	1.9	0.3	2.9	0.4	2.5	2.6
1991～2000	7.4	3.8	1.6	0.8	1.0	0.4	1.7	0.2	1.6	1.9
2001～2010	4.7	2.1	1.0	0.4	0.3	0.3	1.1	0.3	0.8	1.5
2011～2015	3.0	1.8	0.9	0.2	0.3	0.4	0.6	0.1	0.4	0.7

주: 산업별 집계자료에서 산출. 소수점 불일치는 반올림에 의한 단수 차이임

자료: 본 연구에서 추계한 데이터를 이용해 저자가 계산 (KISDI 생산성계정 2017)

제 5 장 산업별 생산효율성 추정 및 결정요인 분석[34)]

제 1 절 개 요

금융위기 이후 우리 경제의 성장세 둔화는 생산성 약화와 밀접한 연관을 갖는다. 우리나라의 잠재성장률 요인별 기여도에 따르면 금융위기 이후 TFP하락과 자본축적 둔화로 우리경제의 잠재성장률이 하락한 것으로 나타났다. 특히 우리나라의 총요소생산성은 OECD 국가 중에서도 상대적으로 크게 약화된 것으로 나타났다.

〔그림 5－1〕 잠재성장률 기여도

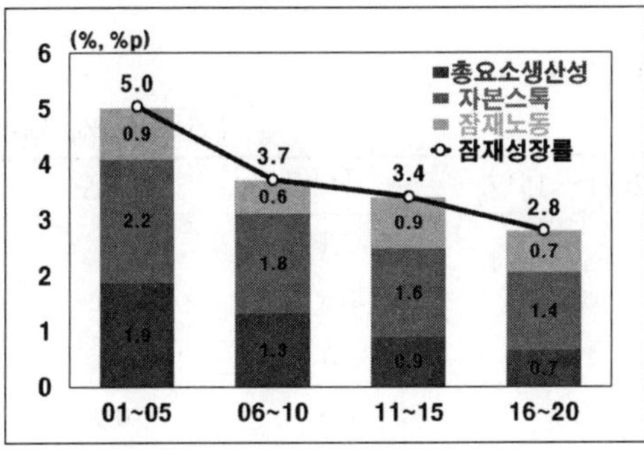

주: 1) 생산함수 접근법 기준

자료: 김도완 외(2017b)

〔그림 5－2〕 총요소생산성 하락폭 국제비교

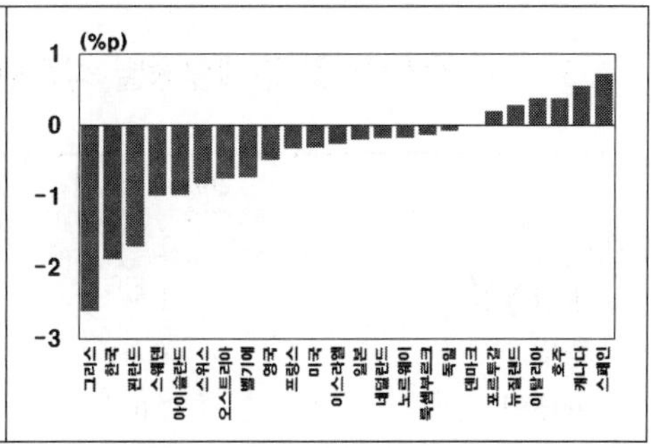

주: 1) 금융위기 이전(2001～2007년)과 이후(2011～2015년)의 연평균 증가율 차이

자료: 김도완 외(2017a)

---

34) 본 장은 KISDI와 한국은행과의 협동연구 결과로 한국은행의 김도완 과장과 이상협 조사역이 집필했다. 본 장의 내용은 정보통신정책연구원과 한국은행의 공식견해가 아니라 집필자 개인의 견해라는 점을 밝힙니다. 따라서 본 자료의 내용을 보도하거나 인용할 경우에는 집필자명을 반드시 명시하여 주시기 바랍니다.

김도완 외(2017a, 2017b)은 생산효율성(이하 효율성) 약화가 총요소생산성 약화의 주요 요인인 것으로 분석하였다. 확률적 변경모형을 이용하여 OECD 국가의 총요소생산성 변화를 분해한 결과 우리나라의 생산효율성 약화가 다른 국가에 비해 상대적으로 큰 것으로 나타났다.

경제활동별 성장률 변화를 살펴보면 제조업 성장률 둔화가 금융위기 이후 우리경제 성장률 하락의 주요 요인인 것으로 판단된다. 우리나라의 전체 산업 성장률은 위기 이전(2001～2007년) 연평균 5.0%에서 위기 이후(2011～2015년) 연평균 3.0%로 약 2.1%p 하락하였다. 제조업과 서비스업은 전산업 성장률 하락에 각각 0.9%p, 1.0%p씩 기여하였으나 우리 경제 총생산에서 차지하는 비중[35]을 감안할 때 서비스업보다 제조업 성장률 저하가 우리나라 총부가가치 성장률 하락에 주된 영향을 준 것으로 판단된다. 금융위기 이후 제조업의 성장률 감소폭은 3.5%p로서 서비스업의 성장률 감소폭 1.6%p보다 약 2배이상 큰 것을 확인할 수 있다.

〈표 5－1〉 전산업 및 경제활동별 성장률 변화

(연평균, %, %p)

	2001～07년	2011～15년	차이	기여도
전산업	5.0	3.0	-2.1	
농림어업	1.5	0.7	-0.8	0.0
광업	-0.5	1.1	1.6	0.0
제조업	7.0	3.6	-3.5	-0.9
전기가스수도사업	5.4	2.3	-3.1	-0.1
건설업	3.0	0.4	-2.6	-0.2
서비스업	4.6	3.0	-1.6	-1.0

자료: KISDI 생산성계정 2017

35) 2001～2015년 중 전산업 대비 업종별 명목 부가가치 비중은 제조업 약 30%, 서비스업 약 60%이다.

본 장은 정보통신정책연구원이 추계한 자료[36]를 이용하여 제조업과 서비스업의 세부산업을 대상으로 총요소생산성 추정하고 결정요인을 분석하였다. 총요소생산성은 자료가 아닌 산출에서 투입요소를 차감한 솔로우 잔차의 개념에 해당하므로 추정방식에 따라 생산성 추정결과가 상이할 수 있다. 따라서 다양한 방식으로 총요소생산성을 추정하고 추정결과의 정합성을 비교하는 것이 필요하다.

총요소생산성 추정에는 총요소생산성 변화를 효율성과 기술진보 요인으로 분해하여 추정하는 확률적 변경모형 계열인 Lee(2010) 모형을 원용하였다. 산업별 효율성 결정요인 분석에는 확률적 변경모형에 효율성 결정요인을 포함하여 투입요소 계수 및 결정요인 계수를 동시에 추정하는 Wang and Schmidt(2002) 모형을 이용하였다 (이영훈 2011).

추정결과 제조업과 서비스업 모두 효율성이 약화된 것으로 나타났다. 세부 업종별로 보면 제조업의 경우 고위기술 산업, 서비스업의 경우 ICT 생산자 서비스업의 효율성 감소폭이 크게 추정되었다. 아울러 R&D 및 ICT 자본비율과 산업규제가 산업간 효율성 차이에 통계적으로 유의한 요인인 것으로 분석되었다.

본 장은 다음과 같이 구성되었다. 2절에서 선행연구를 살펴본 후 3절에서 총요소생산성 변화를 기술진보요인과 효율성으로 분해하였다. 4절에서는 산업별 효율성의 차이와 밀접한 관련을 갖는 요인들을 선정하여 그 효과를 분석하였다. 마지막으로 5절에서는 연구 결과를 바탕으로 정책적 시사점을 논의하였다.

---

36) 정보통신정책연구원이 한국은행 및 통계청 자료를 이용하여 최근 추계(생산성계정 2017)한 우리나라 산업별 실질부가가치, 노동(근로시간) 및 자본스톡 자료를 이용하였다.

〈표 5－2〉 제조업 및 서비스업 산업별 분류

대분류	중분류	세분류	산업
제조업	고위기술		의료용물질 및 의약품제조업
			[ICT] 전자부품제조업
			[ICT] 컴퓨터 및 주변장치제조업
			[ICT] 통신, 방송장비 및 영상, 음향기기제조업
			의료, 정밀, 광학기기 및 시계제조업
	중고위기술		화학물질 및 화학제품제조업; 의약품제외
			전기장비제조업
			기타기계 및 장비 제조업
			자동차 및 트레일러제조업
			기타운송장비제조업
	중저위기술		코크스, 연탄 및 석유정제품제조업
			고무제품 및 플라스틱 제품제조업
			비금속광물제품제조업
			1차금속제품제조업
			금속제품제조업
	저위기술		가구 및 기타제품 제조업
			음식료품 및 담배제조업
			섬유 및 가죽제품 제조업
			목재, 종이, 인쇄 및 복제업
서비스업	유통서비스		도매 및 소매업
			운수 및 창고업
	개인서비스		숙박 및 음식점업
			문화 및 기타서비스업
	생산자 서비스	(ICT)	[ICT] 출판, 영상, 방송업
			[ICT] 통신업
			[ICT] IT서비스 및 정보서비스업
		(비ICT)	금융 및 보험업
			부동산업
			전문, 과학 및 기술서비스업
			사업지원서비스업
	공공서비스		공공행정, 국방 및 사회보장행정
			교육서비스업
			보건 및 사회복지서비스업

주: 산업연구원(2017) 분류 방식을 참조

제 2 절 선행연구[37)]

우리 경제 성장률이 둔화됨에 따라 총요소생산성 변화에서 원인을 찾는 연구가 진행되어 왔다. 김원규(2017)는 2010년대 한국경제의 성장 둔화는 총요소생산성 증가율 둔화가 원인이라 판단했다. 최요철(2007)은 보다 구체적으로 2000년 전후로 제조업의 생산성 증가율은 증가했지만 서비스업은 감소한 것으로 추정하였다. 서비스업의 저조한 생산성 증가 원인으로 노동의존적 생산구조, 제조업 생산과의 낮은 연계성, 고부가가치 서비스업종의 높은 해외의존도를 지목했다. 이종화 · 송철종(2005)은 생산성 증가율이 높은 제조업으로부터 생산성 증가율이 낮은 서비스업으로 노동력이 급격히 이동하면서 전산업 성장률이 하락한 것으로 분석하였다. 표학길 외(2017)는 38개 산업분류 자료를 이용해서 우리나라의 생산성을 분석한 결과 금융위기 이전에 비해 2011～2014년 중 제조업의 생산성 증가율은 둔화된 반면 서비스업의 생산성 증가율은 다소 개선된 것으로 나타났다. 이종화 · 송철종(2014)은 서비스업의 세부 산업별로 생산성을 분석하여 통신업, 금융업과 같은 현대 서비스업의 총요소생산성 증가율이 높았으나 전통서비스업과 고부가가치 서비스업의 총요소생산성 증가율은 음의 값을 갖는 것을 발견하였다.

총요소생산성 변화를 요인별로 분해하기 위해 확률적 변경모형(stochastic frontier model)을 이용하는 연구가 진행되어 왔다. Nishimizu and Page(1982)는 확률적 변경모형을 이용하여 총요소생산성을 기술진보요인과 효율성으로 구분하여 추정했다. 이후 Kim and Lee(2006), Chan and Lee(2010), 정선영(2010), 이영훈(2010), Lee and Cheng(2011) 등도 확률적 변경모형을 이용하여 성장요인을 분석하였다. Lee and Pyo(2007)는 우리나라 산업수준 단위 자료를 이용하여 우리나라 산업별 효율성을 추정 및 분석하였다.

효율성 결정요인에 관련된 연구도 진행되었다. Wang(2002)과 이영훈(2011)은 확

37) 본 장의 2절, 3절, 4절의 일부 내용은 김도완 외(2017a)를 참고하여 재정리하였다.

률적 변경모형 중 효율성과 결정요인의 관계를 나타내는 관계식을 확률적 변경모형에 추가한 효과모형(effect model)을 이용하였다. 이종한(2013)은 산업별 규제정책의 경제적 성과를 평가할 수 있는 정책수단으로 산업별 규제지표를 작성하고 이를 활용할 수 있는 제도적 방안을 제시했다. 이동렬 외(2015)는 산업별 규제지수를 추계하여 규제가 산업별 노동생산성에 미치는 영향을 분석하였다. 분석결과 경제규제지수는 장기적으로 노동생산성에 부정적인 영향을 미치지만 사회규제지수는 유의한 영향을 미치지 않는 것으로 나타났다. 김권식 외(2016)는 규제가 제조업 분야 기업들의 기술혁신에 미치는 영향을 분석한 결과 규제수준이 높을수록 해당 부문에 속한 기업들의 혁신 활동 및 성과가 저하되는 것을 포착했다. Dimeilis and Papaioanou (2011)는 유럽 국가들에서 ICT 자본투자가 서비스업종 효율성 개선에 유의한 영향을 미치는 것을 밝혔다.

제3절 산업별 효율성 추정

1. 효율성 개념

효율성의 총요소생산성에 대한 영향을 분석하기 위해서 총요소생산성 변화(ΔTFP)를 기술진보(ΔTP)와 효율성 변화(ΔEF)로 분해하였다. 기술진보요인은 기술개발로 인해 증가된 최적생산변경[38]으로 정의되며 요소투입이 일정할 때 시간에 따른 최적생산량의 변화로 측정된다. 효율성 변화는 비효율성 개선에 따른 총요소생산성 변화로 정의된다. 이 때 비효율성은 최적생산변경과 실제 생산량의 차이로 정의되며 생산비효율성의 역수를 0과 100 사이의 값을 갖도록 전환[39]하여 생산효율성지수를 시산하였다.

38) 주어진 생산요소를 투입하여 생산할 수 있는 최대 생산량

39) $$생산효율성지수 = \frac{실제생산량}{최적생산량} \times 100 = \frac{\exp[\ln(실제생산량) - 생산비효율성]}{\exp[\ln(최적생산량)]} \times 100$$
$$= \exp(-생산비효율성) \times 100$$

〔그림 5－3〕 최적생산변경과 비효율성

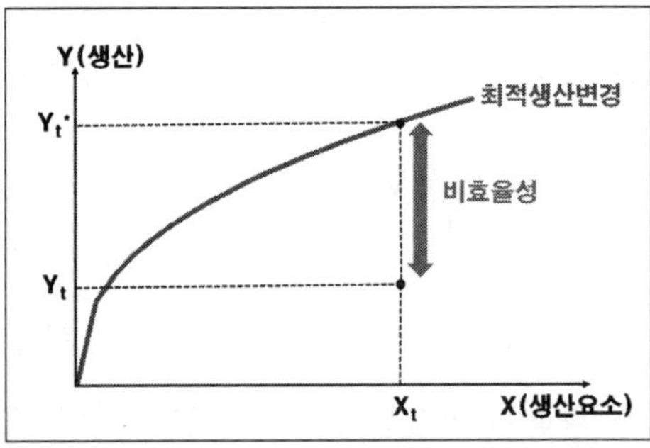

주: Y_t^*, Y_t은 각각 t 시점의 최적생산변경과 실제생산량

〔그림 5－4〕 총요소생산성, 기술진보 및 효율성

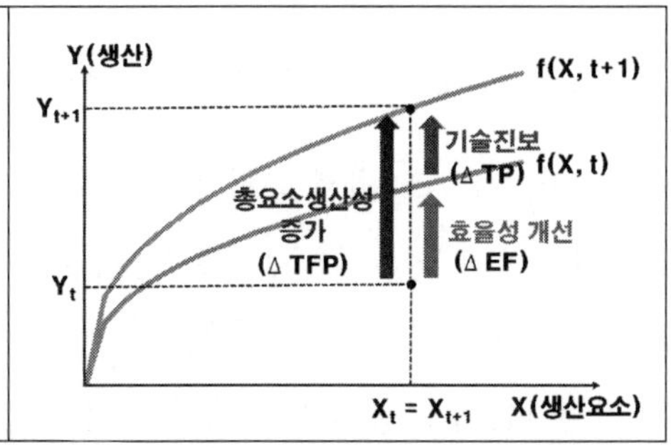

주: 1) f(X, t), f(X, t+1)은 각각 t 시점, t+1 시점의 최적생산변경

2) $\Delta Y_{t+1} = \Delta TFP_{t+1}$

3) $\Delta TFP_{t+1} = \Delta TP_{t+1} + \Delta EF_{t+1}$

2. 추정 방법

본 장에서는 확률적 변경모형 중 산업 간 효율성 비교가 가능한 Lee(2010)모형을 사용하여 2000～2015년 중 우리나라의 제조업 및 서비스업의 총요소생산성을 효율성과 기술진보로 분해하여 추정하였다. 확률적 변경모형을 이용한 실증분석에 앞서 연구목적과 가용자료의 특성에 따라 적합한 확률적 변경모형을 선정해야 한다. 본 장의 연구 목적은 금융위기 전후 우리나라 산업별 효율성의 변화 여부 파악 및 산업 간 또는 산업군간 비교이다. 가용자료의 크기는 N=33, T=16으로 N이 작지 않으며 T는 크지 않다. 분석 목적과 가용자료의 특징을 고려해서 각 그룹별 효율성 시간변동패턴이 지수함수 형태를 따르는 Lee(2010)모형을 사용하였다.[40)]

식 (1)은 확률적 변경모형의 기본 형태로 투입요소와 산출량의 관계를 나타내는 생산함수와 오차항($v_{i,t}$)과 비효율성($u_{i,t}$)을 포함하고 있다. 확률적요인($v_{i,t}$)에 의해

40) 확률적 변경모형을 이용한 실증분석에 앞서 연구목적과 가용자료의 특성에 따라 적합한 확률적 변경모형을 선정해야 한다. 실증분석을 위한 적합한 모형 선정과정과 관련된 사항은 이영훈(2014)을 참조하시오.

최적생산량이 확률적으로 변동하며 비효율성($u_{i,t}$)은 산업별 비효율성으로 인한 생산량의 손실정도를 의미한다.

$$\ln Y_{i,t} = \ln X_{i,t}^{'}\beta + \alpha_t - u_{i,t} + v_{i,t} = \ln X_{i,t}^{'}\beta + \alpha_{i,t} + v_{i,t} \qquad \text{(식 5-1)}$$

여기서 $\ln Y_{i,t}$는 i번째 산업 산출량, $\ln X_{i,t}$는 i번째 산업 투입요소(노동, 자본), β는 생산함수의 계수, $v_{i,t}$는 iid 오차항, $u_{i,t}$는 비효율성($u_{i,t} \geq 0$), α_t는 t시점의 절편을 의미한다. 비효율성($u_{i,t}$)이 포함된 $\alpha_{i,t} = \alpha_t - u_{i,t}$를 추정하기 위해 $\alpha_{i,t}$를 특정함수 형태로 가정하는데 가정 방식에 따라 여러 종류의 확률적 변경모형이 존재한다. 여러 모형들 중 본 연구에서는 시간에 따른 효율성 변화 패턴이 지수함수 형태를 따르는 Lee(2010) 모형을 사용하여 금융위기 이후 총요소생산성 및 효율성 변화 여부를 파악하였다.

식 (2)는 Lee(2010)가 제안한 확률적 변경모형으로 $\alpha_{i,t} = \theta_t(\eta_g)\alpha_i$로 설정된다. Lee(2010) 모형은 동일 그룹에 속한 산업들의 효율성 시간변동 패턴은 동일하지만 다른 그룹에 속한 산업들과는 효율성 변화 패턴이 다르다. Lee(2010) 모형을 사용하기에 앞서 생산함수 형태 및 그룹의 개수를 결정해야 하는데, 본 장에서는 식(3)과 같이 1차 동차 초월대수 생산함수를 선택하였고 제조업과 서비스업 그룹의 수는 산업연구원의 산업분류 방식을 참조하여 결정하였다.

$$\ln Y_{i,t} = \ln X_{i,t}^{'}\beta + \theta(\eta_g)\alpha_i + v_{i,t} \qquad \text{(식 5-2)}$$

단, $\theta_t(\eta_g) = \exp(-\eta_g(t-T))$

$$\ln(Y_{i,t}/L_{i,t}) = \beta_1 \ln(K_{i,t}/L_{i,t}) + \beta_2 t + \beta_3[\ln(K_{i,t}/L_{i,t})]^2 + \beta_4 t^2 + \beta_5 \ln(K_{i,t}/L_{i,t})t + \alpha_{i,t} + v_{i,t} \qquad \text{(식 5-3)}$$

여기서 $\ln Y_{i,t}$는 i번째 산업 실질부가가치, $\ln X_{i,t}$는 i번째 산업 노동 및 자본스톡, t는 시간추세이다.

최종 생산함수 추정식에는 산업별 특성을 반영하기 위해 더미 변수들을 추가하였다. 산업별로 효율성과 더불어 기술진보가 상이할 수 있음을 반영하기 위해 시간추세에 산업그룹 효과 더미를 곱한 변수를 추가하였다. 동일 산업분류에 속한 산업들 중 상이한 움직임을 보이는 특정 산업에 대한 효과를 통제하기 위해 개별산업 효과 더미를 추가하였다.[41] 각 산업별 총요소생산성 및 효율성 추정에 사용된 최종모형은 다음과 같다.

$$\begin{aligned}\ln(Y_{i,t}/L_{i,t}) &= \beta_1 \ln(K_{i,t}/L_{i,t}) + \beta_2 t + \beta_3 [\ln(K_{i,t}/L_{i,t})]^2 + \beta_4 t^2 \\ &+ \beta_5 \ln(K_{i,t}/L_{i,t})t + \gamma_1 D_{GFC} + \gamma_2 D_{Group} t + \gamma_3 D_{id} t \\ &+ \gamma_4 D_{id} t^2 + \alpha_{i,t} + v_{i,t}\end{aligned} \quad \text{(식 5-4)}$$

여기서 D_{GFC}는 금융위기 더미, D_{Group}은 기술진보 산업그룹 효과 더미, D_{id}는 기술진보 개별산업 효과 더미이다.

제조업과 서비스업은 산업연구원의 산업분류기준을 바탕으로 각각 4개, 5개 그룹으로 분류하였다. 제조업은 기술 수준에 따라 고위/중고위/중저위/저위 기술 4개 그룹으로 나누었으며 서비스업은 유통/개인/생산자(ICT)/생산자(비ICT)/공공서비스 5개 그룹으로 나누었다.

Lee(2010) 모형의 모수인 β, η_g, α_i는 축약최소자승법을 이용하여 추정하였다. 축약최소자승법은 그룹내 전환방법(within transformation)을 이용해서 유도된 β, η_g, 및 α_i의 추정치가 수렴할 때까지 반복해서 추정하는 방법이다. 그룹내 전환방법은 고정효과모형 추정시 이용되는 방법으로 패널회귀식 식 (5) 양변에 M_g 행렬을 곱해주어 비효율성 관련항($\theta(\eta_g)\alpha_i$)를 제거한 회귀식인 식 (6)형태로 변형하고 최소자승법

---

41) Lee(2010) 모형은 동일 산업분류에 속한 산업들의 평균적인 효율성은 같다는 가정하에 산업그룹 별 효율성을 추정한다. 이에 업종별로 2001～2007년 대비 2011～2015년의 산업그룹 별 실질부가가치 증가율 추이가 다른 업종에 비해 상이하게 나타난 산업에 대해서 개별산업 효과 더미변수를 적용하였다. 제조업은 의료용물질 및 의약품제조업(고위기술), 컴퓨터 및 주변장치제조업(고위기술), 기타운송장비제조업(중고위기술)에 개별산업 효과 더미를 적용하였고 서비스업은 IT서비스 및 정보서비스업(ICT생산자)에 개별산업 효과 더미를 적용하였다.

을 적용하는 방법이다.

$$y_i = X_i\beta + \theta(\eta_g)\alpha_i + v_i \qquad \text{(식 5-5)}$$

$$M_g y_i = M_g X_i\beta + M_g v_i \qquad \text{(식 5-6)}$$

여기서 $M_g = I_g - P_g$, $P_g = \theta(\eta_g)[(\theta(\eta_g)'\theta(\eta_g)]^{-1}\theta(\eta_g)'$ 이다.

축약최소자승법을 이용하여 모수 추정 시 $\hat{\beta}$, $\hat{\eta_g}$는 식 (7)의 SSE를 최소화하는 추정치인데, 고정효과와 달리 $\hat{\eta_g}$추정에 이용되는 잔차항 계산에 $\hat{\beta}$이 사용되고 $\hat{\beta}$ 추정 시 그룹 내 전환에 사용되는 행렬(M_g)에 모수(η_g)가 포함되어 있어 닫힌 형식의 해(closed form solution)를 구할 수 없다. 축약최소자승법은 M_g 행렬을 이용해서 그룹 내 전환을 하고 β, η_g, α_i의 추정치가 수렴할 때 까지 추정량을 반복해서 계산하는 방법이다.[42] $\widehat{M_g}$가 주어진 상태에서 β의 추정치는 식 (8)와 같이 닫힌 형태로 구해지는 반면, $\hat{\beta}$이 주어졌을 때 η_g의 추정치는 식 (9)과 같이 닫힌 형태로 주어지지 않는다. 이에 수치최적화 방법을 이용하여 $\hat{\beta}$이 주어졌을 때 식 (7)을 최소화 시키는 $\hat{\eta_g}$을 추정한다(Lee, 2010).

$$SSE = \sum_{i,g}(y_i - X_i\beta)'M_g(y_i - X_i\beta) \qquad \text{(식 5-7)}$$

$$\hat{\beta} = (\sum_{i,g} X_i'\widehat{M}_g X_i)^{-1}(\sum_{i,g} X_i'\widehat{M}_g y_i) \qquad \text{(식 5-8)}$$

$$\frac{\partial SSE}{\partial \eta_g} = -\frac{2}{\theta(\eta_g)'\theta(\eta_g)}[\sum_{i\in G_g} e_i'\theta(\eta_g)e_i - \sum_{i\in G_g} e_i'P_g e_i\theta(\eta_g)]\frac{d\theta(\eta_g)}{d\eta_g} = 0 \qquad \text{(식 5-9)}$$

$$\hat{\alpha_i} = (\hat{\theta_g}'\hat{\theta_g})^{-1}\hat{\theta_g}'(y_i - X_i\hat{\beta}),\ \forall i \in g,\ \ M_g = I_T - \theta_g\theta'_g/(\theta'_g\theta_g) \qquad \text{(식 5-10)}$$

여기서 $y_i = [y_{i1},\ldots,y_{iT}]'$, $X_i = [X_{i1},\ldots,X_{iT}]'$, $\theta_g = (\theta_{g1},\theta_{g2},\ldots,\theta_{gT})'$, $e_i = y_i - X\hat{\beta_i}$, g는 그룹수이다.

모수 추정이후 비효율성은 최적산업 대비 산업별 상대적 수준의 개념으로 추정하

---

42) $\hat{\beta}$의 초기값은 고정효과 모형의 추정치를 이용하였다.

였다. Lee(2010) 모형은 가장 효율적인 산업의 생산수준을 최적생산량으로 가정하고 산업별 비효율성($\widehat{u_{i,t}}$)을 추정한다. 구체적으로 산업별 비효율성은 $\widehat{\alpha_{i,t}}$ 추정치에서 최적산업의 효율성수준을 차감하여 추정된다. 본 연구는 산업별 비효율성을 추정한 다음 아래의 산식으로 0～100값을 갖는 산업별 효율성지수(Efficiency Index)를 시산하였다.

최적산업 효율성 수준: $\widehat{\alpha_t} = \max_i \widehat{\theta_{gt}}\widehat{\alpha_i}$ (식 5-11)

산업별 비효율성: $\widehat{u_{i,t}} = \widehat{\alpha_t} - \widehat{\theta_{gt}}\widehat{\alpha_i}$ (식 5-12)

$EI_{i,t} = \exp(-\widehat{u_{i,t}}) \times 100$ (식 5-13)

여기서 $\widehat{\alpha_{i,t}} = \widehat{\theta_{gt}}\widehat{\alpha_i}$, $\alpha_{i,t} = \alpha_t - u_{i,t}$이고 비효율성은 $u_{i,t} \geq 0$로 가정하므로 가장 효율적인 산업의 비효율성($u_{i,t}$)은 0이 된다.

확률적 변경모형은 기술진보(Technical Progress, TP)를 요소투입의 변화 없이 시간에 따른 최적 생산량 변화로 측정한다. 총요소생산성(TFP) 증가율은 기술진보 증가율($\triangle TP$)에 효율성 증가율($\triangle EF$) 추정치를 합산하여 계산한다.

$$\triangle TP_{i,t} = \frac{\partial \ln Y_{i,t}}{\partial t} = \beta_t + 2^* \beta_{tt} t + \beta_{Kt} \ln(K_{i,t}/L_{i,t}) + \gamma_2 D_{Group} + \gamma_3 D_{id} + 2\gamma_4 D_{id} t \quad \text{(식 5-14)}$$

$$\triangle EF_{i,t} = -\triangle u_{i,t} \quad \text{(식 5-15)}$$

$$\triangle TFP_{i,t} = \triangle TP_{i,t} + \triangle EF_{i,t} \quad \text{(식 5-16)}$$

3. 추정 결과

다음 표는 1차동차 초월대수 생산함수를 이용한 확률적 변경모형의 계수 추정결과다. 계수 추정치 중 그룹별 효율성 추정치가 상이해서, 제조업 및 서비스업의 생산성 추정 시 세부 산업군으로 나누어 분석하는 것의 필요성을 확인할 수 있다.

확률적 변경모형을 이용하여 시산한 총요소생산성 증가율을 기준으로 우리나라 산업들의 생산성을 살펴보면 금융위기 전후(2001～2007년 대비 2011～2015년) 제조업의 생산성 증가율은 약화된 반면 서비스업은 다소 개선되었다. 우리나라 제조업의 총요소생산성 증가율은 위기 이전 2.8%에서 위기 이후 1.3%로 1.5%p로 둔화된 반면 서비스업 총요소생산성 증가율은 동기간 동안 -0.6%에서 -0.1%로 약 0.5%p 상승했다. 총요소생산성의 변동 요인을 살펴보면 제조업은 기술진보 요인에 의해 0.2%p 증가하였으나 효율성이 1.9%p 감소하였다. 서비스업의 경우 기술진보 요인이 1.5%p 증가하여 효율성 둔화폭 0.9%p를 상쇄하였다. 금융위기 이후 제조업 및 서비스업의 효율성 약화는 기업 구조조정 지연으로 인한 산업경쟁력 약화 등에 기인한 것으로 보인다(김원규 · 최원형, 2017)

〔그림 5－5〕 총요소생산성 증가율 분해

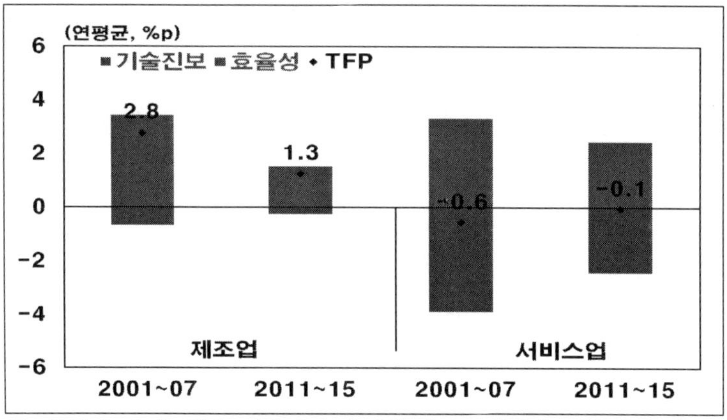

주: 확률적 변경모형을 이용해서 추정한 총요소생산성, 기술진보 및 효율성 증가율

자료: 조사국 추정치

2000년대 기간 동안 제조업과 서비스업 모두 기술진보가 음(-)의 증가율을 보이는 것으로 추정되었다. 확률적 변경모형에서는 시간에 대한 산출량 변화를 기술진보로 정의한다. 하지만 실제 실증분석에서 기술진보 이외에 거시경제 또는 산업별 경기

상황 등과 같은 요인들에 의해서도 시간에 따른 산출량이 변화할 수 있다. 이를 감안해 볼 때 음(-)의 기술진보 증가율은 거시경제 요인, 해당 산업의 시장여건 악화 또는 산업규제 등으로 인한 산출량 감소가 반영된 것으로 보인다(Han et al, 2002).[43) 제조업에 비해 서비스업의 경우 시간에 따른 산출량 변화 감소폭이 크게 나타났다. 이는 제조업에 비해 우리나라 서비스업의 낮은 경쟁 압력과 높은 규제수준 등이 반영된 것으로 보인다(Jones & Lee, 2016).

업종별 총요소생산성 증가율 분해 결과 제조업은 고위기술 산업군, 서비스업은 ICT 생산자 서비스업에서 생산성 둔화폭이 가장 크게 나타났다. 제조업의 경우 고위기술 산업군의 생산성 둔화폭은 각각 4.7%p, 5.9%p로 제조업 평균 둔화폭 1.5%p보다 컸다. 고위기술 산업군의 생산성 둔화는 효율성 증가율 둔화에 주로 기인하고 있다. 서비스업의 경우 ICT생산자 서비스업의 생산성 증가율이 1.6%p 감소한 반면 나머지 업종은 다소 개선되었다. 다만 고위기술 산업군의 경우 타 산업군에 비해 총요소생산성 증가율이 높은 수준을 유지하고 있어 우리 경제의 총요소생산성 증가율에 여전히 크게 기여하고 있는 것으로 판단된다.

43) 위 사항은 계량모형 전문가회의(2017. 12)에서 언급되었다. 확률적 변경모형을 이용한 생산성 추정방법의 한계점 및 해석의 이해도를 감안하여 기술진보라는 개념의 해석에 주의가 필요하다는 조언을 해주신 신석하 교수께 감사드린다. 기술진보라는 용어 사용의 적절성 여부도 논의되었으나 확률적 변경모형과 관련된 기존 연구들과의 비교를 감안해서 기술진보라는 용어는 동일하게 사용하였다.

〈표 5－3〉 산업별 확률적 변경모형 추정결과

	추정치	t-Val
$\ln(K_{i,t}/L_{i,t})$	1.33	10.8
$\ln(K_{i,t}/L_{i,t})^2$	-0.02	-3.3
t	0.02	0.6
t^2	0.001	2.2
$\ln(K_{i,t}/L_{i,t})t$	-0.01	-2.4
D_{GFC}	-0.01	-1.1
$D_{Group=고위기술}t$	0.00	0.2
$D_{Group=중고위기술}t$	0.04	3.2
$D_{Group=중저위기술}t$	0.00	-0.3
$D_{Group=저위기술}t$	0.18	4.4
$D_{Group=유통서비스}t$	0.03	2.2
$D_{Group=개인서비스}t$	0.03	0.2
$D_{Group=ICT생산자서비스}t$	-0.01	-0.5
$D_{Group=비ICT생산자서비스}t$	0.01	1.1
$D_{id=의료용및의약품}t$	-0.06	-3.4
$D_{id=의료용및의약품}t^2$	0.004	3.0
$D_{id=컴퓨터주변장치}t$	-0.10	-4.8
$D_{id=컴퓨터주변장치}t^2$	0.01	5.8
$D_{id=기타운송장비}t$	0.06	2.7
$D_{id=기타운송장비}t^2$	-0.01	-4.1
$D_{id=IT및정보서비스}t$	0.06	2.7
$D_{id=IT및정보서비스}t^2$	-0.004	-2.8
$\eta_{고위기술}$	-0.08	-6.3
$\eta_{중고위기술}$	-0.02	-2.1
$\eta_{중저위기술}$	-0.07	-4.9
$\eta_{저위기술}$	0.05	6.8
$\eta_{유통서비스}$	-0.01	-1.3
$\eta_{개인서비스}$	0.00	0.0
$\eta_{ICT생산자서비스}$	-0.05	-4.7

〔그림 5－6〕 세부업종별 총요소생산성 증가율 분해

(제조업) (서비스업)

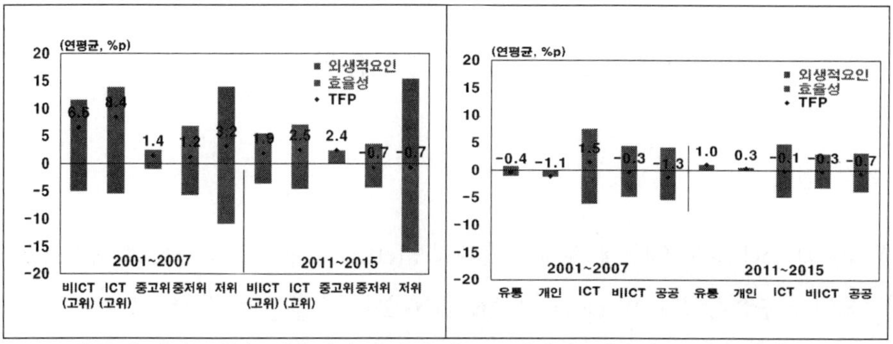

주: 1) 확률적 변경모형을 이용해서 추정한 총요소생산성, 기술진보 및 효율성 증가율

2) 고위기술 업종을 ICT 및 비ICT 부문으로 세분화

3) ICT는 ICT생산자 서비스, 비ICT는 비ICT생산자 서비스

자료: 저자 추정

〔그림 5－7〕 제조업 및 서비스업 효율성 비교

(산업별) (세부 업종별)

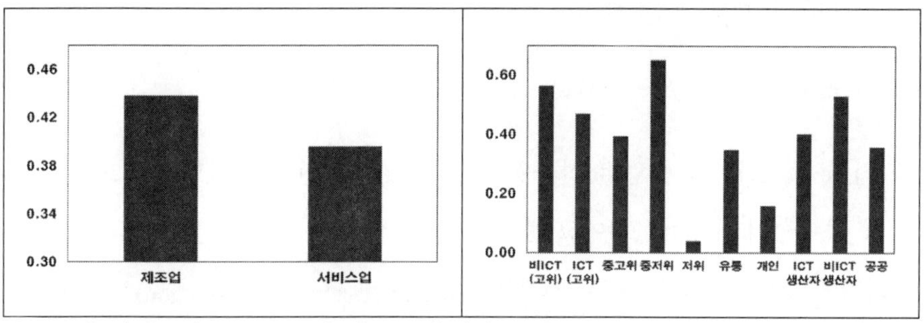

주: 1) 각 산업군의 2011～15년 평균 효율성만 표시

주: 2) 효율성은 가장 효율적인 산업으로 선정된 업종 대비 상대적 수준으로 총부가가치 비중을 고려

자료: 저자 추정

효율성 수준의 경우 전반적으로 제조업이 서비스업 보다 다소 높으나 각 업종별로 효율성에 편차가 존재한다. 제조업의 경우 저위기술, 서비스업의 경우 개인서비

스의 효율성 수준이 다른 업종에 비해 낮은 것으로 추정되었다. 다음 장에서는 효율성에 영향을 미치는 주요 요인들을 분석해 보기로 한다.

제4절 효율성 결정요인 분석

1. 분석 방법

Wang and Schmidt(2002)에 제시된 효과모형(effect model)을 원용하여 생산효율성 결정요인을 분석하였다. Wang and Schmidt(2002)는 효율성 추정치를 종속변수로 이용하여 효율성 결정요인을 분석할 경우 결정요인 계수 추정치에 편의가 발생할 수 있음을 보였다. 이를 보완하기 위해 식 (18)처럼 확률적 변경모형에 효율성 결정요인을 포함하여 투입요소 계수 및 결정요인 계수를 동시에 추정하는 방법을 제시하였다. 식 (18)는 확률변경모형 식 (17)에 비효율성과 결정요인과의 관계를 나타내는 비효율성 방정식($u_{i,t} = \exp(z_{i,t}\delta)\, u^*_{i,t}$)을 대입하여 설정한다.[44)]

$$\ln Y_{i,t} = \ln X'_{i,t}\beta + \alpha_t - u_{i,t} + v_{i,t} \qquad \text{(식 5-17)}$$

$$\ln Y_{i,t} = \ln X'_{i,t}\beta + \alpha_t - \exp(z_{i,t}\delta)\, u^*_{i,t} + v_{i,t} \qquad \text{(식 5-18)}$$

여기서 $\ln Y_{i,t}$는 i번째 산업별 산출량, $\ln X_{i,t}$는 i번째 산업의 투입요소(노동, 자본), $v_{i,t}$는 iid 오차항이고 평균은 0이고 분산은 $\exp(c_v)$이다. α_t는 시간 추세, $u^*_{i,t}$는 양(+)의 정의역에 대해서 정의된 잘린 정규분포(truncated-normal distribution)를 따르는 것으로 가정하였다. $u^*_{i,t}$의 평균은 τ, 분산은 $\exp(c_u)$이다.

효율성 결정요인으로 본 연구에서는 ICT 자본비율, R&D 자본비율 및 산업별 규

44) 비효율성과 효율성 결정요인과의 관계식을 비효율성 방정식이라고 하는데 여러 형태가 있다. Wang and Schmidt(2002)에 제시된 비효율성 방정식은 효율성 결정요인 계수에 대한 해석이 용이하므로 본 연구는 이를 사용하였다. 비효율성 방정식 모형설정과 관련된 자세한 사항은 이영훈(2010, 2014)을 참조하시오.

제지수를 사용하였다. 선행연구들에 따르면 ICT 투자비율, R&D 투자비율 및 산업별 규제지수가 유의미한 변수로 언급된다(이동렬, 2013; 김권식 외 2016, Dimelis & Papaioanou, 2011). 여기서 산업별 규제지수는 규제체계의 강도를 측정하는 지표로서, 신설・강화된 규제들이 얼마만큼의 추가적인 규제부담을 발생시키는지를 측정한 것이다(이종한, 2013).[45)]

결정요인 추이를 살펴보면 ICT 자본비율의 경우 제조업은 2006년 이후 감소한 반면 서비스업은 완만히 증가하고 있다. R&D 자본비율은 제조업의 자본비율 평균 17.4%로 서비스업 평균 3.4%보다 약 5배 정도 높은 수준이고 두 산업 모두 완만히 증가하고 있다.

〔그림 5－8〕 제조업 및 서비스업 ICT 및 R&D 자본비율

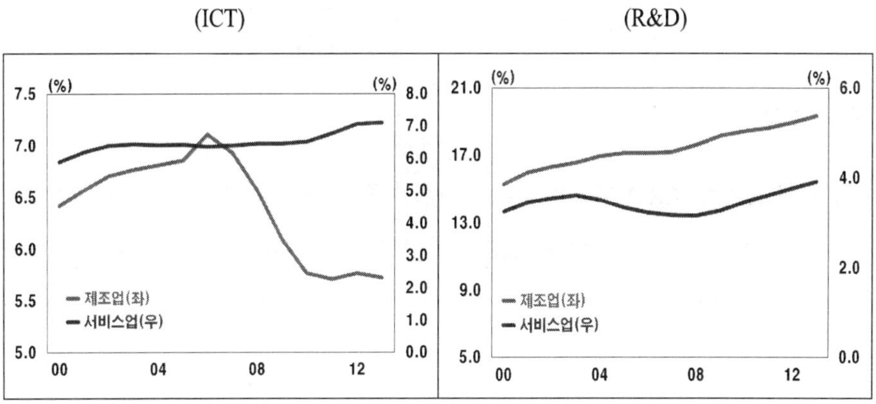

주: 각 산업별 전자산 대비 ICT 및 R&D 비율
자료: 정보통신정책연구원

산업별 규제지수도 증가하는 추이를 보여주고 있다. 이는 규제의 총량이 지속적으로 증가하였음을 의미하며 기존 규제에 대한 개혁 및 완화에 대한 노력에도 불구하고 신설규제가 더 많다는 것을 시사한다(행정연구원, 2014). 제조업에 비해 서비

45) 산업별 규제지표 작성방법에 대한 보다 자세한 사항은 이종한(2013)을 참조하라.

스업의 규제지수가 증가율이 높은데 이는 금융위기 이후 생산자 서비스업종에 포함된 금융업에 대한 규제가 증가하였기 때문이다.

〔그림 5－9〕 제조업 및 서비스업 산업별 규제지수

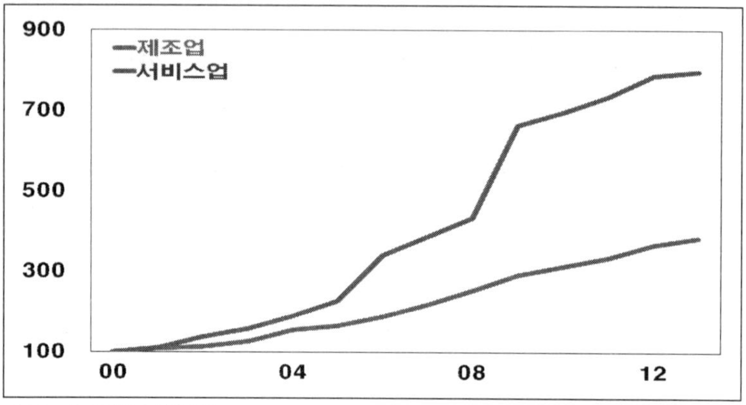

자료: 한국행정연구원(2014)

2. 분석 결과

추정 결과 ICT 및 R&D 자본비율이 증가할수록, 산업규제지수는 감소할수록 효율성 개선에 유의한 영향을 주는 것으로 나타났다. 규제지수의 경우 금융위기 이전에는 유의하지 않지만 2000～2013년 기간에서는 산업규제지수 증가가 효율성 저하와 유의한 관계가 나타나는 것으로 추정되었다.

〈표 5－4〉 효율성 결정요인 추정 결과

	종속변수: $\ln(Y_{i,t}/L_{i,t})$	
	2000～2013년	2000～2007년
$\ln(K_{i,t}/L_{i,t})$	-1.27*** (-6.19)	-1.77*** (-5.75)
t	0.05 (1.37)	-0.01 (-0.13)

	종속변수: $\ln(Y_{i,t}/L_{i,t})$	
	2000～2013년	2000～2007년
$\ln(K_{i,t}/L_{i,t})^2$	0.08*** (8.89)	0.11*** (7.56)
t^2	-0.00 (-0.94)	0.00 (0.65)
$t^*\ln(K_{i,t}/L_{i,t})$	-0.00 (-0.52)	0.00 (0.15)
ICT 자본비율	-0.24*** (-6.83)	-0.27*** (-4.87)
R&D 자본비율	-0.31*** (-5.86)	-0.48*** (-3.57)
규제지수	0.001** (2.53)	0.00 (1.32)
τ	1.15*** (12.57)	1.18*** (6.79)
c_u	-19.51 (-0.02)	-19.20 (-0.01)
c_v	-2.34*** (-35.53)	-2.21*** (-25.41)
산업수 수	33	33
표본 수	462	264

주: 1) 상수항 추정치는 표에서 제외
2) *, **, ***은 유의수준 10%, 5%, 1%를 각각 의미하며 ( ) 내는 t-value임
3) 음영처리한 결정요인 계수는 비효율성 $u_{i,t}$와의 관계를 나타내므로 계수가 양(음)일 경우 효율성과는 음(양)의 관계를 가짐
4) 산업별 규제지수가 2000～13년까지 가용하므로 해당기간의 자료를 사용

자료: 정보통신정책연구원, 한국행정연구원

제5절 소 결

본 연구는 확률적 변경모형을 통해 우리나라 제조업과 서비스업의 업종별 총요소생산성 변화를 기술진보요인과 효율성으로 분해하고 효율성 결정요인을 분석하였다.

확률적 변경모형을 이용한 총요소생산성 추정결과는 성장회계 추정 결과와 유사하게 금융위기 전후 제조업은 생산성 증가율이 감소했고 서비스업은 다소 증가하였다. 하지만 금융위기 이후 제조업과 서비스업 모두에서 효율성 증가율이 저하된 것으로 추정되었다. 산업별 효율성 차이에 R&D 투자, ICT 투자, 산업규제가 통계적으로 유의한 요인으로 발견되었다. 이러한 점을 감안할 때 효율성 개선을 위해서는 지속적인 규제개선과 더불어 R&D 투자와 ICT 투자에 지원이 필요할 것으로 판단된다.

2000년대 이후 우리 경제는 경제발전으로 인해 선진경제에 도달함에 따라 선진기술 모방에 따른 효율성 개선의 여지가 줄어들고 있는 부분이 있다(이영훈, 2010). 효율성 개선과 더불어 기술혁신에도 초점을 맞추어 선진국처럼 기술혁신에 의해 생산성이 주도되는 방향으로 나아가야할 것이다.

제 6 장 ICT 중심의 산업연관분석: R&D 기술파급효과 및 ICT산업 구조분해분석

지속적인 세계 경기둔화 및 반도체 가격하락 등의 요인으로 국내외 시장 상황은 악화되고 있는 가운데 지능정보사회로의 전환이라는 경제사회의 구조적 변화에 대한 대응 및 전략이 요구되고 있다. 최근 이러한 상황에 대응하기 위한 일환으로 ICT 융복합에 대한 중요성이 대두되고 있으며 대다수의 주요 산업들은 ICT를 접목하려고 노력하고 있다. 이러한 경제사회 및 산업구조의 변화에 대하여 적절한 대응 방안을 마련하기 위해 보다 체계적이고 심층적인 산업구조분석이 필요한 시점이다. 따라서 본 장에서는 ICT 부문 산업구조 변화의 이해를 돕기 위해 ICT 중심의 장기시계열 산업연관표를 구축하고 이를 활용한 산업분석을 수행하고자 한다.

본 장에서 기초가 되는 분석자료는 2008 SNA(System of National Accounts)로서, 이러한 통계작성 기준의 변화는 산업구조를 분석하기 위한 다양한 통계구축 요구로 이어져 있다. 2008 SNA는 국민계정체계 개정을 의미하며 고정자산포괄범위 변경 등 다양한 권고안이 포함되어 있다. 이러한 권고사안을 반영하면 기존의 산업구조와는 큰 차이를 보일 것으로 예상된다. 지난 1, 2차 연도(2015, 2016)에서는 기존의 산업연관표를 기반으로 2008 SNA를 적용한 ICT 중심의 장기시계열 산업연관표를 구축하였고, 올해 3차 연도(2017)에서는 이를 개선하여 기술파급효과분석, 구조분해분석과 같은 산업분석에 활용하고자 한다.

본 장에서의 분석 방법은 크게 두 가지로 구분되는데, 산업별 R&D 기술파급효과와 경제 및 산업의 성장, 산업연관모형을 이용하여 산업생산의 증가가 어떤 요인에 의해 성사되었는지를 분석하는 구조분해분석법(Input Output Structural Decomposition Analysis; IO SDA)을 활용한다. R&D 기술파급효과에 대한 분석은 국내 산업들의 R&D 활동에 대한 기술집약 및 확산효과를 파악할 수 있다. 특히, ICT관련 제조업 및 서비스업의 R&D 기술집약 및 확산효과를 파악하여 국내 ICT부문 산업의 경쟁력 제고 및 타 산업 간 융합강화 방안 등을 위한 효율적인 R&D 투자 및 정책적 방향에 대해 확인할 수 있다.

산업연관모형을 활용한 구조분해분석은 산업 생산활동을 기반으로 산업 간의 연관관계를 파악할 수 있고 이는 국민경제 전체를 포함하고 있을 뿐만 아니라 전체와 부분이 유기적으로 결합하고 있다. 산업연관분석의 장점으로는 거시적 분석이 불가능한 산업 간의 연관관계도 적용이 가능하기 때문에 구체적인 경제 및 산업구조를 분석할 수 있다(한국은행, 2007). 또한, 경제 및 산업의 성장요인뿐만 아니라 산업의 투입 및 생산구조, 수출의 증가요인, 그리고 유발효과 변화추이 등에 대한 분석을 수행할 수 있다. 구체적으로 본 연구에서는 ICT 부문의 중간투입과 최종산출물 사이의 관계를 파악하고, ICT가 중간투입물로 활용되는 부문과 그 크기의 변화 등을 확인할 수 있다.

제 1 절　R&D 기술파급효과 분석

1. 분석 방법

연구개발사업의 경제적 파급효과는 기술 개발과 상용화를 통해 발생되는 직・간접 생산 증대효과(산업파급효과)와 개발된 기술이 다른 기술로 이전(spill-over) 되어 파생되는 직・간접 생산 증대 효과(기술파급효과)로 구성된다. 기술개발 파급효과의 분석은 기술개발이 경제에 미치는 직접적인 효과와 기술이 경제 여타 부문의 기술로 이전되어 미치는 경제적 파급효과를 구분하여 종합적으로 분석되어야 한다.

연구개발투자의 파급효과(spill-over effect)는 공급측면의 산업연관 분석모형을 통해 체화된 부문에서 R&D 파급효과를 분석함을 의미한다. 기술개발의 파급효과는 개발과정에서 지출된 연구개발비용이 체화된 기술 이전 형태로 타 산업의 연구개발을 유발하는 효과라 할 수 있다. 기술 개발의 파급효과를 분석하기 위해서는 단순히 자체 투자 및 생산활동만 고려한 산업파급효과만으로는 그 실체를 파악할 수 없고, 기술 파급효과도 동시에 파악할 필요가 있다.

수요모형은 산업들 간의 중간재 거래행렬(intermediate transactions matrix) Z, 각 재화에 대한 최종수요 벡터 Y, 그리고 총산출벡터 X를 사용하여 다음과 같이 정의한다.

$$X = Z_e + Y \tag{식 6-1}$$

이 때, e는 합계를 계산한 요소가 모두 1인 벡터

$a_{ij} = z_{ij}/x_j$로 한 투입계수행렬 A를 이용하여 (식 6-1)의 관계를 X=AX+Y로 나타내고, 이것으로 총산출과 총수요의 관계를 $X = (I-A)^{-1}Y$와 같이 나타낼 수 있다. 여기서 $(I-A)^{-1}$를 레온티에프 역행렬(Leontief inverse matrix; L)이라 하며, 이것의 원소 l_{ij}는 $\partial x_i / \partial Y_j$의 의미를 갖고 산업 j의 최종수요 변화가 산업 i의 산출에 미치는 영향을 측정한다.

따라서 A행렬이 주어졌을 경우에 외생적으로 결정된 새로운 최종수요 Y^*를 충족하기 위하여 필요한 새로운 산출 X^*은 $X^* = LY^*$와 같이 구할 수 있으며, 이러한 의미에서 수요측 모형을 수요유발모형(demand-driven model)이라고 한다. 여기에서 산업 j의 최종수요 변화가 산업 i의 산출에 미치는 영향을 산업 i의 산출로 나누어 그 비율을 l_{ij}/x_i로 나타내고 이것을 $\hat{X}^{-1}L$으로 표현한다. R&D지출을 r벡터로 표시하여 R&D집약도를 r_i/x_i로 나타내고 행벡터를 $r'\hat{X}^{-1}$로 표현한다. 이 때 산업 j의 최종수요 변화의 1단위 수요증가 효과는 산업 i의 부가적 R&D지출을 유발하며 이것은 $h_{ij} = r_i l_{ij}/x_i$로 나타내고 다음과 같은 행렬형태로 표현한다. 또한 (식 6-3)에 의한 H의 열의 합을 R&D후방승수로 정의한다. 이는 기술 수요자 입장에서 R&D지출에 의한 산업 간에 직접 및 간접적 기술파급효과를 의미한다.

$$H = \hat{r}\hat{x}^{-1}L \tag{식 6-2}$$

$$\sum_i h_{ij} \quad \text{(식 6-3)}$$

다른 산업간 모든 중재의 거래가 제로(0)인 것을 가정했을 때 R&D지출에 의한 자체 산업만의 직접적 기술파급효과를 의미한다. 이를 위해 투입계수(A)에서 대각 행렬요소($\widehat{d_A}$)만을 추출하여 (식 6-4)와 같이 표현할 수 있다.

$$\overline{H} = \hat{r}\hat{x}(I - \widehat{d_A})^{-1} \quad \text{(식 6-4)}$$

(식 6-5)는 기술집약 연관도(Technology Intensive Linkage)를 의미한다. 기술집약 연관효과는 산업의 R&D지출에 의해 체화된 직접 및 간접적 기술파급효과에서 자체산업과 여타산업 사이의 기술적 연관관계인 간접적 기술파급효과만을 추출하는 것이다. 이는 중간재 수요자 혹은 기술 수요자의 입장에서 어떤 산업의 R&D지출에 대한 다른 산업에 체화된 기술혁신의 파급효과를 의미하며, 자체산업과 타산업간의 혁신흐름(innovation flow)을 파악하는 것이다.

$$TIL = H - \overline{H} \quad \text{(식 6-5)}$$

본 연구에서는 산업간 R&D파급효과를 분석을 위한 투입산출모형에서 기술집약 효과로 정의할 수 있는 수요측 모형을 활용한다. 따라서, 중간재 투입재에서 기술이 타산업으로 이전되는 R&D의 흐름은 다음과 같은 식으로 나타낼 수 있다.

$$RII = [R'\widehat{(X)^{-1}}]'(I - A)^{-1} = RI(I - A)^{-1} \quad \text{(식 6-6)}$$

R은 산업의 R&D 지출이며, RI는 R&D 집약도를 나타낸다. 위에서 산출된 행렬의 열합계는 최종수요 증가로 견인된 산업의 R&D 집약효과를 나타낸다. 직접효과는 위 행렬의 주대각원소이며, 간접효과는 비대각원소이다. Miller and Blair(1985)에 따르면, 레온티에프 역행렬의 각 원소가 의미하는 것은 최종수요 한 단위 증가가 각 산업에 파급되는 생산을 의미하므로 산업별로 파급된 기술을 고려하기 위해서는 생산 한 단위의 증가가 각 산업에 파급되는 생산을 포함할 수 있도록 생산유발계수표를 수정하여야 한다. 따라서 수정된 레온티에프 역행렬을 분석에서 가중치로 활용

하여 산업 간 R&D효과를 고려하면 다음과 같은 식으로 정의될 수 있다.

$$RII = RI(I - A^{*})^{-1} \quad \text{(식 6-7)}$$

위 식에서 수정된 생산계수를 나타내는 A^{*}행렬은 $(I-A)^{-1}$의 행렬에서 각 원소 a_{ij}를 a_{jj}로 나누어 산출된 행렬을 의미한다. 본 연구에서는 수정된 생산계수 A^{*}를 분석에 적용하고자 한다.

2. 분석 결과

기술파급효과분석을 위한 분류체계는 OECD(2003)와 Elfring(1988)의 분류기준을 참고하였다. OECD(2003)는 R&D 집약도에 따라서 제조업을 첨단기술제조업, 중고위기술제조업, 중저위기술제조업, 저위기술제조업으로 세분화하였는데, 본 연구에서는 고기술 ICT, 고기술 비ICT, 고－중기술, 저－중기술, 저기술로 제조업을 총 5개의 하위 부문으로 구분하였다. 또한, 서비스부문은 Elfring(1988)의 분류기준을 활용하여 ICT생산자서비스, 비ICT생산자서비스, 개인서비스, 유통서비스, 사회서비스 총 5개 부문으로 구분하였다.

〈표 6－1〉 기술파급효과 분석을 위한 분류체계

분류		KISDI 중분류(38)
1. 농림어업광업		1. 농업, 임업 및 어업 / 2. 광업
2. 제조업		
	2-1. 고기술(ICT)	13. [ICT]전자부품제조업 / 14. [ICT]컴퓨터 및 주변장치제조업 15. [ICT]통신, 방송장비 및 영상, 음향기기제조업
	2-1. 고기술(비ICT)	8. 의료용물질 및 의약품제조업 / 16. 의료, 정밀, 광학기기 및 시계제조업
	2-2. 고－중기술	7. 화학물질 및 화학제품제조업; 의약품제외 17. 전기장비제조업 / 18. 기타기계 및 장비제조업 19. 자동차 및 트레일러제조업 / 20. 기타운송장비제조업

분류		KISDI 중분류(38)
	2-3. 저－중 기술	6. 코크스, 연탄 및 석유정제품제조업 / 9. 고무제품 및 플라스틱 제품제조업 10. 비금속광물제품제조업 / 11. 1차금속제품제조업/ 12. 금속제품제조업
	2-4. 저기술	3. 음식료품 및 담배제조업 / 4. 섬유 및 가죽제품제조업 5. 목재, 종이, 인쇄 및 복제업 / 21. 가구 및 기타제품제조업
3. 전기가스수도건설업		22. 전기, 가스, 증기 및 공기조절공급업 23. 수도, 폐기물 및 재활용서비스업 / 24. 건설업
4. 서비스업		
	4-1. 생산자서비스 (ICT)	28. [ICT]출판, 영상, 방송업 / 29. [ICT]통신업 30. [ICT]IT서비스 및 정보서비스업
	4-1. 생산자서비스 (비ICT)	31. 금융 및 보험업 / 32. 부동산업 / 33. 전문, 과학 및 기술서비스업 34. 사업지원서비스업
	4-2. 개인서비스	27. 숙박 및 음식점업
	4-3. 유통서비스	25. 도매 및 소매업 / 26. 운수 및 창고업
	4-4. 사회서비스	35. 공공행정, 국방 및 사회보장행정 / 36. 교육서비스업 37. 보건 및 사회복지서비스업 / 38. 문화 및 기타서비스업

가. 기술집약도

〈표 6－2〉는 1990～2014년 기간 동안의 산업 산출액에 대한 R&D 비중을 나타내는 R&D 기술집약도 분석결과이다. 전체산업의 기술집약도는 분석기간 동안 지속적으로 증가하는 추세를 보이고 있으며, 제조업, 서비스업, 전기가스수도건설업, 농림어업광업 순으로 R&D 기술집약도가 높은 것으로 분석되었다. 이와 같은 결과는 R&D 지출은 제조업부문에 집중되어 있으며 그 외 산업부문은 제조업부문에 비해 다소 낮은 수준인 것을 함의한다.

제조업부문에서 R&D 기술집약도를 세부산업별로 살펴보면, 의료용 물질 및 의약품 제조업과 의료, 정밀, 광학기기 및 시계제조업을 포함하는 고기술(비ICT)부문이 가장 높은 것으로 나타났다. ICT－전자부품제조업, ICT－컴퓨터 및 주변장치제조업, ICT－통신, 방송장비 및 영상, 음향기기제조업을 포함하는 고기술(ICT)부문은 고기술(비ICT)부문 다음으로 높은 것으로 나타났고, 1995~2000년 기간에는 기술집약도가 2.8725%에서 1.6516%로 다소 감소하였지만, 이후에는 꾸준한 성장세를 보이다 2014년에는 9.5274%인 것으로 나타났다.

서비스업부문에서 세부산업별로 사회서비스부문이 2005년 이후 기술집약도는 급증하여 2014년에는 2.9954%수준으로 타 산업에 비해 가장 높은 수준으로 나타났다. 이러한 결과는 공공행정, 국방 및 사회보장행정, 교육, 보건, 사회복지서비스업 및 문화와 관련된 분야 위주로 R&D 지출이 크게 이루어진 것으로 평가된다. ICT생산자서비스부문은 분석기간 동안 지속적으로 증가하여 2014년에는 2.5322%인 것으로 나타났다. ICT와 관련된 출판, 영상, 방송업, 통신업, IT서비스 및 정보서비스업을 위한 ICT부문의 성장과 더불어 지속적인 R&D 투자가 이루어진 것으로 보인다.

〈표 6-2〉 1990~2014년 기술파급효과-기술집약도

구분	1990	1995	2000	2005	2010	2014
1. 농림어업광업	0.0097%	0.0510%	0.0167%	0.0100%	0.0691%	0.0994%
2. 제조업	0.1055%	1.1245%	0.8677%	1.2390%	2.0153%	2.8898%
고기술(ICT)	0.1311%	2.8725%	1.6516%	3.5226%	6.6303%	9.5274%
고기술(비ICT)	0.9528%	6.9356%	4.1492%	3.5151%	9.6898%	13.8707%
고-중기술	0.0978%	1.3200%	0.9750%	1.2198%	1.3043%	1.8696%
저-중기술	0.0758%	0.3213%	0.3111%	0.3279%	0.6691%	0.9593%
저기술	0.0610%	0.1823%	0.1296%	0.1341%	0.2847%	0.4079%
3. 전기가스수도건설업	0.0148%	0.5652%	0.6900%	0.6468%	0.4905%	0.7085%
4. 서비스업	0.0203%	0.2367%	0.3392%	0.3222%	0.8594%	1.2330%
생산자서비스(ICT)	0.0040%	0.2849%	0.7043%	1.1829%	1.7747%	2.5322%
생산자서비스(비ICT)	0.0022%	0.2661%	0.4886%	0.3730%	0.3047%	0.4375%
개인서비스	0.0079%	0.0075%	0.0114%	0.0075%	0.0010%	0.0015%
유통서비스	0.0000%	0.1191%	0.1574%	0.1103%	0.2112%	0.3032%
사회서비스	0.0622%	0.3146%	0.2583%	0.2247%	2.0869%	2.9954%

나. 직간접파급효과

〈표 6－3〉은 1990～2014년 기간 동안의 R&D 직접 및 간접 효과를 포함한 총효과인 직간접파급효과를 나타내고 있다. 분석결과를 살펴보면, 1990～2014년 기간 동안에 직・간접파급효과가 전체 산업에서 제조업이 가장 높았으며, 다음으로 전기가스수도건설업, 서비스업, 농림어업광업 순으로 직간접파급효과가 높은 것으로 나타났다. 기술집약도의 결과와는 다르게 서비스업부문이 전기가스수도건설업에 비해 직간접파급효과는 낮은 것으로 나타났다. 직간접파급효과가 가장 높은 제조업부문을 세부산업별로 살펴보면, 고기술(비ICT)부문이 타 산업에 비하여 가장 높았으며, 고기술(ICT), 고－중기술, 저－중기술, 저기술 순으로 높은 것으로 나타났다. 고기술(ICT)부문은 기술집약도 결과와 유사하게 1995～2000년 사이에 3.2735%에서 1.8959%로 감소하였으나 2000년 이후에는 지속적으로 증가하여 2014년에는 11.0879%이었다.

분석기간 동안 서비스업부문의 직간접파급효과는 상승세를 보이고 있으며, 2014년 기준으로 사회서비스(4.4230%), ICT생산자서비스(3.9892%), 유통서비스(1.3607%), 비ICT생산자서비스(1.1786%), 개인서비스(0.9435%) 순으로 직간접파급효과가 높은 것으로 나타났다. 직간접파급효과는 R&D 기술집약도 결과와 비슷한 양상으로 사회서비스와 ICT생산자서비스부문이 타 산업에 비해 가장 높은 수준으로 나타났다. ICT생산자서비스부문은 1990년에는 0.0337%에서 2014년에는 3.9892%로 지속적인 상승세를 나타내고 있다.

〈표 6－3〉 1990～2014년 기술파급효과－직간접파급효과

구분	1990	1995	2000	2005	2010	2014
1. 농림어업광업	0.0420%	0.3457%	0.1440%	0.1662%	0.9545%	1.3799%
2. 제조업	0.1138%	1.2096%	0.9409%	1.3106%	2.3514%	3.4035%
고기술(ICT)	0.1892%	3.2735%	1.8959%	3.8561%	7.6814%	11.0879%
고기술(비ICT)	0.9914%	7.3791%	4.3994%	3.9244%	11.1475%	16.0158%
고－중기술	0.1522%	1.7134%	1.2498%	1.5427%	2.2830%	3.2887%

구분	1990	1995	2000	2005	2010	2014
저－중기술	0.1145%	0.7016%	0.5231%	0.5629%	1.3597%	1.9602%
저기술	0.1060%	0.5776%	0.3792%	0.4267%	1.0839%	1.5606%
3. 전기가스수도건설업	0.0605%	1.0657%	1.0633%	1.1555%	1.6516%	2.3899%
4. 서비스업	0.0421%	0.4535%	0.5014%	0.5535%	1.3098%	1.8828%
생산자서비스(ICT)	0.0337%	0.5388%	0.9234%	1.6304%	2.7821%	3.9892%
생산자서비스(비ICT)	0.0208%	0.4511%	0.6251%	0.5570%	0.8202%	1.1786%
개인서비스	0.0323%	0.3060%	0.2489%	0.2704%	0.6547%	0.9435%
유통서비스	0.0260%	0.3585%	0.4032%	0.3908%	0.9453%	1.3607%
사회서비스	0.1300%	0.8488%	0.6982%	0.6442%	3.0729%	4.4230%

다. 직접파급효과

〈표 6－4〉는 1990～2014년 기간 동안의 R&D 직접파급효과 결과를 나타내고 있다. 전체 산업 중에서 제조업이 가장 두각을 나타내고 있으며, 그 다음으로 서비스업, 전기가스수도건설업, 농림어업광업 순으로 직접파급효과가 높은 것으로 나타났다. 제조업부문의 세부산업별 결과를 살펴보면, 직간접파급효과 결과와는 상이하게 고기술(ICT)부문이 고기술(비ICT)부문보다 분석기간 동안 직접파급효과가 높은 것으로 나타났다. 특히 2005년의 직접파급효과는 고기술(ICT)부문이 1.0958%, 고기술(비ICT)부문이 0.2370%로 약 4.62배 차이가 나는 것으로 나타났다. 또한, 고기술(ICT)부문은 1995～2000년 사이에 0.9952%에서 0.5348%로 직접파급효과는 감소하였으나 2000년 이후에는 지속적으로 증가하여 2014년에는 3.6805%였다. 이러한 결과는 전체 산업 중에서는 제조업부문이 체화된 자기 R&D비중이 가장 높았으며 세부산업별로는 ICT제조업과 관련된 산업의 체화된 R&D비중이 높음을 의미한다.

서비스업부문은 ICT생산자서비스부문이 타 부문에 비해 가장 주목할 만한 상승세를 보이는 것으로 나타났는데, 특히 1995년 0.0002%에서 2014년 0.3508%까지 큰 폭으로 상승하였다. 반면, 비ICT생산자서비스부문은 2000년 이후로 급감하였으나 2010년 이후에 다시 상승하는 것으로 나타났다. 유통서비스, 개인서비스, 사회서비스는 2005년 이후에 급증하는 것으로 나타났다. 서비스업부문은 각 산업에서 체화된 자기 R&D의 비중은 점차 증가하는 것으로 나타났고, 그 중 ICT생산자서비스 부문의 R&D 집약도가 높은 것으로 평가된다.

〈표 6－4〉 1990～2014년 기술파급효과－직접파급효과

구분	1990	1995	2000	2005	2010	2014
1. 농림어업광업	0.0010%	0.0022%	0.0004%	0.0002%	0.0046%	0.0065%
2. 제조업	0.0515%	0.5313%	0.3454%	0.5353%	1.1031%	1.5781%
고기술(ICT)	0.0520%	0.9952%	0.5348%	1.0958%	2.5618%	3.6805%
고기술(비ICT)	0.1502%	0.6518%	0.2921%	0.2370%	1.1347%	1.6178%
고－중기술	0.0337%	0.4643%	0.2922%	0.3938%	0.4550%	0.6505%
저－중기술	0.0284%	0.1171%	0.0814%	0.1016%	0.2542%	0.3635%
저기술	0.0181%	0.0485%	0.0295%	0.0285%	0.0826%	0.1180%
3. 전기가스수도건설업	0.0005%	0.0171%	0.0266%	0.0254%	0.0234%	0.0340%
4. 서비스업	0.0043%	0.0565%	0.0841%	0.0833%	0.2330%	0.3405%
생산자서비스(ICT)	0.0002%	0.0236%	0.0949%	0.1704%	0.2476%	0.3508%
생산자서비스(비ICT)	0.0002%	0.0350%	0.0630%	0.0575%	0.0501%	0.0729%
개인서비스	0.0000%	0.0000%	0.0000%	0.0000%	0.0000%	0.0000%
유통서비스	0.0000%	0.0089%	0.0168%	0.0137%	0.0284%	0.0407%
사회서비스	0.0030%	0.0187%	0.0129%	0.0146%	0.0436%	0.0626%

라. 간접파급효과

〈표 6－5〉는 1990～2014년 기간 동안의 R&D 간접파급효과를 나타내고 있다. 분석기간 동안 전체산업에 걸쳐 증가하는 추세를 보이고 있다. 전기가스수도건설업부문이 타 산업에 비해 가장 높았으며, 그 다음으로 제조업, 서비스업, 농림어업광업 순으로 간접파급효과가 높은 것으로 나타났다. 전기가스수도건설업 부문의 R&D활동에 있어 산업 간의 연계를 기반으로 다른 산업으로 이전되거나 이전함으로써 산출되는 경제적 효과가 큰 것으로 평가된다. 제조업부문 간접파급효과를 세부산업별로 살펴보면, 비ICT고기술이 가장 높고, 그 다음으로 ICT고기술, 고－중기술, 저－중기술, 저기술 순으로 높게 나타났다. 비ICT고기술의 간접파급효과는 1990년 0.8413%

에서 2014년 14.3981%로 상승하였으며, ICT고기술의 경우 1990년 0.1372%에서 2014년 7.4074%로 상승하였다.

서비스업부문의 세부산업별 결과를 살펴보면, 2014년 기준으로 사회서비스부문의 간접파급효과가 2005년 이후로 급증하여 가장 높은 수준인 4.3605%로 나타났다. ICT 생산자서비스 부문은 분석기간 동안 지속적인 상승세를 나타내고 있으며 2014년에는 간접파급효과가 3.6385%로 나타났다. 유통서비스, 비ICT생산자서비스, 개인서비스 부문은 2005년 이전에는 유사하거나 감소하는 추세를 보이다가 이후에는 급증하는 것으로 나타났다. 서비스 부문에서는 사회서비스 분야가 산업간 이전되거나 이전하는 R&D활동이 타 산업에 비해 두드러지게 큰 것으로 평가된다. 또한, 직접파급효과와 비교하면, 간접파급효과가 전체 산업부문에 걸쳐 높은 것으로 나타났다.

〈표 6－5〉 1990～2014년 기술파급효과－간접파급효과

구분	1990	1995	2000	2005	2010	2014
1. 농림어업광업	0.0410%	0.3435%	0.1437%	0.1660%	0.9499%	1.3733%
2. 제조업	0.0623%	0.6783%	0.5954%	0.7753%	1.2483%	1.8254%
고기술(ICT)	0.1372%	2.2783%	1.3611%	2.7603%	5.1196%	7.4074%
고기술(비ICT)	0.8413%	6.7273%	4.1073%	3.6874%	10.0128%	14.3981%
고－중기술	0.1184%	1.2490%	0.9576%	1.1490%	1.8280%	2.6383%
저－중기술	0.0861%	0.5845%	0.4417%	0.4613%	1.1055%	1.5968%
저기술	0.0879%	0.5290%	0.3497%	0.3982%	1.0012%	1.4426%
3. 전기가스수도건설업	0.0601%	1.0486%	1.0367%	1.1301%	1.6282%	2.3558%
4. 서비스업	0.0378%	0.3969%	0.4173%	0.4701%	1.0768%	1.5423%
생산자서비스(ICT)	0.0335%	0.5152%	0.8285%	1.4600%	2.5344%	3.6385%
생산자서비스(비ICT)	0.0206%	0.4161%	0.5621%	0.4995%	0.7700%	1.1057%
개인서비스	0.0323%	0.3060%	0.2489%	0.2704%	0.6547%	0.9435%
유통서비스	0.0260%	0.3496%	0.3864%	0.3771%	0.9169%	1.3200%
사회서비스	0.1270%	0.8301%	0.6854%	0.6296%	3.0293%	4.3605%

제 2 절 ICT산업 구조분해분석

1. 분석 방법[46)]

가. 구조분해분석 개요

구조분해분석법은 경제변수의 변화를 여러 결정요인으로 분해하여 분석하는 방법을 말한다. 이는 경제 및 산업의 성장, 산업생산의 증가가 어떤 요인으로 결정됐는지를 알기위한 분석 방법으로 산업연관모형인 구조분해분석법(Input Output Structural Decomposition Analysis; IO SDA)이 주로 이용되고 있다(김소연 · 류수열, 2014).

경제체계에서 총공급은 총생산과 해외재 수입의 합으로 정의되며, 총수요는 중간재 수요와 최종재 수요의 합으로 구성된다. 중간재 수요는 재료, 부품 등이 어떠한 상품을 생산하기 위해 투입되는 상품의 수요를 의미한다. 예를 들어, 고무를 사용하여 타이어를 생산하게 된다면, 최종재는 타이어이며 중간재는 고무라 할 수 있다. 최종재 수요는 국내의 최종재와 해외의 최종재로 구분할 수 있으므로, 국내산 최종재수요와 수출(해외의 최종재수요)로 나타낼 수 있다.

경제 전체에서 수요와 공급이 일치하는 상태일 경우에는 다음과 같은 식으로 나타낼 수 있다.

총산출 + 수입 = 중간재 수요 + 국내최종수요 + 수출

총산출 = 중간재수요 + 국내최종재 수요 + 수출 - 수입 (식 6-8)

한편 수입은 중간재 수입과 최종재 수입으로 구분할 수 있다. 예를 들어, 스마트폰을 생산하는데 해외에서 생산되는 반도체가 요구된다면, 이 반도체는 중간재 수입이다. 애플 스마트폰을 해외로부터 수입해서 사용한다면, 애플 스마트폰은 최종재 수입이라고 할 수 있다. 따라서 총산출 식을 다음과 같이 나타낼 수 있다.

46) 본 분석 방법은 이영수(2017)에서 제시된 방법론을 포괄적으로 인용

총산출 = 국내중간재수요+국내최종재수요+수출 - 최종재 수입 - 중간재 수입 (식 6-9)

총산출액의 변동은 위의 5개의 요인으로 분해하여 설명할 수 있는데, 위의 5개 요인으로 분해하는 분석방법이 투입산출 구조분해분석이라고 한다. 즉 총산출액의 변동은 i) 국내 최종재수요의 변동, ii) 수출의 변동, ii) 최종재 수입의 변동, iv) 중간재 수입의 변동과 마지막으로 v) 중간재 수요의 변동(기술변화)으로 분해할 수 있다.

△총산출 = △국내중간재 수요 + △국내최종재수요 + △수출
- △최종재 수입 - △중간재 수입 (식 6-10)

따라서 투입산출 구조분해분석을 통해 어떤 산업의 총산출 증가가 수출에 의해서 얼마만큼 발생하고, 국내최종수요, 수입(최종재 및 중간재 수입), 중간재 수요의 변동에 의해서 얼마만큼 발생하였는가를 수량적으로 파악할 수 있다.

결국 투입산출 구조분해분석이란, 산업연관표를 이용하여 산업 또는 경제의 산출량의 변화를 국내최종수요 변동, 수출 변동, 최종재 수입 변동, 중간재 수입 변동, 중간재 수요의 변동으로 분해하는 방법이다. 이를 통해 어떤 산업의 총산출 증가가 어느 요인에 의해서 얼마만큼 발생하였는가를 수량적으로 파악하는 것을 목표로 한다.

나. 산업연관 구조분해분석 모형

본 연구에서 활용되는 분석모형은 Syrquin(1976) 모형을 기반으로, ICT 부문의 총산출 증가에 대한 요인별 성장기여율을 최종수요, 수출수요, 최종재수입대체, 중간재수입대체, 및 기술변화 등을 구분하여 분석한다. Syrquin 모형에 따르면, 국내총산출 증가요인 분석방법은 크게 파셰식과 라스파이레스식으로 구분된다. 파셰식은 총산출액의 변동에 대한 요인을 분석하기 위해 비교연도 생산유발계수와 기준연도의 생산구조를 결합하는 반면, 라스파이레스식은 비교연도 생산구조와 기준연도의 생산유발계수를 적용한다. 본 연구에서는 파셰식과 라스파이레스식에서 산출된 값을 산술평균(평균방식)하여 분석에 이용하고자 한다. 수급방정식은 경제 전체의 총공급과 총수요가 일치한다는 원칙에 따라 다음과 같은 균형식으로 나타낼 수 있다.

$$X+M=W+D+E \quad \text{(식 6-11)}$$

X: 국내총산출 벡터(n×1)

M: 수입액 벡터(n×1)

W: 중간수요 벡터(n×1)

D: 국내최종수요 벡터(n×1)

E: 수출액 벡터(n×1)

위의 식에서 국산과 수입으로 구분이 가능하기 때문에 중간수요(W)를 투입계수(A)로 설정하고, 국산품 거래 투입계수표(A^d)와 수입품 거래 투입계수표(A^m)로 구분할 수 있다. 수입액 벡터(M)도 중간재와 최종재생산을 위한 수입으로 나누어 각각 수입중간재 벡터(W^m), 수입최종재 벡터(D^m)로 분해함으로써 다음과 같은 식을 산출할 수 있다.

$$\begin{aligned} X &= W+D+E-M \\ &= AX+D+E-M \\ &= (A^d+A^m)X+D+E-(W^m+D^m) \end{aligned} \quad \text{(식 6-12)}$$

A^d: 국산품 투입계수 행렬(n×n)

A^m: 수입품 투입계수 행렬(n×n)

$W^m=A^mX$: 수입중간재 벡터(n×1)

$D^m=M-W^m$: 수입최종재 벡터(n×1)

위의 (식 6-12)에서 국내최종수요(D)에 수입최종재(D^m) 비율을 $m=D^m/D$이라고 정의하고, 그 대각화 행렬($\hat{m}$)을 대입하면 아래와 같은 식으로 정리할 수 있다.

$$\begin{aligned} X &= A^dX+D+E-D^m \\ &= A^dX+(I-\hat{m})D+E \end{aligned} \quad \text{(식 6-13)}$$

위의 (식 6-13)을 X에 대해 정리하면 다음과 같은 식을 얻을 수 있다.

$$\begin{aligned} X &= (I-A^d)^{-1}[(I-\hat{m})D+E] \\ &= R^d[(I-\hat{m})D+E] \end{aligned} \quad \text{(식 6-14)}$$

위의 (식 6-14)를 이용하여 두 기간 동안(기준연도 t=1, 비교연도 t=2)의 산출액의 변동을 요인별로 분해하는 모형은 다음과 같이 정리할 수 있다.

$$\begin{aligned}\triangle X &= X_2 - X_1 \\ &= R_2^d[(I-\widehat{m_2})D_2 + E_2] - R_1^d[(I-\widehat{m_1})D_1 + E_1]\end{aligned} \qquad \text{(식 6-15)}$$

위의 (식 6-15)를 정리하면 총 5개 요인으로 분해할 수 있으며 아래의 식으로 나타낼 수 있게 된다.

$$\begin{aligned}\triangle X = &R_2^d(I-\widehat{m_2})\triangle D &&:(i) \\ &+ R_2^d \triangle E &&:(ii) \\ &+ R_2^d(\widehat{m_1}-\widehat{m_2})D_1 &&:(iii) \\ &+ R_2^d(A_1^m-\widetilde{A_2^m})X_1 &&:(iv) \\ &+ R_2^d[\triangle A-(A_2^m-\widetilde{A_2^m})X_1 &&:(v)\end{aligned} \qquad \text{(식 6-16)}$$

$$\triangle D = D_2 - D_1$$
$$\triangle E = E_2 - E_1$$
$$\triangle A = A_2 - A_1$$

$\widetilde{A_2^m}$: 2기 수입투입계수의 비율(A_2^m/A_2)에 1기 투입계수(A_1)을 곱하여 만든 조정항 벡터

첫 번째 항 (i)은 국내 최종재 수요 증가가 증가함에 따라 총산출량에 미치는 영향을 나타내고, (ii)는 수출의 증가가 총산출량에 미치는 영향을 의미한다. 또한, (iii)은 국내 최종재 수요가 유발하는 최종재 수입액의 변동을 의미하는데, 양(+)의 값을 갖는 경우에는 비교연도의 최종재 수입비율($\widehat{m_2}$)이 기준연도의 최종재 수입비율($\widehat{m_1}$)보다 감소하여 최종재 수입품이 국산품으로 대체되었음을 나타낸다. (iv)는 중간재 수입액이 얼만큼 국산품으로 대체되었는가를 나타낸다. $(A_1^m-\widetilde{A_1^m})X_1 = (A_2^m/A_2 - A_1^m/A_1)A_1X_1$이므로 전체 중간투입 중 수입품이 차지하는 비중에 따른 효과를 나타낸다. (v)는 국산 중간재 투입계수 변화에 따른 산출액 변동을 나타낸다.

(식 6-15)와 (식 6-16)은 비교연도의 생산유발계수와 기준연도의 변수로 표현되는

파쉐식이고, 반대로 비교연도의 변수와 기준연도의 생산유발계수로 나타낸 라스파이레스식을 적용하여 분석에 활용하고, 두 가지 방식의 계산결과를 산술평균하는 것이 평균방식이다. 본 연구에서는 두 시점의 요인별 값을 먼저 평균한 다음 기여도를 산출하는 중간값 가중치(mid-point weight) 방식을 사용한다. 이 방식은 기여도의 왜곡 현상을 줄일 수 있을 뿐 아니라 기여도 평균 방식에 비해 추정이 훨씬 간편하다는 장점이 있다.

2. 분석 결과

산업연관 구조분해분석 방법을 활용하여 산출량의 변화를 다섯 가지 요인(국내최종재 수요, 수출, 최종재 수입대체, 중간재 수입대체, 기술(중간재 투입 변화))으로 구분하고, 산출량 변화에 미치는 영향에 대해서 분석하고자 한다. 분석결과에서 다섯 가지 요인 중 음(-)의 값을 가질 경우에는 산출량 증대에 크게 기여하지 못하고 있음을 함의한다.

〈표 6-6〉은 분석기간별(1990~1995년, 1995~2000년, 2000~2005년, 2005~2010년, 2010~2014년) 총산출액 증가액을 나타내고 있다. 1990~2014년 전체 산출액 증가치는 3,362조 원로 나타났고, 분석기간별로 산출액 증가치는 상승하였으나, 상승분의 크기는 2010~2014년 기간 동안에는 다소 작은 것으로 나타났다. 1990~2014년 기간 동안의 총산출액 증가치는 고-중기술, 저-중기술, 생산자서비스(비ICT), 사회서비스, 유통서비스 순으로 높았으며, ICT관련 부문에서는 고기술(ICT)부문이 약 252조 원이며, 생산자서비스(ICT)가 약 114조 원에 이르는 것을 분석되었다. 고기술(ICT)부문은 2005~2010년에 최대치인 약 116조 원에 이르렀으나 2010~2014년에는 급격히 감소하여 약 9조 원에 이르렀다. 생산자서비스(ICT)부문은 1995~2000년에 최대치인 약 31조 원에 이르렀지만, 이후에는 지속적으로 감소하는 추세를 보였다.

〈표 6－6〉 기간별 총산출 증가액

(단위: 십억 원)

구분	1990-2014	1990-1995	1995-2000	2000-2005	2005-2010	2010-2014
1. 농림어업광업	37,636	11,105	5,746	5,321	10,464	5,000
2. 제조업	1,657,742	188,994	247,226	320,555	669,049	231,918
고기술(ICT)	252,559	29,548	63,537	33,533	116,363	9,578
고기술(비ICT)	44,329	4,955	3,967	12,559	12,919	9,929
고－중기술	591,432	71,775	76,593	126,498	226,302	90,265
저－중기술	538,846	53,042	66,342	130,200	220,058	69,204
저기술	230,575	29,674	36,787	17,766	93,407	52,941
3. 전기가스수도건설업	287,774	48,193	34,974	69,114	85,690	49,804
4. 서비스업	1,379,423	173,692	265,250	284,839	415,357	240,285
생산자서비스(ICT)	114,663	15,626	31,913	26,080	22,822	18,223
생산자서비스(비ICT)	453,791	66,180	93,523	72,551	141,614	79,923
개인서비스	102,648	3,513	34,135	15,581	30,179	19,240
유통서비스	329,061	39,672	37,853	63,963	143,545	44,028
사회서비스	379,260	48,701	67,827	106,665	77,197	78,870
합계	3,362,575	421,984	553,196	679,829	1,180,561	527,006

〈표 6－7〉은 1990～1995년의 구성부문별 성장기여도를 나타내고 있다. 국내 최종재수요에 대한 성장기여도는 저－중기술, 유통서비스, 생산자서비스(비ICT), 고－중기술, 고기술(ICT)부문 순으로 타 산업에 비해 높은 것으로 나타났다. 고기술(ICT)부문은 약 39.1%로 추정되었으며, 생산자서비스(ICT)는 71.1%로 서비스업 전체와 비교하여 상대적으로 낮은 수준이었다. 수출수요는 고기술(ICT)이 가장 높았으며, 그 다음으로는 고－중기술, 유통서비스, 저기술, 저－중기술 순으로 높게 나타났으며 제조업 위주의 수출수요가 성장에 크게 기여한 것으로 나타났다. 생산자서비스(ICT) 부문은 수출수요 기여도가 4.0%로 현저히 낮은 수준인 것으로 나타났다. 최종재수입대체의 경우에는 고－중기술, 농림어업광업, 고기술(ICT), 개인서비스, 생산자서비스(비ICT) 부문 순으로 타 산업에 비해 높게 나타났다. ICT관련 산업은 고기술(ICT)부문은 12.7%, 생산자서비스부문(ICT)은 23.8%로 최종재수입대체의

성장기여도를 나타냈다. 제조업의 중간재수입대체에 대한 성장기여도는 고기술(ICT)부문을 제외하고는 모두 음(-)의 성장기여도를 갖는 것으로 나타났다. 특히 생산자서비스(ICT)부문에서 -0.2%를 갖는 것으로 나타났는데 이는 수입 중간재의 투입이 증가했음을 의미한다. 기술변화의 성장기여도를 살펴보면, 제조업의 성장기여도가 음(-)의 값을 갖는 것으로 나타났고, 이는 제조업이 총산출액에 음(-)의 영향을 미치는 산업이었음을 의미한다. 특히 동 기간 동안의 고기술(ICT)부문은 -1.0%이고, 생산자서비스(ICT)는 양(+)의 성장기여도를 보였지만 1.6%로 다소 미미한 수준이었다.

〈표 6－7〉 1990～1995년 구성부문별 성장기여도

구분	국내최종 수요	수출수요	최종재 수입대체	중간재 수입대체	기술 변화
1. 농림어업광업	63.5%	2.8%	45.1%	-2.8%	-8.6%
2. 제조업	244.4%	14.8%	-156.2%	-1.1%	-1.9%
고기술(ICT)	39.1%	48.5%	12.7%	0.6%	-1.0%
고기술(비ICT)	61.6%	8.4%	36.9%	-3.8%	-3.2%
고－중기술	54.9%	17.7%	28.4%	0.0%	-0.9%
저－중기술	555.4%	8.1%	-461.8%	-1.0%	-0.7%
저기술	64.6%	8.7%	36.1%	-3.6%	-5.7%
3. 전기가스수도건설업	107.4%	1.9%	-7.1%	-0.3%	-1.9%
4. 서비스업	78.4%	6.0%	15.5%	-0.7%	0.9%
생산자서비스(ICT)	71.1%	4.0%	23.8%	-0.5%	1.6%
생산자서비스(비ICT)	73.8%	3.2%	18.6%	-0.7%	5.1%
개인서비스	57.7%	8.0%	35.7%	-5.0%	3.7%
유통서비스	89.9%	12.2%	5.0%	-0.9%	-6.2%
사회서비스	81.5%	5.6%	13.8%	0.1%	-0.9%

〈표 6－8〉에서 1995～2000년의 구성부문별 국내 최종재수요의 성장기여도를 살펴보면, 고기술(ICT), 생산자서비스(ICT), 개인서비스, 사회서비스를 제외하고는 모두 음(-)의 성장기여도를 갖는 것으로 나타냈다. 수출수요는 고기술(ICT), 전기가스수도건설, 생산자서비스(비ICT), 유통서비스를 제외한 대부분의 제조업과 여타 산업

부문들은 음(-)의 성장기여도를 갖는 것으로 나타났다. 이러한 이유는 1998년 외환위기의 여파로 경제성장이 둔화되어 대부분의 국내 산업들의 생산성이 경제성장에 미치는 기여도가 상당히 낮았음을 의미한다. 최종재수입대체는 고기술(ICT), 전기가스수도건설, 생산자서비스(비ICT), 유통서비스 등은 최종재 수입품이 크게 증가한 산업이었음을 나타낸 반면, 농림어업광업, 그 외의 제조업, 생산자서비스(ICT) 및 개인서비스 부문은 최종재 수입품이 국산 최종재로 대체되어 총산출 증가에 양(+)의 영향을 미치는 산업이었음을 보여준다. 중간재수입대체의 성장기여도의 경우에는 고기술(ICT), 전기가스수도건설, 생산자서비스(ICT), 생산자서비스(비ICT), 개인서비스, 유통서비스 등은 양(+)의 성장기여도를 나타내는 반면, 그 외의 산업들은 모두 음(-)의 성장기여도를 갖는 것으로 나타났다. 기술변화에 따른 총산출액 성장은고기술(ICT) 13.8%이고, 생산자서비스(ICT)는 63.7%로 총산출액의 변화에 상대적으로 양(+)의 영향을 미치는 산업이었음을 보여주고 있다.

〈표 6－8〉 1995～2000년 구성부문별 성장기여도

구분	국내최종 수요	수출수요	최종재 수입대체	중간재 수입대체	기술 변화
1. 농림어업광업	-7.9%	-3.8%	119.8%	-0.5%	-7.5%
2. 제조업	-165.9%	-139.3%	412.9%	-4.0%	-3.7%
고기술(ICT)	50.6%	86.9%	-46.0%	-5.3%	13.8%
고기술(비ICT)	-67.4%	-85.6%	309.6%	7.5%	-64.1%
고－중기술	-73.8%	-156.5%	344.9%	-11.6%	-3.0%
저－중기술	-102.6%	-38.2%	244.4%	-2.2%	-1.3%
저기술	-99.6%	-47.1%	230.8%	-3.9%	19.8%
3. 전기가스수도건설업	-3236.1%	-189.7%	3413.4%	-6.6%	119.1%
4. 서비스업	556.8%	76.0%	-561.7%	-5.2%	34.2%
생산자서비스(ICT)	631.4%	40.2%	-639.1%	3.8%	63.7%
생산자서비스(비ICT)	-2219.1%	-215.1%	2596.2%	42.5%	-104.5%
개인서비스	143.9%	14.0%	-82.7%	0.4%	24.4%
유통서비스	-497.2%	-447.8%	1093.4%	26.5%	-74.9%
사회서비스	234.0%	7.1%	-139.8%	1.3%	-2.7%

〈표 6－9〉는 2000～2005년의 구성부문별 성장기여도를 나타낸다. 국내 최종재수요에 따른 성장기여도는 저기술, 개인서비스, 전기가스수도건설업, 생산자서비스(비ICT), 생산자서비스(ICT) 순으로 높게 나타났다. 고기술(ICT)의 산업은 분석기간 동안 국내 최종재수요가 총산출에 미치는 음(-) 영향을 미치는 것으로 나타났다. 수출수요의 성장기여도는 고기술(ICT), 고-중기술, 저-중기술, 고기술(비ICT), 유통서비스부문 순으로 높게 나타났고, 동 기간 동안 제조업부문의 수출수요가 총산출증가에 크게 기여한 것으로 풀이된다. 최종재 수입대체의 성장기여도는 고기술(ICT)과 생산자서비스(ICT)가 각각 3.4%, 0.6%였고, 중간재 수입대체의 성장기여도는 고기술(ICT)과 생산자서비스(ICT)가 각각 2.8%, 1.0%로 추정되었다. 이러한 결과는 ICT관련 산업에서 최종재 수입품이 국산 최종재로 대체되어 총산출 증가에 미치는 영향은 다소 낮은 수준이지만, 양(+)의 영향을 미치는 산업 활동이 이루어진 것으로 보

〈표 6－9〉 2000～2005년 구성부문별 성장기여도

구분	국내최종 수요	수출수요	최종재 수입대체	중간재 수입대체	기술 변화
1. 농림어업광업	70.8%	1.3%	-1.6%	-5.0%	34.4%
2. 제조업	29.6%	53.2%	2.8%	2.8%	11.5%
고기술(ICT)	-21.3%	108.5%	3.4%	2.8%	6.6%
고기술(비ICT)	49.5%	32.6%	8.6%	-4.0%	13.2%
고－중기술	24.5%	65.9%	2.9%	1.6%	5.1%
저－중기술	28.2%	40.7%	3.7%	3.6%	23.9%
저기술	202.8%	-77.3%	-14.0%	15.7%	-27.3%
3. 전기가스수도건설업	93.3%	4.1%	0.3%	0.2%	2.2%
4. 서비스업	88.1%	9.9%	-1.2%	1.3%	1.9%
생산자서비스(ICT)	92.5%	9.0%	0.6%	1.0%	-3.1%
생산자서비스(비ICT)	101.3%	16.9%	-3.2%	-1.3%	-13.7%
개인서비스	127.7%	-8.4%	7.9%	18.1%	-45.3%
유통서비스	42.2%	20.9%	-1.6%	1.6%	36.8%
사회서비스	98.3%	1.8%	-1.2%	0.9%	0.2%

인다. 기술변화에 따른 총산출액 성장은 고기술(ICT)은 6.6%로 양(+)의 기여도를 나타낸 반면, 생산자서비스(ICT)는 -3.1%로 음(-)의 기여도를 갖는 것으로 나타났다.

〈표 6－10〉의 2005～2010년의 구성부문별 국내최종수요에 대한 성장기여도를 살펴보면, 사회서비스, 전기가스수도건설, 개인서비스, 생산자서비스(비ICT), 고기술(ICT)부문 순으로 높게 나타나 상대적으로 서비스부문의 국내최종수요에 따른 총산출액 증가에 미치는 영향이 크게 증가한 것으로 보인다. 고기술(ICT)부문과 생산자서비스는 각각 10.6%, 42.5%로 분석되었고, 이는 ICT관련 산업은 국내 최종수요에 따른 총산출 증가에 양(+)의 영향을 미치는 산업임을 나타낸다. 수출수요의 경우에는 모든 산업이 양(+)의 기여도를 나타내고 있어 수출증가가 성장에 높게 기여한 것으로 나타났다. ICT관련 산업의 수출수요의 성장기여도는 고기술(ICT)부문은 68.2%이고, 생산자서비스(ICT)부문은 21.4%로 추정되었다. 최종재수입대체는 사회서비스를 제외하고는 모든 산업이 음(-)의 성장기여도를 갖는 것으로 분석되었다. 특히, 고기술(ICT)부문은 -4.1%, 생산자서비스(ICT)부문은 -4.7%로 최종재 수입품의 증가가 총산출 증가에 음(-)의 영향을 미친 것으로 나타났다. 중간재수입대체의 성장기여도는 고기술(ICT), 개인서비스 및 사회서비스를 제외하고는 모든 산업이 음(-)의 성장기여도를 나타내고 있다. 고기술(ICT)부문은 10.9%로 중간재 수입품이 국산품으로 대체된 반면, 생산자서비스(ICT)는 -3.2%는 중간재 수입품의 증가가 총산출 증가에 음(-)의 영향을 미친 것으로 보인다. 기술변화에 따른 성장기여도는 사회서비스부문을 제외하고는 모든 산업이 양(+)의 기여도를 갖는 것으로 나타나 전반적으로 기술변화가 총산출 증가에 미치는 영향이 상당히 높은 것으로 평가된다. 고기술(ICT)부문은 14.4%로 상대적으로 다소 낮은 수준이지만, 생산자서비스(ICT)부문은 44.0%로 추정되어 타 산업에 비해 높은 수준인 것으로 나타났다.

〈표 6-10〉 2005~2010년 구성부문별 성장기여도

구분	국내최종 수요	수출수요	최종재 수입대체	중간재 수입대체	기술 변화
1. 농림어업광업	21.1%	6.0%	-4.0%	-4.3%	81.1%
2. 제조업	21.1%	47.3%	-3.6%	-1.6%	36.8%
고기술(ICT)	10.6%	68.2%	-4.1%	10.9%	14.4%
고기술(비ICT)	49.2%	40.5%	-6.9%	-6.4%	23.7%
고-중기술	21.6%	59.6%	-4.6%	-2.2%	25.5%
저-중기술	18.7%	38.9%	-1.2%	-4.9%	48.5%
저기술	32.3%	22.7%	-6.6%	-2.8%	54.3%
3. 전기가스수도건설업	66.8%	10.5%	-0.8%	-0.5%	24.0%
4. 서비스업	61.5%	17.7%	-1.3%	-1.4%	23.5%
생산자서비스(ICT)	42.5%	21.4%	-4.7%	-3.2%	44.0%
생산자서비스(비ICT)	59.7%	15.4%	-1.1%	-3.6%	29.7%
개인서비스	65.6%	17.7%	-8.2%	1.6%	23.4%
유통서비스	33.3%	25.8%	-1.3%	-0.1%	42.2%
사회서비스	131.3%	3.7%	2.6%	0.2%	-37.8%

〈표 6-11〉의 2010~2014년의 구성부문별 성장기여도를 살펴보면, 국내 최종재 수요에 따른 성장기여도는 농림어업광업을 제외하고 모든 산업에서 양(+)의 기여도를 나타내고 있다. 고기술(ICT)부문은 다소 낮은 편으로 21.1%로 추정되었고, 생산자서비스(ICT)는 77.6%로 다소 높은 수준으로 추정되었다. 수출수요에 따른 성장기여도 또한 농림어업광업을 제외하고 모든 산업에서 양(+)의 기여도를 나타내고 있어 대부분의 산업에서 수출증가가 총산출 증가에 미치는 영향이 큰 것으로 보인다. ICT 관련 산업에서는 고기술(ICT)부문과 생산자서비스(ICT)부문은 각각 55.2%, 37.3%로 추정되었다. 최종재수입대체의 경우에도 농림어업광업을 제외하고는 모두 음(-)의 성장기여도를 나타내고 있어 대부분의 산업의 최종재 수입품의 증가가 크게 증가하여 총산출 성장에 음(-)의 영향을 미친 것으로 나타났다. 고기술(ICT)부문은 -0.2%이고, 생산자서비스(ICT)부문은 2.0%로 추정되었다. 중간재수입대체의 성장기여도는 농

림어업광업, 고기술(ICT), 저기술, 생산자서비스(ICT)부문에서만 음(-)의 기여도를 갖는 것으로 나타났다. 특히, 고기술(ICT)과 생산자서비스(ICT)부문은 각각 -37.7%, -1.2%로 추정되어 ICT관련 산업의 중간재 수입품의 증가로 총산출 증가에 음(-)의 영향을 미친 것으로 보인다. 기술변화의 경우에는 제조업 부문에서는 고기술(ICT) 부문, 서비스부문에서는 개인서비스 및 사회서비스 부문에서만 양(+)의 기여도를 갖는 것으로 나타났다. ICT관련 산업의 기술변화에 따른 성장기여도는 고기술(ICT)부문은 61.6%이고, 생산자서비스(ICT)부문은 -15.7%로 추정되었다.

〈표 6－11〉 2010～2014년 구성부문별 성장기여도

구분	국내최종 수요	수출수요	최종재 수입대체	중간재 수입대체	기술 변화
1. 농림어업광업	-98.6%	-39.0%	54.3%	-72.5%	255.7%
2. 제조업	50.0%	85.5%	-26.7%	7.0%	-15.8%
고기술(ICT)	21.1%	55.2%	-0.2%	-37.7%	61.6%
고기술(비ICT)	55.8%	72.2%	-12.1%	16.5%	-32.4%
고－중기술	31.0%	104.9%	-10.7%	8.8%	-33.9%
저－중기술	92.3%	113.4%	-76.0%	23.6%	-53.3%
저기술	42.5%	42.6%	-10.6%	-0.2%	25.6%
3. 전기가스수도건설업	60.1%	11.6%	-4.7%	1.7%	31.3%
4. 서비스업	81.7%	21.7%	-1.8%	2.2%	-3.9%
생산자서비스(ICT)	77.6%	37.3%	2.0%	-1.2%	-15.7%
생산자서비스(비ICT)	79.6%	24.5%	-0.4%	0.9%	-4.5%
개인서비스	59.2%	24.9%	-0.3%	3.6%	12.5%
유통서비스	82.2%	46.1%	-10.8%	9.6%	-27.0%
사회서비스	90.2%	3.3%	-0.3%	0.7%	6.1%

제3절 소 결

본 장에서는 ICT부문의 산업구조 변화를 구체적으로 파악하고, ICT 중장기 발전계획 수립과 예측 및 산업구조정책방향을 도모하기 위해 ICT부문 장기시계열 산업연관표를 구축하고 이를 활용한 산업연관분석을 수행하였다. 본 연구에서는 ICT산업구조에 중점을 두고 기술파급효과 분석과 구조분해분석을 이용하여 분석에 활용하였다.

우선 기술파급효과 분석 결과를 요약하면 다음과 같다. R&D 기술집약도, 직・간접파급효과 및 직접파급효과는 제조업, 그 중에서도 고기술(ICT) 부문이 가장 큰 것으로 나타났지만 간접파급효과는 전기가스수도건설부문업이 가장 높은 것으로 나타났다. 또한, 전체산업에 걸쳐 전반적으로 간접파급효과가 직접파급효과에 비해 높은 것으로 나타났고, 고기술 부문(ICT), 고기술 부문(비ICT), 생산자서비스 부문(ICT), 사회서비스 부문이 격차가 큰 것으로 나타났다. 이들 산업들은 타 산업으로부터 이전되거나 이전하는 R&D활동에 대한 확산효과가 높음을 의미하고 있으며, 높은 기술파급효과 창출을 위해서는 산업 간 상호의존을 기반으로 이루어져야 함을 의미한다.

또한, 본 장에서 수행한 산업연관 구조분해분석 결과에 따르면, 1990～2014년 전체 산출액 증가치는 고－중기술 부문, 저－중기술 부문, 생산자서비스 부문(비ICT), 사회서비스 부문, 유통서비스 부문 순으로 높았으며, ICT관련 부문에서는 고기술(ICT) 부문은 약 252조 원이며, 생산자서비스 부문(ICT)는 약 114조 원에 이르는 것으로 나타났다. 특히, 수출수요의 성장기여도는 고기술(ICT)을 포함한 모든 제조업에서 양(+)의 기여도를 나타내고 있고 2010～2014년을 제외하고는 고기술(ICT) 부문의 수출증가가 총산출 증가에 크게 기여한 것으로 나타났다.

위 두 가지 분석 결과를 종합해봤을 때, 국내 ICT제조업의 수출 증가는 국내 총산출 증가에 크게 기여하고 있으며 R&D 직접파급효과와 간접파급효과 모두 큰 것으로 나타났다. 이 때, ICT제조업 R&D의 간접파급효과가 직접파급효과보다 큰 것으로 나타났는데 이는 ICT제조업 수출이 국내 경제성장에 큰 기여를 할 수 있었던 이유는 절대적인 파급효과가 컸을 뿐만 아니라 타 산업으로부터 이전되거나 이전하는 R&D 활동에 대한 확산효과가 높았었기 때문으로 판단된다.

제 7 장 주요 국가 간 ICT산업 정책효과 분석

본 장에서는 ICT산업의 정책 효과를 파악하기 위해 한국, 중국, 일본, 대만 및 미국의 5국가 간 ICT산업 연산일반균형모형을 개발하고, ICT 투자지출이 각국의 부가가치에 미치는 단기 영향을 수요 및 공급 효과로 구분하여 추정하고, 각 국가가 우리나라 ICT 중간재 수입을 규제할 경우 규제 국가와 우리나라의 ICT산업의 성장세가 얼마나 차별화되는 지를 검토하고자 한다. 5국가 ICT산업 연산일반균형모형은 5개 국가별 전기전자산업, 통신 산업, 1차 산업, 2차 산업 및 3차 산업 등 5개 산업 생산자, 단일 소비자, 단일 정부 등 35개의 경제 주체 간 수요와 공급 행위를 계량화한 일반균형모형이라고 볼 수 있다. 25개 재화시장, 5개 노동시장 및 5개 자본시장의 균형 조건을 이용하여 시장 가격을 도출하며, 자본 저량과 투자 유량 간 관계를 통해서 산업 정책의 단기 및 장기 효과도 측정할 수 있다. 다만 본 장에서는 산업별 자본 스톡 자료의 한계로 인하여 국가별 ICT 투자지출 효과를 단기적으로 분석하되 이를 수요 측면과 공급 측면으로 분류하여 정책 효과를 평가하였다. 한편 이러한 연산일반균형모형을 개발하기 위해서는 일반적으로 사회계정행렬이 구축되어야 하며, 본 장에서는 기본적으로 국제투입산출자료(World Input Output Database; WIOD)에서 제공하는 국제산업연관표(World Input Output Table; WIOT)와 사회경제계정(Socio Economic Accounts; SEA) 등을 활용하여 5국가 ICT산업 사회계정행렬을 구축하였다. 본 연구를 통해 구축된 5국가 ICT산업 연산일반균형모형을 통해서 5개 국가의 ICT산업 정책이 국가 간 상호작용을 통해 직・간접적으로 각국 경제에 미치는 영향을 분석할 수 있을 것으로 판단된다. 따라서 본 연구는 ICT산업 정책의 효과를 비교・평가하는 도구로써 ICT산업 정책의 사전적 평가 기능을 수행할 것으로 기대된다.

제 1 절 5국가 ICT산업 연산일반균형모형

1. 5국가 ICT산업 연산일반균형모형 구조

본 연구에서 구축하는 5국가 ICT산업 연산일반균형모형은 경제주체의 합리적인 경제행위를 가정하는 신고전주의 모형이다. 모형의 기준 연도는 자료의 가용성을 고려하여 2011년으로 설정하였으며, 경제주체를 5개국(한국, 중국, 일본, 대만, 미국)의 생산자, 가계 및 정부와 해외로 구분하였다. 개별 경제주체의 이윤극대화 행위를 통해 얻어진 결과가 시장청산(거시경제 규칙)을 만족시켜야 한다는 조건을 설정함으로써 연산일반균형모형의 기본구조가 구성된다.

연산일반균형모형의 기본구조를 설정하기 위해 선행된 작업은 산업부문의 정의 및 분류이다. 본 연구의 사회계정행렬 작성에 활용되는 산업연관표는 국제산업연관표(World Input Output Table; WIOT)로 '41(개국) × 35(산업)'차원의 정방행렬이다. 우선 대상 국가는 ICT산업의 선도국가인 한국, 중국, 일본, 대만, 미국 및 기타국가로 구성하였다. 산업분류의 경우, 산업의 수가 많을수록 ICT산업 정책의 영향을 분석하는데 효과적이지만, 최적해 도출이 어려워진다는 단점이 있다. 이에 본 연구에서는 ICT산업과 관련한 산업으로 정의된 전기전자산업(Electrical and Optical Equipment) 및 통신업(Post and Telecommunications)을 비롯하여 1차 산업(농림어업), 2차 산업(제조업) 및 3차 산업(서비스업)과 같이 5개로 재구성하였다(〈표 7－1〉).[47]

47) 이전 용역에서는 ICT 관련 산업을 전기전자, 통신업, 사업서비스업으로 분류하였다. 그러나 사업서비스업의 경우 사업의 성격이 모호하거나 분류기준이 중복될 가능성이 많아 본 연구에서는 제외하였다.

〈표 7－1〉 5국가 ICT산업 연산일반균형모형 산업 분류

	전기 전자	통신업	1차산업	2차산업 (제조업)	3차산업 (서비스업)
Agriculture, Hunting, Forestry and Fishing			■		
Mining and Quarrying			■		
Food, Beverages and Tobacco			■		
Textiles and Textile Products				■	
Leather, Leather and Footwear				■	
Wood and Products of Wood and Cork				■	
Pulp, Paper, Paper , Printing and Publishing				■	
Coke, Refined Petroleum and Nuclear Fuel				■	
Chemicals and Chemical Products				■	
Rubber and Plastics				■	
Other Non-Metallic Mineral				■	
Basic Metals and Fabricated Metal				■	
Machinery, Nec				■	
Electrical and Optical Equipment	■				
Transport Equipment				■	
Manufacturing, Nec; Recycling				■	
Electricity, Gas and Water Supply					■
Construction					■
Sale, Maintenance and Repair of Motor Vehicles and Motorcycles; Retail Sale of Fuel					■
Wholesale Trade and Commission Trade, Except of Motor Vehicles and Motorcycles					■
Retail Trade, Except of Motor Vehicles and Motorcycles; Repair of Household Goods					■
Hotels and Restaurants					■
Inland Transport					■
Water Transport					■
Air Transport					■
Other Supporting and Auxiliary Transport Activities; Activities of Travel Agencies					■
Post and Telecommunications		■			
Financial Intermediation					■

	전기 전자	통신업	1차산업	2차산업 (제조업)	3차산업 (서비스업)
Real Estate Activities					
Renting of M&Eq and Other Business Activities					
Public Admin and Defence; Compulsory Social Security					
Education					
Health and Social Work					
Other Community, Social and Personal Services					
Private Households with Employed Persons					

가. 생산 구조

한 국가(n)의 특정 산업(i)의 생산재(X_{ni})는 본원적 생산요소에 의해 생산되는 복합생산요소와 국내재와 수입재로 구성된 복합중간재들의 투입물을 사용하여 생산된다. 생산재는 국가별 · 산업별 생산재는 소비자와 정부에게는 최종소비재로, 생산부문에서는 중간재로 사용되며, 그 생산과정은 다음과 같다. 우선 노동(L_{ni}) 과 자본(K_{ni})이라는 생산요소가 콥-더글라스 생산함수를 이용하여 부가가치(VA_{ni})로 변환된다(식 3-1, 3-2). 이 때, 부가가치를 생산하는데 투입되는 노동의 수요방정식과 자본의 수요방정식은 주어진 기술 하에서 비용을 최소화하기 위한 1계 필요조건으로부터 도출된다(식 3-3, 3-4). 노동과 자본에 의해 생산된 부가가치는 고정계수 생산방식인 레온티에프 생산함수를 통해 복합된 중간재와 연결된다. 중간재의 결합을 나타내는 레온티에프 생산함수를 수식으로 나타내면 식(3-5)와 같다. 복합중간재는 국내재와 수입재의 CES 함수 집계된다. 이상의 관계들은 연산일반균형모형에서 일반적으로 널리 사용되고 있는 함수를 설정한 것이다(김충실, 2005).

$$VA_{ni} = vac_{ni} \cdot (L_{ni}^{val_{ni}} + K_{ni}^{vak_{ni}}) \quad \text{(식 7-1)}$$

$$val_{ni} + vak_{ni} = 1 \quad \text{(식 7-2)}$$

$$PL_{ni} \cdot L_{ni} = val_{ni} \cdot PVA_{ni} \cdot VA_{ni} \quad \text{(식 7-3)}$$

$$PK_{ni} \cdot K_{ni} = (1 - val_{ni}) \cdot PVA_{ni} \cdot VA_{ni} \quad \text{(식 7-4)}$$

$$X_{nj} = VA_{nj} + Min[\frac{IO_{n1j}}{io_{n1j}}, \frac{IO_{n2j}}{io_{n2j}}, ..., \frac{IO_{nij}}{io_{nij}}] \quad (식\ 7\text{-}5)$$

이 때, VA_{ni}: n국가 i산업의 부가가치

L_{ni}: n국가 i산업의 노동 투입량

K_{ni}: n국가 i산업의 자본 스톡

PL_{ni}: n국가 i산업의 임금

PK_{ni}: n국가 i산업의 자본재 가격

PVA_{ni}: n국가 i산업의 부가가치 가격

X_{ni}: n국가 i산업의 생산재

IO_{nij}: n국가 i산업에서 j산업으로의 중간재 투입량

v_{ni}: n국가 i산업의 부가가치 계수

io_{nij}: n국가 i산업에서 j산업으로의 투입산출계수

각 국가의 각 산업 부문은 단일 재화만 생산하는 것으로 가정한다. 국내시장에서 거래되는 재화는 해외에서 생산되어 국내로 수입되는 수입재와 국내에서 생산되어 국내에서 소비되는 국내재로 이루어지고, 이 때 두 재화는 품질이 서로 다른 불완전 대체 관계를 이루고 있다고 가정한다. 생산에서도 국내공급재와 수출재는 불완전 대체재이다. 국내생산자가 공급하는 재화는 국내시장에서 소비되거나 수출된다.

나. 수출입 구조

국내재와 수입재는 국내의 재화시장에서 거래가 이루어진다. 국내재와 수입재는 시점, 품질, 거리 등의 이유로 인해 불완전 대체 관계를 가진다. 따라서 CES 함수를 사용하여 개별 산업에서 생산된 재화를 최종생산물로 복합해야 한다. 이 때, 불변전환탄력성(Constant Elasticity of Transformation; CET) 함수에 의해 최종생산물은 해외시장으로 수출 또는 국내시장에서 나뉘어 거래된다. 국내재와 복합재의 생산 및 배분구조를 살펴보면 〔그림 3－4〕와 같다. 해외시장의 수출수요는 세계시장 가격이라는 외생 요소에 무한탄력적인 것으로 가정한다. 국내재와 수입재가 CES 함수에

따라 복합된 재화(복합재)의 국내수요는 가계소비, 정부소비, 투자 및 중간재 수요 등을 합한 것으로 정의된다(김의준, 2000).

수입과 수출은 소규모 개방 경제를 가정하며, 따라서 한국, 중국, 일본, 대만 및 미국은 가격 순응자(price-taker)의 역할을 하게 된다. 언급한 바와 같이, 해외에서 수입되는 수입재(IM_{ni})와 국내에서 생산되어 국내에서 소비되는 국내재(XD_{ni})는 소비에 면에서 불완전 대체재인 것으로 가정한다. 따라서 수입 재화의 규모는 수입재와 국내재 사이의 불완전 대체를 반영할 수 있는 아밍턴(Armington) 함수를 이용한다. 총수요량(Q_{ni})이 주어지고 수입재와 국내재의 상대가격이 주어질 경우, 소비자는 총비용을 최소화시킬 수 있는 비율로 수입재와 국내재를 구매한다. 즉, 수입 재화의 규모는 소비자의 비용 최소화 조건에 의해 결정되며, 이는 외생적으로 결정된 수입재와 국내재 사이의 상대가격, 국내재화 수요량, 대체탄력성에 영향을 받는다. 수출규모를 추정하는 데 있어서는 국내재(XD_{ni})와 수출재(EX_{ni})로 구성된 CET(constant elasticity of transformation) 함수를 이용한다. 국내에 공급되는 생산량(X_{ni})이 주어질 경우, 수출규모는 생산자의 이윤극대화 조건에 따라 국내재 수요량, 수출재와 국내재의 상대가격으로 결정된다(김의준, 2000).

$$Min \;\; PM_{ni} \cdot IM_{ni} + PD_{ni} \cdot XD_{ni}$$

$$s.t. \;\; Q_{ni} = AC_{ni} \cdot (\delta_{ni} \cdot IM_{ni}^{-\rho c_{ni}} + (1-\delta_{ni}) \cdot XD_{ni}^{-\rho c_{ni}})^{-\frac{1}{\rho c_{ni}}} \qquad \text{(식 7-6)}$$

$$\Rightarrow \frac{IM_{ni}}{XD_{ni}} = (\frac{\delta_{ni}}{1-\delta_{ni}} \cdot \frac{PD_{ni}}{PM_{ni}})^{\frac{1}{1+\rho c_{ni}}} \qquad \text{(식 7-7)}$$

$$Max \;\; PE_{ni} \cdot EX_{ni} + PD_{ni} \cdot XD_{ni}$$

$$s.t. \;\; X_{ni} = AT_{ni} \cdot (\gamma_{ni} \cdot EX_{ni}^{\rho t_{ni}} + (1-\gamma_{ni}) \cdot XD_{ni}^{\rho t_{ni}})^{\frac{1}{\rho t_{ni}}} \qquad \text{(식 7-8)}$$

$$\Rightarrow \frac{EX_{i}}{XD_{i}} = (\frac{1-\gamma_{i}}{\gamma_{i}} \cdot \frac{PE_{i}}{PD_{i}})^{\frac{1}{\rho t_{i}-1}} \qquad \text{(식 7-9)}$$

이 때, PM_{ni}: n국가 i산업의 수입재 가격

PD_{ni}: n국가 i산업의 국내재 가격

IM_{ni}: n국가 i산업의 수입량

XD_{ni}: n국가 i산업의 생산재의 국내 수요량

Q_{ni}: n국가 i산업의 총수요량

PE_{ni}: n국가 i산업의 수출 가격

EX_{ni}: n국가 i산업의 수출량

X_{ni}: n국가 i산업의 국내 생산량

다. 노동시장

각국의 노동시장에서는 노동수요(LD_n)와 노동공급(LS_n)의 균형조건에 따라 고용수준, 임금(WA_n) 등이 결정된다. 임금 수준의 변화는 생산 비용에 영향을 주는 한편, 고용량의 변화는 생산량에 영향을 미친다. 임금, 노동수요와 노동공급 사이의 관계는 거시모형 완결규칙(closure rule)에 따라 달라진다. 노동수요는 생산자의 이윤극대화 조건에 의해 내생적으로 결정된다. 실질 임금은 노동수요와 노동공급 사이의 균형을 유지시키는 수준에서 결정된다.

$$WA_n \cdot wdist_{ni} \cdot L_{ni} = PVA_{ni} \cdot VA_{ni} \cdot val \quad \text{(식 7-10)}$$

$$LD_n (= \sum_i L_{ni}) = LS_n \quad \text{(식 7-11)}$$

이 때, WA_n: n국가의 평균임금률

PVA_{ni}: n국가 i산업의 부가가치 가격

LD_n: n국가의 노동 수요

LS_n: n국가의 노동 공급

$wdist_{ni}$: n국가 i산업의 임금조정분배지수

라. 재화시장

재화시장의 수요와 공급간 균형 조건을 만족시키기 위해서 국가별 · 산업별 재화의 총수요(Q_{ni})는 중간 수요(INT_{ni}), 민간 소비 지출(PC_{ni}), 정부 소비 지출(GC_{ni}), 총투자($TINVD_n$) 및 재고($STDK_{ni}$)의 합과 동일해야 한다. 중간 수요는 2011년 세계산업연관표의 투입 계수(io_{nij})에 생산액을 곱하여 추산하며, 투자량($INVD_{ni}$)은 산업별로 일정한 비율로 투자된다고 가정하여 총투자액에서 산업별 비율(ivt_{ni})을 곱하여 산출한다(김의준, 2000).

$$Q_{ni} = INT_{ni} + PC_{ni} + GC_{ni} + INVD_{ni} + STDK_{ni} \quad \text{(식 7-12)}$$

$$INT_{ni} = \sum_j io_{nij} \cdot X_{ni} \quad \text{(식 7-13)}$$

$$INVD_{ni} = ivt_{ni} \cdot TINVD_n \quad \text{(식 7-14)}$$

이 때, Q_{ni}: n국가 i산업의 총수요량

INT_{ni}: n국가 i산업의 중간수요량

PC_{ni}: n국가 i산업의 민간소비지출

GC_{ni}: n국가 i산업의 정부소비지출

$INVD_{ni}$: n국가 i산업의 투자량

$TINVD_n$: n국가의 총투자량

$STDK_{ni}$: n국가 i산업의 재고량

io_{nij}: n국가 i산업에서 j산업으로의 투입산출계수

ivt_{ni}: n국가 i산업의 투자계수

마. 가계 부문

각 국가의 가계는 경제활동의 주체로서 소비(PC_{ni})를 하는 동시에 저축($HHSAV_n$)을 통해서 투자활동에도 간접적으로 영향을 미친다. 가계의 총소득(YH_n)은 노동소득($YHLAB_n$), 자본소득($YHCAP_n$) 및 정부의 가계보조금($YHSUB_n$)으로 구성된다. 가계부문의 노동소득은 산업별 임금 분배율, 산업별 노동수요와 국가별 평균임금률

에 의해 결정되며, 자본소득은 부가가치에서 노동소득과 감가상각액($DEPRECIA_{ni}$)을 제외한 값과 같다. 가계보조금은 정부부문에서 내생적으로 결정된다. 가계의 처분가능소득은 가계의 총소득 중에서 직접세를 납부하고 남은 금액이며 이를 가계의 한계저축성향과 곱하여 가계저축액을 산출할 수 있다. 가계 부문에서 가계총소득과 소비자 가격이 내생적으로 결정될 경우, 처분가능소득에서 저축을 제외한 소득에 재화별 가계의 민간소비분배계수($pcmt_{ni}$)를 곱하면 재화별 민간소비 지출액을 구할 수 있다. 가계부문의 효용함수는 콥-더글라스 함수의 형태로 가정하며, 이 때 효용함수는 사회적 후생을 나타내는 지표로 사용된다.

$$YH_n = YHLAB_n + YHCAP_n + YHSUB_n \quad \text{(식 7-15)}$$

$$YHLAB_n = \sum_i (WA_n \cdot L_{ni} \cdot wdist_{ni}) \quad \text{(식 7-16)}$$

$$YHCAP_n = \sum_i (PVA_{ni} \cdot XD_{ni} - WA_n \cdot L_{ni} \cdot wdist_{ni} - DEPRECIA_{ni}) \quad \text{(식 7-17)}$$

$$HHSAV_n = mps_n \cdot YH_n \cdot (1 - htax_n) \quad \text{(식 7-18)}$$

$$P_{ni} \cdot PC_{ni} = YH_n \cdot pcmt_{ni} - YTAX_n - YSAV_n \quad \text{(식 7-19)}$$

$$U_n = \prod_i CD_{ni}^{des_{ni}} \quad \text{(식 7-20)}$$

이 때, YH_n: n국가의 가계 총소득

$YHLAB_n$: n국가의 노동소득

$YHCAP_n$: n국가의 자본소득

$YHSUB_n$: n국가의 가계보조금

$DEPRECIA_{ni}$: n국가 i산업의 감가상각액

$HHSAV_n$: n국가의 가계저축

$TISUB_n$: n국가의 보조금 총액

U_n: n국가의 사회적 후생

mps_n: n국가의 한계 저축 성향

$htax_n$: n국가의 직접세율

P_{ni}: n국가 i산업의 수요자 가격

$pcmt_{ni}$: n국가 i산업의 민간소비분배계수

바. 정부 부문

각 국가의 정부수입(GR_n)은 산업부문으로부터의 간접세($TITAX_n$), 가계로부터의 직접세($HHTAX_n$), 해외부문으로부터의 관세($TARIFF_n$)로 이루어진다. 관세는 상품별 수입량, 관세율(tm_{ni}), 세계시장 수입가격(pwm_{ni}) 및 환율(ER_n)을 통해 산정할 수 있다. 직접세는 가계의 총소득에 직접세율($htax_n$)을 곱한 값이며, 간접세는 산업별 국내 생산액에 간접세율($itax_n$)을 곱한 값의 총합이다. 정부의 수입(GR_n)은 모두 지출되는 것으로 가정하므로 정부의 수입은 정부의 지출과 같다. 정부의 지출은 정부소비지출(GC_{ni}), 정부투자지출($GOVINV_n$), 정부저축($GOVSAV_n$) 및 정부보조금($GOVSUB_n$)으로 구성된다.

$$GR_n = TARIFF_n + TITAX_n + HHTAX_n \quad (식\ 7\text{-}21)$$

$$TARIFF_n = \sum_i tm_i \,.\, IM_{ni} \cdot pwm_{ni} \cdot ER_n \quad (식\ 7\text{-}22)$$

$$TITAX_n = \sum_i ax_{ni} \cdot PX_{ni} \cdot XD_{ni} \quad (식\ 7\text{-}23)$$

$$HHTAX_n = htax_n \cdot YH_n \quad (식\ 7\text{-}24)$$

$$GR_n = GCTOP_n + GOVSAV_n + GOVINV_n + GOVSUB_n \quad (식\ 7\text{-}25)$$

$$P_{ni} \cdot GC_{ni} = gles_{ni} \cdot GCTOT_n \quad (식\ 7\text{-}26)$$

이 때, GR_n: n국가의 정부 수입

$TARIFF_n$: n국가의 관세액

$TITAX_n$: n국가의 간접세액

$HHTAX_n$: n국가의 직접세액

ER_n: n국가의 환율

PX_n: n국가의 생산자 가격

$itax_{ni}$: n국가 i산업의 간접세율

$htax_n$: n국가의 직접세율

tm_{ni}: n국가 i산업의 관세율

pwm_{ni}: n국가 i산업의 수입가격

$GCTOT_n$: n국가의 총 정부소비지출

GC_{ni}: n국가 i산업의 정부소비지출

$GOVSAV_n$: n국가의 정부저축

$GOVINV_n$: n국가의 정부투자지출

$GOVSUB_n$: n국가의 정부보조금

$gles_{ni}$: n국가 i산업의 정부소비분배지수

사. 자본시장

자본시장의 총저축($SAVINGS_n$)은 가계저축($HHSAV_n$), 정부저축($GOVSAV_n$), 기업의 감가상각액($DEPRECIA_n$), 정부투자지출($GOVINV_n$) 및 해외저축($FSAV_n$)으로 구성된다. 가계부문의 저축과 기업의 감가상각액은 각각 가계부문과 생산부문에서 내생적으로 결정되며, 정부저축액과 해외저축은 외생적으로 주어진다. 이러한 저축액은 총투자와 산업부문별 재고액($STDK_{ni}$)의 총합과 동일하다. 감가상각액($DEPRICIA_n$)은 자본스톡, 자본재가격, 산업별 감가상각률($depr_{ni}$)에 의해 구해진다. 자본재가격은 가격부문에서 내생적으로 결정되며, 감가상각률은 모수로 사회계정행렬에 의해 정의된다. 해외의 투자재원조달인 해외저축은 수출액 총액과 수입액 총액의 차이인 경상수지 적자와 동일하다(김의준, 2000).

$$SAVINGS_n = HHSAV_n + GOVSAV_n + DEPRECIA_n + GOVINV_n + FSAV_n \cdot ER_n \quad \text{(식 7-27)}$$

$$SAVINGS_n = INVEST_n + \sum_i PK_{ni} \cdot STDK_{ni} \quad \text{(식 7-28)}$$

$$DEPRICIA_n = \sum_i depr_{ni} \cdot PK_{ni} \cdot K_{ni} \quad \text{(식 7-29)}$$

이 때, $SAVINGS_n$: n국가의 총 저축

$FSAV_n$: n국가의 해외 저축

$INVEST_n$: n국가의 총 투자

$STDK_{ni}$: n국가 i산업의 재고

PK_{ni}: n국가 i산업의 자본재 가격

$depr_{ni}$: n국가 i산업의 감가상각률

아. 가격 구조

연산일반균형모형에서 경제주체의 의사결정 행위는 재화의 상대가격 비율에 영향을 받기 때문에, 부문별로 어떻게 가격이 산정되는지를 아는 것이 중요하다. 가격은 재화 또는 생산요소의 수요－공급 사이의 균형을 유지 및 조정하는 역할을 담당한다. 가격 부문에서는 산업별 수출재・수입재 가격, 생산자 가격, 상품 및 소비재 가격 등이 내생적으로 결정되며, 모형 내에서의 가격은 상대가격을 의미한다.

수요자 가격(P_{ni})은 국내재 가격(PD_{ni})과 수입재 가격(PM_{ni})을 가중 평균함으로써 산정된다. 생산자 가격(PX_{ni})은 국내 공급액(PD_{ni} • XD_{ni})과 해외 수출액(PE_{ni} • EX_{ni})의 합을 총생산량(X_{ni})으로 나눈 값이다. 부가가치 가격(PVA_{ni})은 총 생산액에서 중간투입 비용을 제외한 후 부가가치로 나눈 값과 같다. 자본재 가격(PK_{ni})은 기준 연도의 투자행렬계수($imat_{ni}$)와 수요자 가격의 곱을 행으로 합함으로써 얻을 수 있으며, 투자행렬계수는 부문별 투자 수요가 점유하는 비율을 나타낸다. 소비자 물가지수(CPI_n)는 민간소비지출계수($pcmt_{ni}$)와 수요자 가격에 의해 결정된다. 즉, 부문별 수요자 가격의 가중평균을 한 값이다. 수입재 가격(PM_{ni})은 달러로 표시된 세계시장 수입재 가격(pwm_{ni})에 대미 환율(ER_n)과 관세율(tm_{ni})을 곱함으로써 산정된다. 수출재 가격(PE_{ni})은 세계시장 수출재 가격(pwe_{ni})과 환율에 의해 결정된다(김의준, 2000).

$$P_{ni} \cdot Q_{ni} = PD_{ni} \cdot XD_{ni} + PM_{ni} \cdot IM_{ni} \quad \text{(식 7-30)}$$

$$PX_{ni} \cdot X_{ni} = PD_{ni} \cdot XD_{ni} + PE_{ni} \cdot EX_{ni} \quad \text{(식 7-31)}$$

$$PVA_{ni} \cdot VA_{ni} = PX_{ni} \cdot X_{ni} - \sum_j io_{nji} \cdot X_{ni} \cdot P_{nj} \qquad \text{(식 7-32)}$$

$$PK_{ni} = \sum_j P_{nj} \cdot imat_{nji} \qquad \text{(식 7-33)}$$

$$CPI_n = \sum_i pcmt_{ni} \cdot P_{ni} \qquad \text{(식 7-34)}$$

$$PM_{ni} = pwm_{ni} \cdot (1 + tm_{ni}) \cdot ER_n \qquad \text{(식 7-35)}$$

$$PE_{ni} = pwe_{ni} \cdot ER_n \qquad \text{(식 7-36)}$$

이 때, P_{ni}: n국가 i산업의 수요자 가격

PD_{ni}: n국가 i산업의 국내재 가격

PX_{ni}: n국가 i산업의 생산자 가격

PK_{ni}: n국가 i산업의 자본재 가격

PVA_{ni}: n국가 i산업의 부가가치 가격

PM_{ni}: n국가 i산업의 수입재 가격

PE_{ni}: n국가 i산업의 수출재 가격

Q_{ni}: n국가 i산업의 총수요량

XD_{ni}: n국가 i산업의 국내 수요량

EX_{ni}: n국가 i산업의 수출량

IM_{ni}: n국가 i산업의 수입량

io_{nji}: n국가 j산업에서 i산업으로의 투입산출계수

$itax_{ni}$: n국가 i산업의 간접세율

$imat_{ni}$: n국가 i산업의 투자행렬계수

CPI_n: n국가의 소비자 물가지수

$pcmt_{ni}$: n국가 i산업의 민간소비지출 계수

ER_n: n국가의 환율

pwm_{ni}: n국가 i산업의 세계시장 수입가격

tm_{ni}: n국가 i산업의 관세율

pwe_{ni}: n국가 i산업의 세계시장 수출가격

본 모형에서 수식의 수는 812개이며, 외생변수로는 국가별 임금, 정부저축, 보조금, 해외 순저축, 국가별 산업별 재고, 수입재 및 수출재의 세계시장 가격 등이 있으며, 국가별 소비자 물가지수는 기준가격(numeraire)으로 설정되었다.

자. 모수

실증 모형을 개발하기 위해서는 행태 모수가 결정되어야 한다. 본 연구에서 개발하는 연산일반균형모형의 모수는 사회계정행렬과 시장균형조건에 의거하여 도출된다. 중간투입계수와 가계부문의 지출계수는 사회계정행렬의 투입계수와 평균지출계수와 같다. 부문별 투자비율은 사용부문별 투자를 총투자로 나누어 구할 수 있고, 가계의 소비분배율은 재화별 소비량을 가계의 총소비량으로 나누어 얻을 수 있다. 이와 같이 대부분의 모수들은 모형 내에서 사회계정행렬의 기준연도 자료들을 이용하여 구할 수 있다. 수입재와 국내재 간의 아밍턴 함수와 수출재와 국내재 간의 불변전환탄력성 함수의 효율성 계수와 분배 계수는 각 함수의 대체탄력성과 전환 탄력성 등이 결정되면 기준 연도의 자료를 이용하여 구할 수 있다(김의준, 2000). 수입재와 국내재의 대체탄력성, 수출재와 국내재의 전환탄력성은 추정되어야 하나, 본 연구에서는 기존의 연구결과를 이용하였다(〈표 7-2〉). 본 연구의 산업 분류와 일치하지 않는 경우에는 산업에 따라 가중 평균한 값을 사용하였다.

〈표 7-2〉 국가별 · 산업별 대체탄력성

국가	수입재와 국내재 간 대체탄력성 (CES)					수출재와 국내재 간 전환탄력성 (CET)					자료 출처
	전기전자	통신업	1차 산업	2차 산업	3차 산업	전기전자	통신업	1차 산업	2차 산업	3차 산업	
한국	0.630	1.940	0.210	1.845	1.940	0.677	0.850	1.840	1.513	2.863	정재호 (2008)
중국	2.800	1.900	2.295	3.400	1.990	3.800	2.800	4.311	4.867	3.100	Zhong (2014)

국가	수입재와 국내재 간 대체탄력성 (CES)					수출재와 국내재 간 전환탄력성 (CET)					자료 출처
	전기전자	통신업	1차 산업	2차 산업	3차 산업	전기전자	통신업	1차 산업	2차 산업	3차 산업	
일본	0.100	1.920	1.945	1.950	1.815	0.780	1.000	0.975	0.610	1.000	Tiwari et al. (2003)
대만	0.700	0.500	0.900	0.757	0.580	0.500	0.500	0.860	0.729	0.500	Yang (2001)
미국	4.400	1.900	3.891	3.236	2.080	2.000	2.000	2.000	2.000	2.000	Bhattarai et al. (2017)

제2절 5국가 ICT산업 사회계정행렬

언급한 바와 같이, 모형 내의 방정식을 구성하고 있는 다양한 모수 값들은 5국가 ICT산업 사회계정행렬을 통해 도출할 수 있다. 따라서 5국가 ICT산업 연산일반균형 모형을 구축하는 데 있어 선행되어야 할 일이 바로 5국가 ICT산업 사회계정행렬을 구축하는 것이다. 이번 절에서는 5국가 ICT산업 사회계정행렬의 구축 절차를 설명한다.

본 연구의 5국가 ICT산업 사회계정행렬에서는 다국가 산업연관표가 필요하기 때문에 본 연구에서는 국제투입산출자료(World Input Output Database; WIOD)[48]에서 제공하는 2011년의 국제산업연관표(World Input Output Table; WIOT)를 이용하였다. 2017년 현재 국제투입산출자료에서는 본 연구의 대상인 한국, 중국, 일본, 대만 및 미국을 포함한 43개국과 기타국가(Rest of World)로 구성되어 있고, 산업부문은 56개로 구성된 국가 간 산업연관표를 1995년부터 2014년까지의 시계열자료로 제공하고 있다. 국제투입산출자료에서는 국제산업연관표뿐만 아니라 사회경제계정(Socio Economic Accounts, SEA)도 제공하고 있다. 사회경제계정은 국제산업연관표의 해당 국가들의 산업별 고용자수, 자본스톡, 총산출 및 부가가치 등을 포함하는 표로 사회

48) http://www.wiod.org/new_site/home.htm (17. 7. 1 기준)

계정행렬을 작성하는 데 중요한 자료이다. 본 연구가 진행되고 있는 현재 시점에서는 국제산업연관표가 수정되기 이전의 40개국 35개 산업을 대상으로 한 2011년까지의 사회경제계정에서 자본스톡은 국가에 따라 2009년까지의 자료만 제공되고 있다. 5국가 ICT산업 사회계정행렬의 기본이 되는 국제산업연관표는 2014년까지 제공되지만 국가별, 산업별 고용자수 및 자본스톡 자료는 각각 2011년 및 2009년까지 구득이 가능하다. 분석자료의 신뢰성을 위해서는 국제투입산출자료에서 공시한 자료를 이용하는 것이 타당하지만 이 경우 2009년을 기준연도로 설정해야 한다는 단점이 있다. 반면, 국제투입산출자료에서 제공하는 사회 경제 계정 자료는 1995년부터 2009년까지 15개년도의 시계열 자료이기 때문에 비교적 정확한 선형예측이 가능하다. 따라서 본 연구는 1995년부터 2009년까지의 과거추세를 이용하여 2011년의 산업별 자본스톡을 예측하였다. 사회경제계정이 1995년의 자국화폐 단위를 기준으로 작성되었기 때문에 2011년을 기준으로 미국 달러($)로 화폐단위를 보정하였으며, 이상의 자료를 이용하여 2011년을 기준연도로 하여 사회계정행렬을 작성하였다.

사회계정행렬의 각 계정은 생산요소(임금, 영업잉여), 생산, 정부, 투자, 자본, 재고, 운수마진 및 해외로 구성된다. 사회계정행렬을 구성하는 자료는 대부분 국제산업연관표로부터 얻어지며, 국제산업연관표에서 구득할 수 없는 자료의 경우 정부지출은 경제협력개발기구(OECD) 통계국, 각국의 자본행렬은 한국은행(2014), 유럽 KLEMS 자료(EU KLEMS database), 미 상무부 경제분석국(Bureau of Economic Analysis, BEA), 세율 및 저축율은 덴버 대학교(University of Denver)의 국제 선물(International Futures, IFs) 자료[49]를 이용하여 추산하였다(〈표 7－3〉). 이상의 과정을 통해 한국, 중국, 일본, 대만 및 미국 5국가 ICT산업 사회계정행렬의 구조는 〈표 7－4〉와 같다.

---

49) http://www.ifs.du.edu/ifs/frm_MainMenu.aspx ('17. 7. 1 기준)

〈표 7-3〉 5국가 ICT산업 사회계정행렬 구축 자료

자료		자료 출처
세계산업연관표		• 국제투입산출자료(WIOD, 2014) • 국제투입산업연관표(World Input Output Table)
국가별 산업별 고용자수		• 국제투입산출자료(WIOD, 2014) • 사회경제계정(Socio Economic Accounts)
국가별 산업별 자본스톡		• 국제투입산출자료(WIOD, 2014), • 사회경제계정(Socio Economic Accounts)
정부지출		• 경제협력개발기구(OECD) 통계국
자본 행렬	한국	• 한국은행(2014), '고정자본형성표'
	일본	• 유럽 KLEMS 자료(EUklems database)
	미국	• 미 상무부 경제분석국(BEA, 2016)
세율		• 덴버 대학교(University of Denver)
저축율		• 덴버 대학교(University of Denver)

〈표 7－4〉 5국가 ICT산업 사회계정행렬 구조

			생산요소 (Factor)		가계 (Household)			생산 (Activity)											정부 (Government)		
			임금	잉여	N1	...	N5	N1					...	N5					N1	...	N5
								I1	I2	I3	I4	I5	...	I1	I2	I3	I4	I5			
생산요소	임금																				
	영업잉여																				
가계	N1																				
	...																				
	N5																				
생산	N1	I1																			
		I2																			
		I3																			
		I4																			
		I5																			
	...	...																			
	N5	I1																			
		I2																			
		I3																			
		I4																			
		I5																			
정부	N1																				
	...																				
	N5																				
투자	N1	I1																			
		I2																			
		I3																			
		I4																			
		I5																			
	...	...																			
	N5	I1																			
		I2																			
		I3																			
		I4																			
		I5																			
저축	N1																				
	...																				
	N5																				
재고																					
운수 마진																					
해외																					
행합																					

			투자 (Investment)											자본 (Capital)			재고	운수 마진	해외	열합
			N1					…	N5					N1	…	N5				
			I1	I2	I3	I4	I5	…	I1	I2	I3	I4	I5							
생산 요소	임금																			
	영업잉여																			
가계	N1																			
	…																			
	N5																			
생산	N1	I1																		
		I2																		
		I3																		
		I4																		
		I5																		
	…	…																		
	N5	I1																		
		I2																		
		I3																		
		I4																		
		I5																		
정부	N1																			
	…																			
	N5																			
투자	N1	I1																		
		I2																		
		I3																		
		I4																		
		I5																		
	…	…																		
	N5	I1																		
		I2																		
		I3																		
		I4																		
		I5																		
저축	N1																			
	…																			
	N5																			
재고																				
운수 마진																				
해외																				
행합																				

제 3 절 ICT산업 정책효과 분석

1. 정책 실험

본 절에서는 5국가 ICT산업 연산일반균형모형을 이용하여 각 국의 ICT 투자 지출이 국가별 성장 및 가격에 미치는 단기 영향을 분석하고자 한다. ICT산업의 투자는 ICT산업뿐만 아니라 다른 산업의 생산성에도 영향을 미쳐 국가 전체의 생산성 증대효과를 가져온다(Szewczyk, 2009). 그러나 한정된 재정에서 ICT산업에 대한 투자는 타 산업의 투자비 감소를 동반하기 때문에 타산업의 총생산량 또는 부가가치에 부정적인 영향도 줄 수 있다.[50] 이러한 영향력들은 산업 간의 관계뿐만 아니라 국가 간의 관계에도 영향을 미친다. 특히 ICT산업은 복잡한 국가간・산업간 가치사슬로 엮여있고, 그에 따른 경쟁 또는 보완 관계가 존재하기 때문에 국가간・산업간 영향력이 클 수밖에 없다.

ICT산업에 대한 투자는 수요와 공급의 측면에서 구분할 수 있다. ICT산업 투자지출의 수요란 ICT산업이 타 산업으로부터 투자재를 구입하는 경우로 ICT산업의 자본스톡이 증가하는 경우이다. 반면, ICT산업 투자지출의 공급이란 ICT 타 산업들이 ICT산업을 투자재로 구입하는 경우로 타산업의 자본스톡이 증가하는 경우이다. 따라서 본 연구의 정책실험에서는 ICT산업 투자지출이 증가하는 경우를 '수요의 증가'와 '공급의 증가'로 구분하여 투자지출의 증가가 경제에 단기적으로 어떠한 영향을 미치는지를 분석하고자 한다. 우선 분석 대상은 편의상 각 국의 ICT산업(전기전자 산업 및 통신 산업)과 비ICT산업으로 구분하며, 분석 변수는 부가가치 및 생산가격으로 국한한다. 여기서 단기란 재화의 세계 시장 가격, 임금, 해외 순저축, 정부 저축 및 보조금 등 모형의 외생변수가 변동하지 않을 경우를 의미하는데, 장기 분석일 경우에는 이러한 변수 값을 연차별로 보정하는 것이 일반적이다. 언급한바와 같이,

50) 이러한 결과는 거시종결규칙(macro closure rule)을 어떻게 설정하느냐에 따라 달라질 수 있다.

ICT 투자 지출 효과는 ① 수요 변화에 따른 효과(수요 효과), ② 공급 변화에 따른 효과(공급 효과), ③ 공급 및 수요 변화에 따른 효과(시너지 효과) 등 세 가지로 분류하는데, 시너지 효과는 거의 발생하지 않아 별도로 논의하지 않는다. 수요 효과는 공급 능력이 고정된 상태에서 투자 수요 지출이 부가가치에 미치는 영향을, 공급 효과는 수요 변화 없는 상태에서 자본 스톡 증가가 부가가치에 미치는 영향을 의미한다.

2. 분석 결과

본 연구에서 수행한 정책 실험은 두 가지로 나눈다. 먼저 정책 실험 1에서는 각국이 ICT산업에 투자 규모를 확충할 경우, 산업 성장이 어떻게 변동하는지를 살펴보았다. 정책 실험 2에서는 국가 간 정책이 비경제적인 요인에 의해 결정되는 점을 고려하여 각 국이 우리나라 ICT 중간재 수입을 규제할 경우 규제 국가와 우리나라의 ICT산업의 성장세가 얼마나 차별화되는지를 검토하였다.

– 정책 실험 1: 각 국의 ICT 투자지출이 10억 달러 증가할 경우
– 정책 실험 2: 각 국이 국내 ICT산업의 중간수요 수입을 자국 중간수요로 대체하는 경우

가. 정책 실험 1: 각국의 투자지출에 따른 부가가치 변화

각 국의 투자지출에 따른 효과를 ① 수요 변화(공급 고정)에 따른 부가가치 변화(수요 효과), ② 공급 변화(수요 고정)에 따른 부가가치 변화(공급 효과), ③ 공급 및 수요 변화에 따른 부가가치 효과(시너지 효과)로 구분하여 분석하였다. 먼저 투자 수요 증대의 단기 효과를 살펴보면(〈표 7－5〉), 각 국의 10억 달러 투자에 따른 ICT 산업 부가가치 증가액은 한국 3억 7천 7백만 달러(0.371% 상승), 중국 1억 8천 7백만 달러(0.035% 상승), 일본 3억 1백만 달러(0.109% 상승), 대만 2억 9천만 달러(0.655% 상승), 미국 5억 2천 4백만 달러(0.371% 상승) 등에 달할 것으로 예상된다. 우리나라의 투자 수요 효과에 따라 중국의 부가가치는 1천 4백만 달러 감소하지만 일본, 대만 및 미국의 경우에는 오히려 4～5백만 달러 정도 늘어날 것으로 보인다.

전반적으로 비ICT산업의 부가가치는 감소하는 추세이지만, ICT산업 생산가격은 투자 수요 증대로 인하여 상승하는데 한국의 경우 0.168% 올라가는 것으로 나타났다. 다른 나라 투자가 우리나라 ICT산업 부가가치에 미치는 단기 수요 효과는 최대 3백만 달러에 불과한 것으로 추산되었다.

〈표 7-5〉 ICT산업 10억 달러 투자지출의 수요 단기 효과

구 분		투자국				
		한국	중국	일본	대만	미국
한국 ICT 부가가치	십억 달러	0.377	0.002	0.000	0.003	0.000
	증가율(%)	0.371	0.002	0.000	0.003	0.000
중국 ICT 부가가치	십억 달러	-0.014	0.187	-0.004	-0.035	0.001
	증가율(%)	-0.003	0.035	-0.001	-0.007	0.000
일본 ICT 부가가치	십억달러	0.004	0.001	0.301	0.007	0.000
	증가율(%)	0.001	0.000	0.109	0.003	0.000
대만 ICT 부가가치	십억 달러	0.005	0.003	0.001	0.290	0.001
	증가율(%)	0.011	0.007	0.002	0.655	0.001
미국 ICT 부가가치	십억 달러	0.004	-0.002	0.000	0.003	0.524
	증가율(%)	0.001	0.000	0.000	0.000	0.072
한국 비ICT 부가가치	십억 달러	-0.610	-0.007	-0.003	-0.033	-0.003
	증가율(%)	-0.063	-0.001	0.000	-0.003	0.000
중국 비ICT 부가가치	십억 달러	-0.060	-0.414	-0.013	-0.075	-0.004
	증가율(%)	-0.001	-0.006	0.000	-0.001	0.000
일본 비ICT 부가가치	십억 달러	-0.008	-0.005	-1.130	-0.023	-0.002
	증가율(%)	0.000	0.000	-0.020	0.000	0.000
대만 비ICT 부가가치	십억 달러	-0.006	-0.002	0.001	-0.257	-0.001
	증가율(%)	-0.001	0.000	0.000	-0.064	0.000
미국 비ICT 부가가치	십억 달러	-0.038	-0.019	-0.003	-0.068	-0.498
	증가율(%)	0.000	0.000	0.000	0.000	-0.003
한국 ICT 생산가격 변화율 (%)		0.168	0.002	0.001	0.010	0.001
중국 ICT 생산가격 변화율 (%)		0.002	0.048	0.000	0.004	0.000
일본 ICT 생산가격 변화율 (%)		0.001	0.000	0.162	0.003	0.000
대만 ICT 생산가격 변화율 (%)		0.011	0.005	0.002	0.369	0.001
미국 ICT 생산가격 변화율 (%)		0.001	0.000	0.000	0.001	0.027

한편 공급 단기 효과를 정리하면(〈표 7-6〉), 우리나라 ICT산업 투자지출에 따라 ICT산업과 비ICT산업 부가가치는 각각 1억 6천 1백만 달러(0.158% 성장) 및 5억 7천 7백만 달러(0.060% 성장) 증가하였다. 즉 수요 단기 효과 측면에선 투자가용 재원의 한계로 인하여 산업 간 성장이 서로 대체적으로 이루어지는 반면, 공급 단기 효과에서는 서로 보완적으로 나타났다는 점이 특이하다. 우리나라 ICT산업 투자가 다른 4개국 부가가치에 미치는 영향을 살펴보면, 중국 2천 8백만 달러, 일본과 대만 6백만 달러, 미국 1천 6백만 달러 등으로 추산되었다. 중국 10억 달러 투자지출이 우리나라와 중국에 미치는 공급 단기 효과는 각각 2천 3백만 달러(0.023% 상승) 및 6억 3천 2백만 달러(0.119% 상승)로 추산되었으며, 미국과 대만의 부가가치도 각각 2천 8백만 달러(0.004% 상승) 및 2천 2백만 달러(0.050% 상승) 늘어날 것으로 보인다. 일본 ICT산업 투자의 공급 단기 효과를 통해서 일본 ICT산업의 부가가치는 1억 1천 2백만 달러(0.041% 상승)인 반면 우리나라에 미치는 영향은 거의 없으며, 미국 및 대만이 자국 ICT산업에 미치는 공급 단기 효과는 각각 2억 4천 6백만 달러(0.034% 상승) 및 8천만 달러(0.181% 상승)이며, 우리나라 산업에 미치는 영향은 최대 1천만 달러정도로 추산되었다.

〈표 7-6〉 ICT산업 10억 달러 투자지출의 공급 단기 효과

구 분		투자국				
		한국	중국	일본	대만	미국
한국 ICT 부가가치	십억 달러	0.161	0.023	0.000	0.010	0.001
	증가율(%)	0.158	0.023	0.000	0.010	0.001
중국 ICT 부가가치	십억 달러	0.028	0.632	0.002	0.049	0.003
	증가율(%)	0.005	0.119	0.000	0.009	0.001
일본 ICT 부가가치	십억달러	0.006	0.017	0.112	0.011	0.001
	증가율(%)	0.002	0.006	0.041	0.004	0.000
대만 ICT 부가가치	십억 달러	0.006	0.022	0.000	0.080	0.001
	증가율(%)	0.014	0.050	0.001	0.181	0.002
미국 ICT 부가가치	십억 달러	0.016	0.028	0.002	0.027	0.246
	증가율(%)	0.002	0.004	0.000	0.004	0.034

구 분		투자국				
		한국	중국	일본	대만	미국
한국 비ICT 부가가치	십억 달러	0.577	-0.011	-0.001	0.013	0.002
	증가율(%)	0.060	-0.001	0.000	0.001	0.000
중국 비ICT 부가가치	십억 달러	0.043	0.710	0.002	0.056	0.002
	증가율(%)	0.001	0.010	0.000	0.001	0.000
일본 비ICT 부가가치	십억 달러	-0.003	0.002	0.425	0.004	0.002
	증가율(%)	0.000	0.000	0.008	0.000	0.000
대만 비ICT 부가가치	십억 달러	0.004	0.004	-0.001	0.222	0.001
	증가율(%)	0.001	0.001	0.000	0.055	0.000
미국 비ICT 부가가치	십억 달러	0.021	0.074	-0.002	0.035	0.374
	증가율(%)	0.000	0.001	0.000	0.000	0.003
한국 ICT 생산가격 변화율 (%)		-0.177	0.006	0.000	-0.004	0.000
중국 ICT 생산가격 변화율 (%)		-0.001	-0.081	0.000	-0.003	0.000
일본 ICT 생산가격 변화율 (%)		0.000	0.002	-0.061	0.000	0.000
대만 ICT 생산가격 변화율 (%)		-0.001	0.019	0.000	-0.326	0.000
미국 ICT 생산가격 변화율 (%)		0.000	0.000	0.000	0.000	-0.024

이와 같이 우리나라 ICT산업의 10억 달러 투자 효과는 수요 효과 3억 7천 7백만 달러와 공급 효과 1억 6천 1백만 달러 등 5억 3천 8백만 달러인 반면, 생산가격은 0.01% 하락되어 산업 경쟁력을 제고시킬 수 있다고 볼 수 있다. 또한 우리나라 ICT 산업은 중국산업 성장에 긍정적인 영향을 받지만, 미국과 일본 산업 성장에는 큰 영향을 받지 않는 것으로 나타났다. 반면에 우리나라 ICT산업이 성장할 경우, 미국, 일본, 대만 등 ICT산업도 어느 정도 성장할 수 있다고 볼 수 있다.

〈표 7－7〉 ICT산업 10억 달러 투자지출의 수요 및 공급의 시너지 효과

구 분		투자국				
		한국	중국	일본	대만	미국
한국 ICT 부가가치	십억 달러	0.000	0.000	0.000	0.000	0.000
	증가율(%)	0.000	0.000	0.000	0.000	0.000
중국 ICT 부가가치	십억 달러	0.001	0.000	0.001	0.001	-0.001
	증가율(%)	0.000	0.000	0.000	0.000	0.000
일본 ICT 부가가치	십억달러	0.000	0.000	0.001	0.000	0.000
	증가율(%)	0.000	0.000	0.000	0.000	0.000
대만 ICT 부가가치	십억 달러	-0.001	0.001	0.000	0.001	0.000
	증가율(%)	-0.002	0.002	0.000	0.002	0.000
미국 ICT 부가가치	십억 달러	-0.001	0.000	-0.001	0.001	0.000
	증가율(%)	0.000	0.000	0.000	0.000	0.000
한국 비ICT 부가가치	십억 달러	0.002	0.000	0.000	0.000	0.000
	증가율(%)	0.000	0.000	0.000	0.000	0.000
중국 비ICT 부가가치	십억 달러	0.001	0.000	0.001	0.001	0.000
	증가율(%)	0.000	0.000	0.000	0.000	0.000
일본 비ICT 부가가치	십억 달러	0.000	0.000	0.002	0.000	0.000
	증가율(%)	0.000	0.000	0.000	0.000	0.000
대만 비ICT 부가가치	십억 달러	0.000	0.000	0.000	0.002	0.000
	증가율(%)	0.000	0.000	0.000	0.000	0.000
미국 비ICT 부가가치	십억 달러	0.001	0.000	0.000	0.000	0.000
	증가율(%)	0.000	0.000	0.000	0.000	0.000
한국 ICT 생산가격 변화율 (%)		-0.001	0.001	0.000	-0.001	0.000
중국 ICT 생산가격 변화율 (%)		0.001	0.000	0.000	0.000	0.000
일본 ICT 생산가격 변화율 (%)		0.000	0.000	-0.001	-0.001	0.000
대만 ICT 생산가격 변화율 (%)		0.000	-0.001	0.000	-0.003	0.000
미국 ICT 생산가격 변화율 (%)		0.000	0.000	0.000	0.000	0.000

우리나라 ICT산업의 투자 지출이 10억 달러 증가할 경우, 수요 및 공급 증대에 따른 우리나라 ICT산업 부가가치는 5억 3천 8백만 달러(0.529% 상승), 중국은 1천 5백만 달러(0.003% 상승), 미국은 1천 9백만 달러(0.003% 상승), 일본과 대만은 1천만 달러의 부가가치를 창출할 것으로 예상된다(〈표 7－8〉). 반면에 우리나라 비ICT산

업은 생산요소의 이동으로 인하여 3천 1백만 달러(0.003% 하락)하며 다른 4개국 또한 부가가치가 줄어들 것으로 추산되었다. 생산 증대에 따른 ICT 생산가격은 0.01% 낮아지는 반면 중국은 0.002%, 일본 0.001%, 대만 0.010%, 미국 0.001% 정도 생산가격이 상승할 것으로 예상된다. 중국의 10억 달러 투자에 따라 우리나라의 ICT 부가가치는 2천 5백만 달러(0.025% 상승) 늘어나는 반면, 중국은 8억 1천 9백만 달러(0.154% 상승) 부가가치를 증가시킨다. 일본, 대만 및 미국의 투자 지출이 국내 ICT 산업에 미치는 영향은 미미하다. 다만 자국의 부가가치 효과를 살펴보면, 미국 7억 7천만 달러(0.106% 상승)로 가장 크고 그 다음으로 일본 4억 1천 4백만 달러(0.150% 상승), 대만 3억 7천 1백만 달러(0.838% 상승) 등으로 나타났다. 종합적으로 ICT산업 10억 달러 투자지출의 공급 및 수요 단기 효과가 가장 큰 국가는 중국이며, 그 다음으로 미국, 한국, 일본 및 대만의 순서로 정리할 수 있으며, 우리나라 ICT산업이 다른 나라 산업에 영향을 미치는 것보다 다른 나라가 우리나라 산업에 미치는 효과가 더 큰 경우는 중국(1천만 달러)과 대만(3백만 달러)이다.

〈표 7－8〉 ICT산업 10억 달러 투자지출의 수요 및 공급 단기 효과

구 분		투자국				
		한국	중국	일본	대만	미국
한국 ICT 부가가치	십억 달러	0.538	0.025	0.000	0.013	0.001
	증가율(%)	0.529	0.025	0.000	0.013	0.001
중국 ICT 부가가치	십억 달러	0.015	0.819	-0.001	0.015	0.003
	증가율(%)	0.003	0.154	0.000	0.003	0.001
일본 ICT 부가가치	십억달러	0.010	0.018	0.414	0.018	0.001
	증가율(%)	0.004	0.007	0.150	0.007	0.000
대만 ICT 부가가치	십억 달러	0.010	0.026	0.001	0.371	0.001
	증가율(%)	0.023	0.059	0.002	0.838	0.002
미국 ICT 부가가치	십억 달러	0.019	0.026	0.001	0.031	0.770
	증가율(%)	0.003	0.004	0.000	0.004	0.106
한국 비ICT 부가가치	십억 달러	-0.031	-0.018	-0.004	-0.020	-0.001
	증가율(%)	-0.003	-0.002	0.000	-0.002	0.000

구 분		투자국				
		한국	중국	일본	대만	미국
중국 비ICT 부가가치	십억 달러	-0.016	0.296	-0.010	-0.018	-0.002
	증가율(%)	0.000	0.004	0.000	0.000	0.000
일본 비ICT 부가가치	십억 달러	-0.011	-0.003	-0.703	-0.019	0.000
	증가율(%)	0.000	0.000	-0.013	0.000	0.000
대만 비ICT 부가가치	십억 달러	-0.002	0.002	0.000	-0.033	0.000
	증가율(%)	0.000	0.000	0.000	-0.008	0.000
미국 비ICT 부가가치	십억 달러	-0.016	0.055	-0.005	-0.033	-0.124
	증가율(%)	0.000	0.000	0.000	0.000	-0.001
한국 ICT 생산가격 변화율 (%)		-0.010	0.009	0.001	0.005	0.000
중국 ICT 생산가격 변화율 (%)		0.002	-0.033	0.000	0.001	0.000
일본 ICT 생산가격 변화율 (%)		0.001	0.002	0.100	0.002	0.000
대만 ICT 생산가격 변화율 (%)		0.010	0.023	0.002	0.040	0.001
미국 ICT 생산가격 변화율 (%)		0.001	0.000	0.000	0.001	0.003

나. 정책 실험 2: 자국 중간수요 대체에 따른 부가가치 변화

다른 국가들이 자국의 ICT산업을 보호・육성하고자 한국으로부터 수입하는 중간수요를 자국의 중간수요로 대체할 경우, 우리나라(한국)의 ICT산업에 미치는 단기 성장 효과를 정리하면 〈표 7－9〉부터 〈표 7－12〉까지와 같다. 중국이 중간재로 우리나라 ICT 상품을 활용하지 않을 경우, 우리나라 ICT산업 부가가치는 195억 4천 4백만 달러(19.225% 하락) 감소하는 반면, 중국 부가가치는 74억 3백만 달러(1.395% 상승) 증가하는 것으로 나타났다. 일본, 대만, 미국 등도 3천 6백만 달러에서 1억 5천 3백만 달러까지 줄어들 것으로 예상된다. 일본의 수입 대체 효과를 살펴보면, 우리나라와 대만의 부가가치는 각각 13억 3천 9백만 달러(1.317% 하락) 및 1천 3백만 달러(0.029% 하락)가 감소하는 반면, 일본은 13억 6천 5백만 달러(0.495% 상승), 중국은 4천 5백만 달러(0.008% 상승)의 부가가치가 늘어난다. 대만의 수입 대체가 각국의 ICT산업에 미치는 효과를 살펴보면, 대만은 12억 7천만 달러(2.868%) 늘어나지만, 우리나라 19억 6천 3백만 달러(1.931% 하락), 중국 1억 7천 4백만 달러(0.033% 하락), 미국 1억 5천 2백만 달러(0.021% 하락) 등의 부가가치가 감소한다. 마지막으로 미국이 우리나라 ICT산업의 중간재 수입을 규제할 경우, 우리나라 부가가치는 31억 9천 5백만 달러(3.143% 하락) 줄어들지만 미국은 48억 2백만 달러(0.661% 상승) 증가하며, 중국도 2억 1백만 달러(0.038% 상승)의 부가가치를 창출할 수 있다.

〈표 7－9〉 중국의 국내 중간수요 대체에 따른 부가가치 변화

(단위: 십억 달러)

구 분		기준	한국	중국	일본	대만	미국
ICT 부가가치	한국	-19.544	-18.986	-19.540	-19.544	-19.532	-19.543
	중국	7.403	7.414	8.242	7.401	7.418	7.406
	일본	-0.120	-0.110	-0.101	0.294	-0.102	-0.119
	대만	-0.036	-0.026	-0.009	-0.035	0.336	-0.035
	미국	-0.153	-0.136	-0.126	-0.151	-0.122	0.618
ICT 생산가격	한국	-8.617	-8.565	-8.618	-8.616	-8.612	-8.617
	중국	0.857	0.858	0.822	0.857	0.858	0.857
	일본	-0.040	-0.039	-0.038	0.060	-0.038	-0.040
	대만	-0.304	-0.292	-0.280	-0.301	-0.262	-0.303
	미국	-0.008	-0.008	-0.008	-0.008	-0.007	-0.005

〈표 7－10〉 일본의 국내 중간수요 대체에 따른 부가가치 변화

(단위: 십억 달러)

구 분		기준	한국	중국	일본	대만	미국
ICT 부가가치	한국	-1.339	-0.799	-1.314	-1.339	-1.326	-1.337
	중국	0.045	0.059	0.864	0.044	0.060	0.048
	일본	1.365	1.375	1.383	1.779	1.383	1.366
	대만	-0.013	-0.003	0.013	-0.012	0.358	-0.012
	미국	0.003	0.022	0.029	0.004	0.034	0.773
ICT 생산가격	한국	-0.584	-0.590	-0.576	-0.584	-0.579	-0.584
	중국	-0.006	-0.005	-0.039	-0.006	-0.005	-0.006
	일본	0.180	0.181	0.182	0.280	0.182	0.180
	대만	-0.025	-0.015	-0.002	-0.023	0.015	-0.024
	미국	-0.001	-0.001	-0.001	-0.001	0.000	0.002

〈표 7－11〉 대만의 국내 중간수요 대체에 따른 부가가치 변화

(단위: 십억 달러)

구 분		기준	한국	중국	일본	대만	미국
ICT 부가가치	한국	-1.963	-1.424	-1.939	-1.963	-1.962	-1.962
	중국	-0.174	-0.161	0.644	-0.176	-0.157	-0.171
	일본	-0.027	-0.017	-0.008	0.387	-0.009	-0.026
	대만	1.270	1.280	1.297	1.271	1.646	1.271
	미국	-0.152	-0.133	-0.126	-0.150	-0.120	0.618
ICT 생산가격	한국	-0.808	-0.812	-0.800	-0.807	-0.808	-0.807
	중국	0.017	0.019	-0.016	0.018	0.018	0.018
	일본	0.003	0.004	0.005	0.103	0.005	0.003
	대만	1.360	1.371	1.385	1.362	1.394	1.361
	미국	-0.001	0.000	-0.001	-0.001	0.000	0.002

〈표 7－12〉 미국의 국내 중간수요 대체에 따른 부가가치 변화

(단위: 십억 달러)

구 분		기준	한국	중국	일본	대만	미국
ICT 부가가치	한국	-3.195	-2.654	-3.170	-3.194	-3.182	-3.195
	중국	0.201	0.214	1.021	0.200	0.216	0.205
	일본	-0.020	-0.010	-0.002	0.393	-0.002	-0.019
	대만	-0.035	-0.025	-0.010	-0.034	0.336	-0.034
	미국	4.802	4.820	4.828	4.803	4.833	5.574
ICT 생산가격	한국	-1.409	-1.408	-1.400	-1.408	-1.403	-1.409
	중국	-0.015	-0.013	-0.048	-0.015	-0.014	-0.015
	일본	-0.008	-0.006	-0.006	0.093	-0.005	-0.008
	대만	-0.088	-0.078	-0.065	-0.086	-0.047	-0.087
	미국	0.118	0.119	0.118	0.118	0.119	0.121

제4절 소 결

본 장에서는 ICT산업의 정책 효과를 파악하기 위해 5국가 ICT산업 연산일반균형 모형을 개발하여 (1) ICT 투자 지출 증가에 따른 단기의 성장효과를 수요 및 공급 측면에서 분석하고, (2) 자국 중간수요 대체에 따른 부가가치 변화를 살펴보았다.

첫 번째 정책실험의 경우, 우리나라 10억 달러의 ICT산업 투자 지출에 따른 ICT 산업 부가가치 효과는 한국 5억 3천 8백만 달러, 중국 1천 5백만 달러, 미국 1천 9백만 달러 등으로 나타났으며, ICT 생산가격은 0.01% 하락할 것으로 예상된다. 중국의 10억 달러 투자에 따라 우리나라의 ICT 부가가치는 2천 5백만 달러 늘어나지만, 일본, 대만 및 미국의 투자 지출이 국내 ICT산업에 미치는 영향은 상당히 낮다. ICT산업 10억 달러 투자지출의 공급 및 수요 단기 효과가 가장 큰 국가는 중국이며, 그 다음으로 미국, 한국, 일본 및 대만의 순서로 나타났다. 수요 단기 효과를 살펴보면, 국가별 10억 달러 투자에 따른 ICT산업 부가가치 증가액은 한국 3억 7천 7백만 달러, 중국 1억 8천 7백만 달러, 일본 3억 1백만 달러, 대만 2억 9천만 달러, 미국 5억 2천 4백만 달러 등으로 추산된다. 또한 공급 단기 효과의 측면에서 보면, 우리나라 ICT 산업 투자지출에 따라 ICT산업과 비ICT산업 부가가치는 각각 1억 6천 1백만 달러 및 5억 7천 7백만 달러 증가하는 것으로 나타났다.

다른 국가들이 자국의 ICT산업을 보호・육성하고자 한국으로부터 수입하는 모든 중간수요를 자국의 중간수요로 대체하는 두 번째 정책실험의 경우, 중국의 수요대체가 가장 크게 부정적인 영향을 주며, 미국, 대만, 일본 순으로 우리나라 ICT산업의 부가가치를 감소시키는 것으로 나타났다. 만약 중국이 우리나라 ICT 상품을 중간재로 활용하지 않게 되면 국내 ICT산업 부가가치는 19.2% 감소하는 반면에 중국 ICT 산업의 부가가치는 1.4% 증가하는 것으로 나타났다. 일본과 대만이 자국의 중간수요로 대체하는 경우, 국내 ICT산업 부가가치는 각각 1.3%, 1.9% 감소하는 반면, 일본은 0.5%, 대만은 2.9% 증가하는 것으로 나타났다. 마지막으로 미국이 보호무역주의 강화를 통해 우리나라 ICT산업의 중간수요를 미국의 것으로 대체하는 경우 국내 ICT산업의 부가가치는 3.1% 감소하는 한편, 미국 ICT산업의 부가가치는 0.7% 증가하는 것으로 도출되었다.

본 장에서는 ICT산업의 주요 국가(한국, 미국, 중국, 일본, 대만)들이 단순한 선형 형태가 아닌 보다 고차원 형태의 글로벌 가치사슬 구조로 연결되어 있는 것을 확인할 수 있었다. 즉, 특정 국가에서 ICT산업에 대한 투자 지출을 늘리거나 자국의 ICT산업 보호·육성을 위해 우리나라 중간수요를 자국의 중간수요로 대체하는 등의 정책들을 적용하는 경우, 그 영향이 다양한 방향성을 가지고 타 국가들에 미치는 것을 확인하였다. 가령, 우리나라 ICT산업은 중국의 ICT산업에 대한 투자 지출 증대에 긍정적인 영향을 받지만, 미국과 일본의 ICT산업 투자 촉진에는 큰 영향을 받지 않는 것으로 나타났다. 반면에 우리나라 ICT산업에 대한 투자가 증가할 경우, 미국, 일본, 대만 등 ICT산업도 어느 정도 성장할 수 있다고 볼 수 있다. 중간재 수요를 대체하는 경우에도 비슷한 예를 찾아볼 수 있는데, 특정 국가에서 자국의 ICT산업을 보호하는 정책이 우리나라 ICT산업의 부가가치에 부정적인 영향을 줄 뿐만 아니라, 타 국가 ICT산업에도 긍정적 또는 부정적인 영향을 미치는 것으로 나타났다.

최근 국제적으로 주목받고 있는 법인세, 특별소비세 등 다양한 세제 정책과 유가 변화를 모형에 반영하여 보다 다채로운 정책실험을 수행하는 것을 생각해볼 수 있다. 미국에서 최근에 발표된 세제 개편안에는 미국 내 기업들의 법인세를 기존의 35%에서 21%로 인하하고, 미국 내 다국적 기업에 대해 특별소비세 20%를 부과하는 등의 내용이 포함[51)]되었는데 이는 미국의 ICT산업에 영향을 줄 뿐만 아니라 글로벌 가치사슬 구조 내 모든 국가들에 긍정적인 또는 부정적인 영향을 미치게 될 것이 분명하다. 또한 중동 지역정세 불안으로 인한 유가 폭등은 수출 기업의 원가를 상승

51) 미 서부지역 산업정보(2017. 12. 21), “미국 세제개혁 법안 통과가 우리 수출기업에 미치는 영향”, (http://overseas.mofa.go.kr/us-losangeles-ko/brd/m_4370/view.do?seq=1345798&srchFr=&srchTo=&srchWord=&srchTp=&multi_itm_seq=0&itm_seq_1=0&itm_seq_2=0&company_cd=&company_nm=&page=1, 2017. 11. 30)

시키게 되고 이는 곧 ICT 수출 강국인 우리나라에게 직접적으로 영향을 미치게 될 것이다. 이러한 세제 정책 및 유가 변화를 모형에 반영하여 그 영향을 계량적으로 산출하게 되면 보다 의미있는 정책적 시사점을 도출할 수 있을 것으로 기대된다.

제 8 장 산업별 ICT와 과학기술 활용도 분석[52)]

제 1 절 산업별 ICT자산과 혁신자산 활용 분석

1. 개 요

본 분석에서는 산업별 ICT자산과 혁신자산을 이용해 산업별 활용도를 살펴본다. 현재 산업별 ICT자산과 R&D 등 혁신자산에 대한 통계가 미흡한 상황에서 산업별 ICT 및 혁신 자산의 활용도 분석은 의미를 지닌다. ICT 및 혁신 자산은 다양한 자산을 종합적으로 고려하여 추계되었으며, 이로 타 통계에 비해 중복계상 가능성이 적게 나타난다. 본 연구에서는 연구개발과 과학기술서비스 등을 과학기술의 대용변수로 활용했고, 연구개발과 기타지식자본을 합하여 혁신자산으로 분류했다(김정언 외, 2016).

2. 산업별 ICT 투자 현황

2015년 ICT 명목 투자는 42조 4천억 원으로 대체로 서비스업에 집중되어 있다. 통신업의 ICT 명목 투자는 5조 원으로 타산업 대비 가장 높은 수준을 나타내며, 그 다음 금융 및 보험업, 공공행정, 국방 및 사회보장행정업, 교육서비스업 순을 나타낸다. 제조업 내에서는 전자부품제조업의 ICT 명목 투자가 2조 5천억 원으로 높은 수준을 보인다.

---

52) 제8장 산업별 ICT와 과학기술 활용도 분석은 김정언 외(2016) 연구를 바탕으로 수치 업데이트, 연구방법 요약, 인용 등을 통해 정리하였다.

〔그림 8－1〕 산업별 ICT자산별 명목 투자 분포(2015년)

(단위: 조 원)

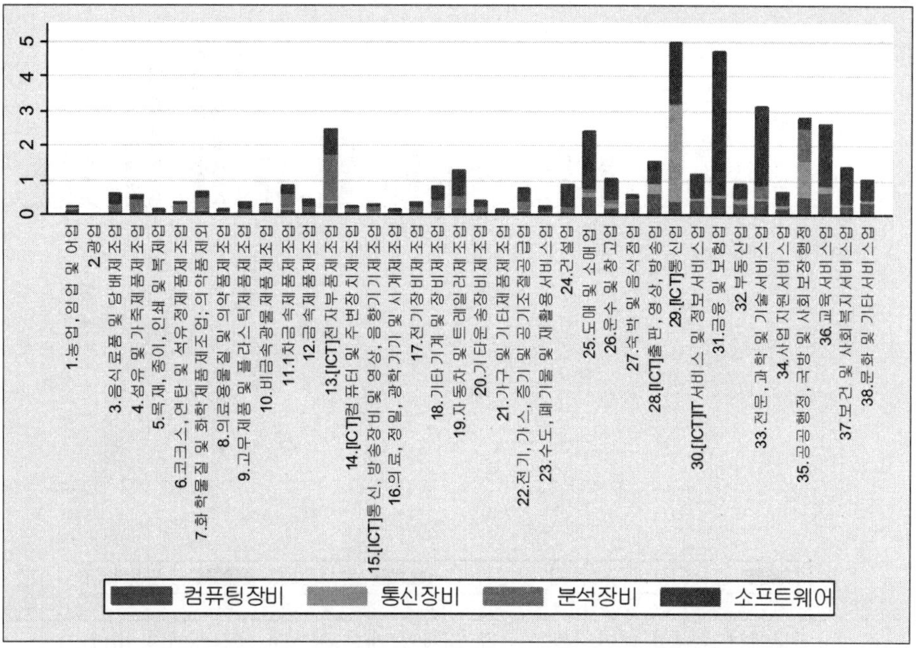

자료: 본 연구에서 추계한 데이터를 이용해 저자가 계산 (KISDI 생산성계정 2017)

산업별 투자는 산업규모에 따라 비례할 가능성이 있기 때문에 개별 산업의 투자 대비 산업별 ICT 투자 비중을 살펴봤다. 통신업의 ICT 투자 비중은 47.4%로 타산업 대비 가장 높은 수준을 나타내며, 그 중 통신장비가 28.2%로 비중을 차지한다. 그 외 금융 및 보험업, 전문, 과학 및 기술서비스업, IT서비스 및 정보서비스업의 ICT 투자 비중이 높은 수준을 보이며, 대체로 서비스업에서 ICT자산 중 소프트웨어 투자 비중이 높게 나타난다. 제조업에서는 섬유 및 가죽제품제조업의 ICT 투자 비중이 25.9%로 가장 높은 수준을 나타내며, 그 중 분석장비가 16.4%를 기록했다.

〔그림 8－2〕 산업별 ICT자산별 명목 투자 비중(2015년)

(단위: unity)

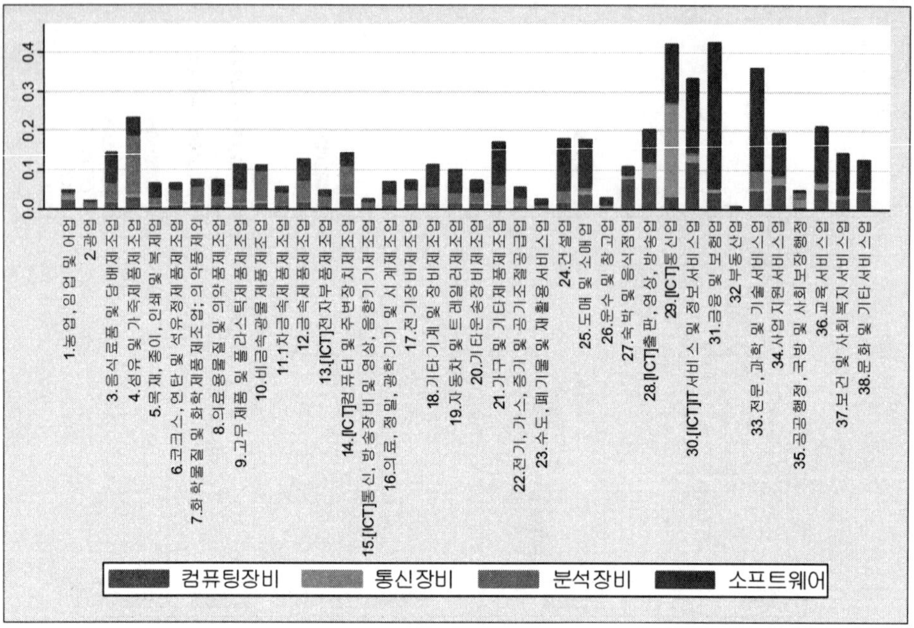

자료: 본 연구에서 추계한 데이터를 이용해 저자가 계산 (KISDI 생산성계정 2017)

3. 산업별 ICT 자본스톡 보유 현황

산업별 ICT 자본스톡은 ICT 명목 투자와 마찬가지로 서비스업에 집중되어 있다. 통신업의 ICT 자본스톡은 타산업 대비 가장 높은 수준을 나타내며, 그 다음 금융 및 보험업이 통신업의 절반 수준을 보인다. 제조업에서는 전자제품제조업의 ICT 자본스톡이 높은 수준을 나타낸다.

〔그림 8－3〕 산업별 ICT자산별 실질 순자본스톡 분포(2015년)

(단위: 조 원)

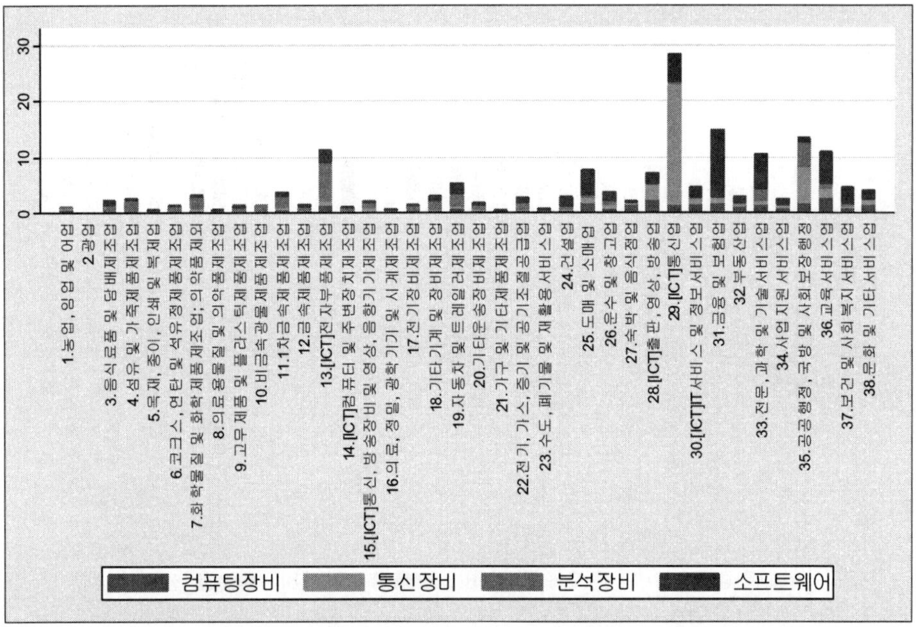

자료: 본 연구에서 추계한 데이터를 이용해 저자가 계산 (KISDI 생산성계정 2017)

산업별 ICT자산 순자본스톡 비중은 대체로 서비스업에서 높게 나타난다. 통신업의 ICT자산 순자본스톡은 22.5%로 타 산업 대비 가장 높은 수준을 나타내며, 그 중 통신장비 자산이 가장 큰 비중을 차지한다. 그 외 IT서비스 및 정보서비스업, 전문, 과학 및 기술서비스업, 금융 및 보험업 순으로 높은 비중을 보이며, 대체로 서비스업에서는 ICT자산 중 소프트웨어 자산 비중이 높게 나타난다. 제조업에서는 컴퓨터 및 주변장치제조업의 순자본스톡 비중이 15.4%로 높은 수준을 나타내며, 그 중 분석장비 자산이 8.0% 비중을 차지한다.

〔그림 8－4〕 산업별 ICT자산별 실질 순자본스톡 비중(2015년)

(단위: unity)

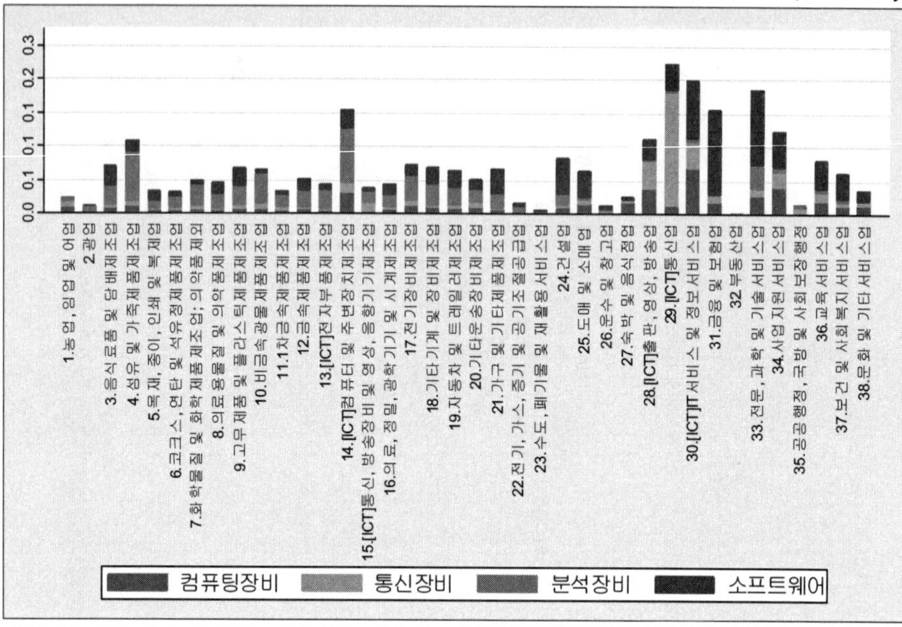

자료: 본 연구에서 추계한 데이터를 이용해 저자가 계산 (KISDI 생산성계정 2017)

4. 산업별 혁신자산 투자 현황

2015년 혁신자산의 명목 투자는 68조 8천억 원으로 ICT자산과는 달리 대체로 제조업에 집중되어 있다. 혁신자산은 제조업 내에서도 특정 산업에 집중되어 있는 모습을 보이는데, 전자부품제조업의 명목 투자는 15조 4천억 원으로 타산업대비 가장 높은 수준을 나타내며, 그 다음 통신, 방송장비 및 영상, 음향기기제조업, 자동차 및 트레일러제조업 순으로 나타낸다. 서비스업 내에서는 공공행정, 국방 및 사회보장행정과 출판, 영상, 방송업의 명목투자가 각각 5조 6천억 원, 3조 원을 기록했다.

〔그림 8－5〕 산업별 혁신자산별 명목 투자 분포(2015년)

(단위: 조 원)

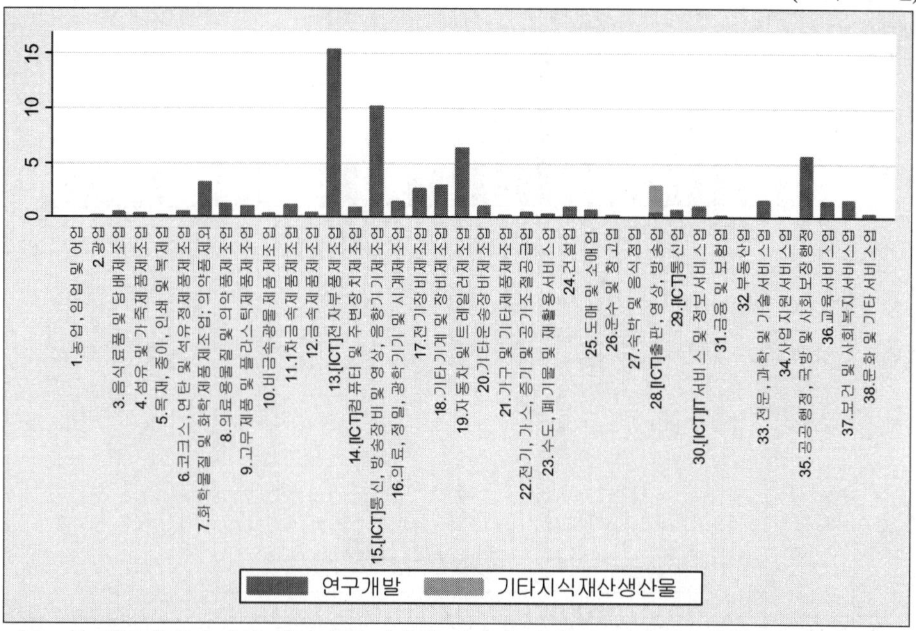

자료: 본 연구에서 추계한 데이터를 이용해 저자가 계산 (KISDI 생산성계정 2017)

2015년 통신, 방송장비 및 영상, 음향기기제조업의 혁신자산 투자 비중은 81.3%로 타산업 대비 가장 높은 수준을 나타내며, 의료, 정밀, 광학기기 및 시계제조업, 전기장비제조업, 의료용물질 및 의약품제조업, 자동차 및 트레일러제조업 순으로 나타낸다. 서비스업 내에서는 출판, 영상, 방송업의 혁신자산 투자 비중이 36.7%로 가장 높은 수준을 보이며, 그 중 기타지식재산생산물이 30.0% 비중을 나타낸다.

〔그림 8－6〕 산업별 혁신자산별 명목 투자 비중(2015년)

(단위: unity)

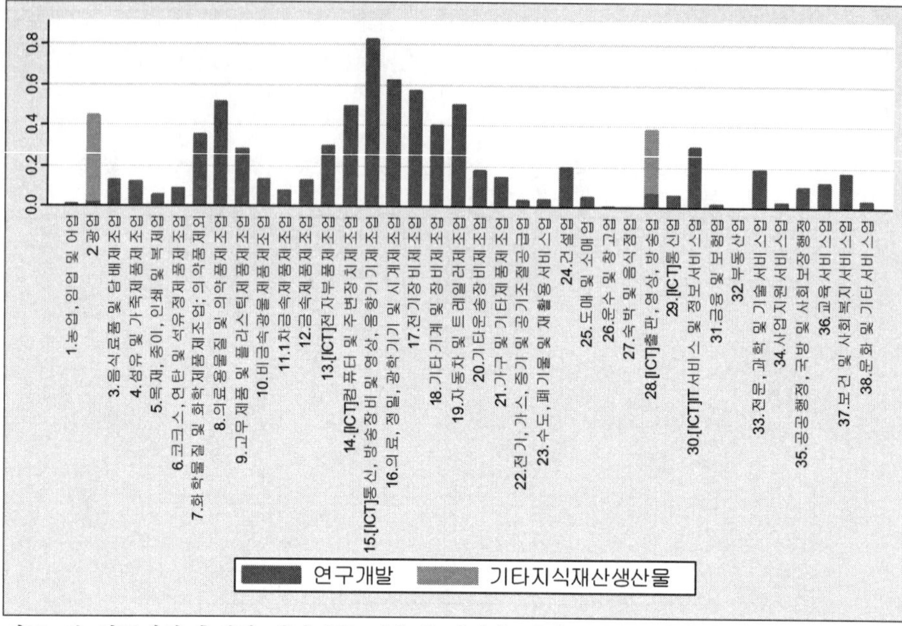

자료: 본 연구에서 추계한 데이터를 이용해 저자가 계산 (KISDI 생산성계정 2017)

5. 산업별 혁신자산 자본스톡 보유 현황

혁신자산 순자본스톡은 투자와 마찬가지로 제조업에 집중되어 있는 모습을 보인다. 2015년 전자부품제조업의 혁신자산 순자본스톡은 43조 6천억 원으로 타산업 대비 가장 높은 수준을 나타내며, 그 외 자동차 및 트레일러제조업, 통신, 방송장비 및 영상, 음향기기제조업 순으로 나타낸다. 서비스업에서는 공공행정, 국방 및 사회보장행정의 혁신자산 순자본스톡이 21조 7천억 원을 기록했다.

〔그림 8－7〕 산업별 혁신자산별 실질 순자본스톡 분포(2015년)

(단위: 조 원)

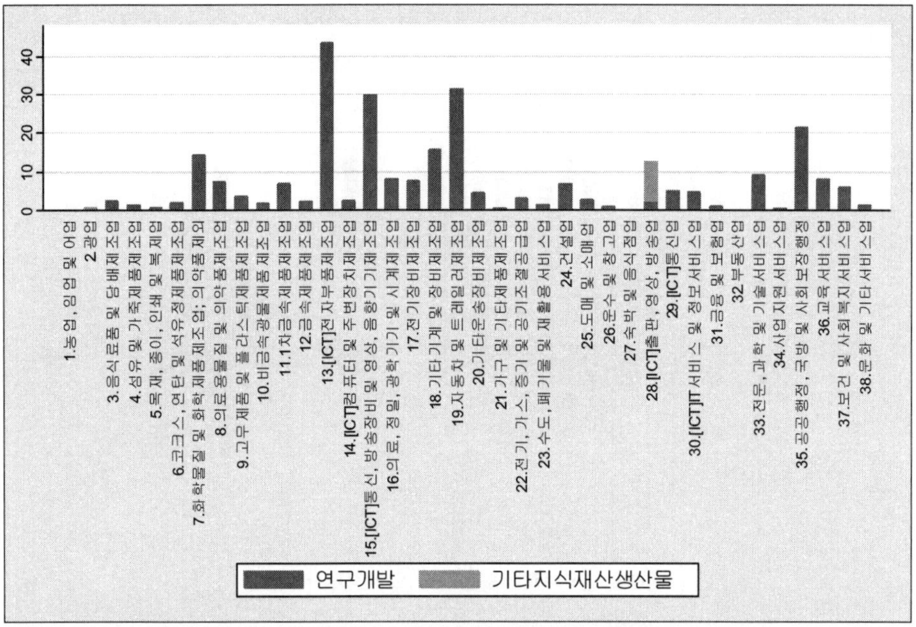

자료: 본 연구에서 추계한 데이터를 이용해 저자가 계산 (KISDI 생산성계정 2017)

혁신자산의 순자본스톡 비중 역시 제조업에 집중되어 있는 모습을 보인다. 의료, 정밀, 광학기기 및 시계제조업의 혁신자산 순자본스톡 비중은 54.0%로 타산업 대비 가장 높은 수준을 나타내며, 그 다음 통신, 방송장비 및 영상, 음향기기제조업, 의료용물질 및 의약품제조업, 자동차 및 트레일러제조업, 컴퓨터 및 주변장치제조업 순으로 나타낸다. 서비스업에서는 IT서비스 및 정보서비스업이 20.3%로 가장 높은 수준을 보이며, 그 외 출판 영상, 방송업, 건설업, 전문, 과학 및 기술서비스업이 15% 이상 수준으로 나타났다.

〔그림 8－8〕 산업별 혁신자산별 실질 순자본스톡 비중(2015년)

(단위: unity)

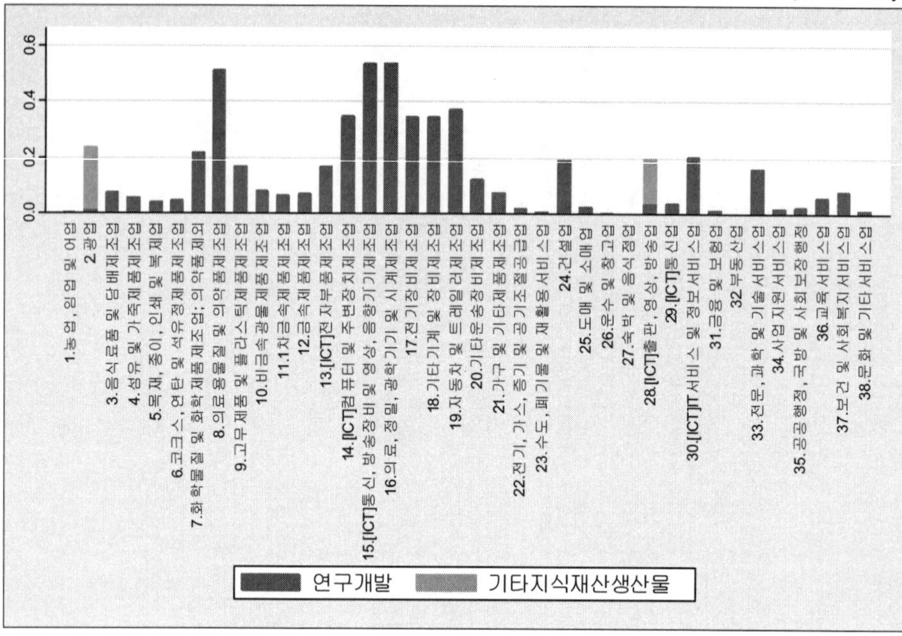

자료: 본 연구에서 추계한 데이터를 이용해 저자가 계산 (KISDI 생산성계정 2017)

제2절 산업별 ICT 중간투입 활용도 분석

1. 개 요

ICT 융합은 생산과정에서 ICT를 활용한 비용절감, 새로운 재화나 서비스의 창출 형태 등으로 나타난다. 소비자의 수요함수, 생산자의 비용함수 추정이 어려운 상황에서 ICT 융합 측정은 사실상 불가능하다. 하지만 ICT 융합 정책 수립을 위해서는 명시적인 지표가 필요한 상황이다(김정언 외, 2016).

본 연구에서는 관측 가능한 지표 발굴을 위해 ICT 융합 과정에서의 자본, 인력 생산 등 투입 측면의 지표를 이용해 ICT 활용도를 측정했다. 여기서는 산업연관표의 ICT 중간재투입 정도를 통해 산업별 ICT 활용도를 살펴본다.

2. ICT 중간투입률 추계

ICT 중간투입률은 재화나 서비스 생산에서의 ICT 부품 및 서비스의 투입 정도를 의미하며, 본 연구에서는 ICT 중간투입률을 ICT 활용도 측정지표로 정의했다. ICT 중간투입률은 전체 중간재 투입에서 ICT 중간재가 차지하는 비중으로 산출되며, 이 지표는 생산활동에서의 ICT 활용도, ICT 융합도를 나타낸다. 여기서 중간재는 생산자가 새로운 재화 및 서비스를 생산하는 데 필요한 재화와 서비스를 의미하며, 주로 생산활동의 원료 형태로 투입된다. ICT 중간투입률 추계는 산업연관표를 이용하였으며, ICT 부문의 기술변화 반영을 위해 불변가격표를 이용했다.

산업연관표는 명목가격으로 제공됨에 따라 실질화를 위해 중간재 디플레이터를 적용했고, 이 디플레이터는 생산자물가지수와 수입물가지수를 이용해 산출했다. 여기서 디플레이팅된 불변가격 산업연관표는 ICT 부품의 품질개선을 반영하는 특징을 지닌다. 본 분석에서는 한국은행 산업연관표, 생산자물가지수, 수입물가지수 등의 자료를 이용하였다.

ICT 중간재의 ICT제조업 부문은 반도체, 디스플레이, 기타전자부품, 컴퓨터및주변장치, 통신및방송장비, 영상및음향기기, ICT서비스업 부문은 통신업, 방송업, 정보서비스업, 컴퓨터프로그래밍 시스템 통합및관리업, 소프트웨어 개발및공급업, 영상・오디오기록물 제작및배급업으로 구성된다(김정언 외, 2016).

〈표 8－1〉 ICT 중간재 분류

	기본부문 분류
ICT 제조업	224. 개별소자, 225. 집적회로, 226. LCD 평판 디스플레이, 227. 기타 전자표시장치, 228. 인쇄회로기판 및 실장기판, 229. 축전기, 저항기, 전자코일 및 변성기, 230. 기타 전자부품, 231. 컴퓨터, 232. 컴퓨터 기억장치, 233. 컴퓨터 주변기기, 234. 유선통신기기, 235. 이동전화기, 236. 기타 무선통신장비 및 방송장비, 237. TV, 238. 영상기기, 239. 오디오 및 음향기기

	기본부문 분류
ICT 서비스업	322. 우편서비스, 323. 유선통신서비스, 324. 무선통신서비스, 325. 기타 전기통신서비스, 326. 지상파 방송서비스, 327. 유선, 위성 및 기타방송, 328. 정보서비스, 329. 소프트웨어 개발 공급, 330. 컴퓨터관리서비스, 331. 신문, 332. 출판, 333. 영상・오디오물 제작 및 배급, 334. 영화상영

주: 상기 분류는 2010년 산업연관표 상품분류 기준
자료: 산업연관표 각년호; 김정언 외(2016) 재인용

3. ICT 중간투입률 추이

가. 전산업

2014년 전산업 중간재 투입 대비 ICT 중간재 투입 비중은 11.3%로 1990년 1.6% 이후 지속적으로 증가하는 추세이다.

〔그림 8－9〕 ICT 중간투입률 추이(1990～2014)

(단위: %)

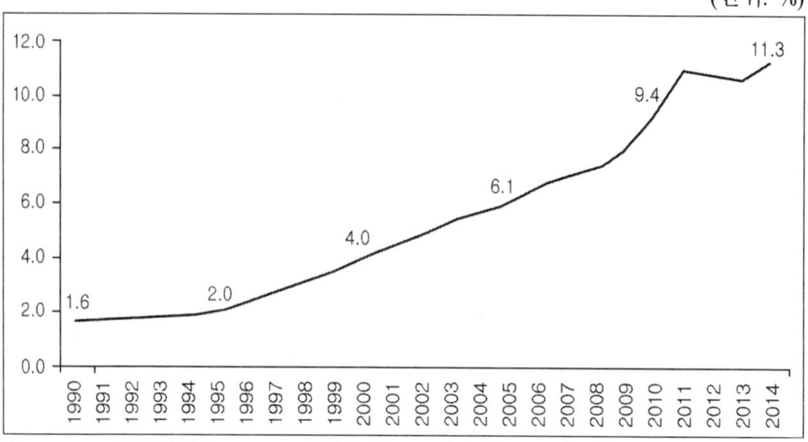

주: 1) ICT 중간투입률 = ICT 중간투입 / 중간투입. ICT제조업 부문은 반도체, 디스플레이, 기타전자부품, 컴퓨터및주변장치, 통신및방송장비, 영상및음향기기로 ICT서비스업 부문은 통신업, 방송업, 정보서비스업, 컴퓨터프로그래밍 시스템 통합및관리업, 소프트웨어 개발및공급업, 영상・오디오기록물 제작 및배급업으로 구성
2) 산업연관표가 없는 연도는 보간하여 그래프화 함
자료: 한국은행 산업연관표('90년, '95년, '00년, '05～'14년), 생산자물가지수(2010=100), 수입물가지수(2010=100); 김정언 외(2016) 재인용

나. 제조업 및 서비스업

2014년 제조업의 ICT 중간투입률은 12.4%로 서비스업(9.7%) 대비 1.2배 높은 수준을 나타낸다. 2005년 이전 제조업의 ICT 중간투입률은 서비스업 대비 낮은 수준을 유지했지만, 2010년 이후 서비스업보다 높은 수준을 나타낸다. 2014년 제조업의 ICT 중간투입률은 2010년 대비 2.6%p 증가한 반면, 서비스업의 경우 0.8%p 증가하여 제조업 대비 낮은 성장세를 나타낸다.

〔그림 8－10〕 제조업 및 서비스업의 ICT 중간투입률 추이

(단위: %)

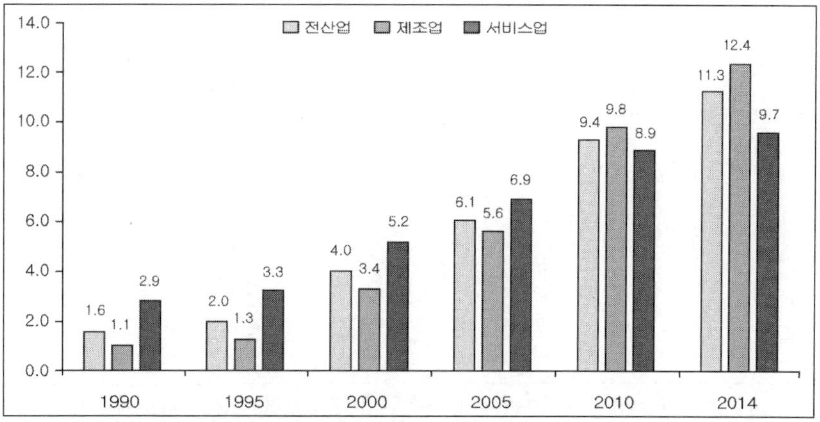

주: ICT 중간투입률 = ICT 중간투입 / 중간투입. ICT제조업 부문은 반도체, 디스플레이, 기타전자부품, 컴퓨터및주변장치, 통신및방송장비, 영상및음향기기로 ICT 서비스업 부문은 통신업, 방송업, 정보서비스업, 컴퓨터프로그래밍 시스템 통합및관리업, 소프트웨어 개발및공급업, 영상・오디오기록물 제작및배급업으로 구성

자료: 한국은행 산업연관표('90년, '95년, '00년, '05년, '10년, '14년), 생산자물가지수(2010=100), 수입물가지수(2010=100); 김정언 외(2016) 재인용

다. 세부산업

ICT 중간투입률은 대체로 ICT산업에서 높은 수준을 보이며, 특히 ICT제조업에서 두드러진다. 통신, 방송장비 및 영상, 음향기기제조업의 ICT 중간투입률이 76.5%로 전산업에서 가장 높은 수준을 보이며, 그 다음 컴퓨터 및 주변장치제조업 71.2%, 전자부품 제조업 57.9%로 높은 수준을 나타낸다. 한편, 서비스업의 ICT 중간투입률은

전반적으로 제조업보다 높게 나타난다. 방송업의 ICT 중간투입률은 54.8%로 서비스업 중 가장 높은 수준을 보이며, 이외 IT서비스 및 정보서비스 51.9%, 소프트웨어 개발 및 공급업 36.2%로 높은 수준을 나타낸다.

〔그림 8－11〕 2014년 세부산업별 ICT 중간투입률

(단위: %)

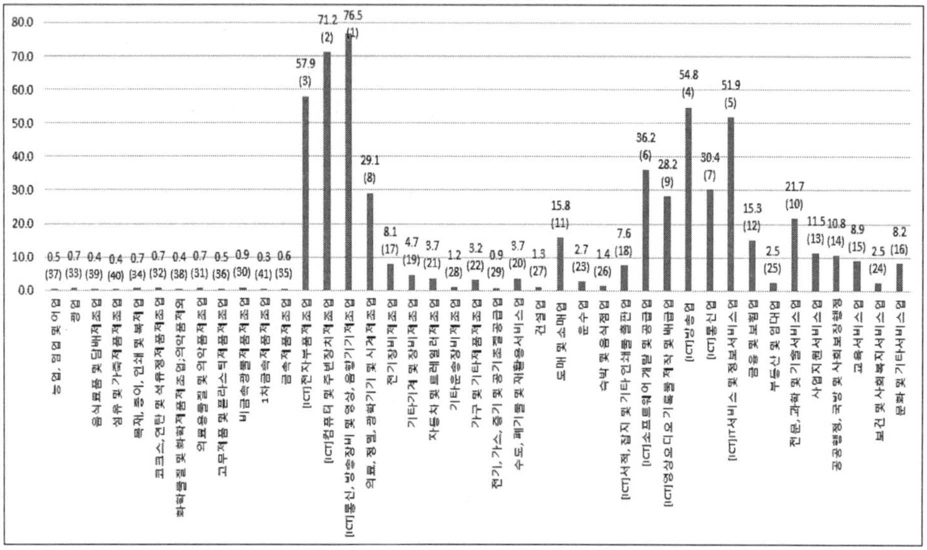

주: 1) ICT 중간투입률 = ICT 중간투입 / 중간투입. ICT제조업 부문은 반도체, 디스플레이, 기타전자부품, 컴퓨터및주변장치, 통신및방송장비, 영상및음향기기로 ICT서비스업 부문은 통신업, 방송업, 정보서비스업, 컴퓨터프로그래밍 시스템 통합및관리업, 소프트웨어 개발및공급업, 영상・오디오기록물 제작및배급업으로 구성

2) 괄호 안은 전산업 내 세부산업별 ICT 중간투입 활용 순위

자료: 한국은행 산업연관표('90년, '95년, '00년, '05년, '10년, '14년), 생산자물가지수(2010=100), 수입물가지수(2010=100); 김정언 외(2016) 재인용

제 3 절 산업별 소프트웨어 개발 전문가 활용도 분석

1. 개 요

소프트웨어는 특정산업에서만 도입, 활용되는 것이 아니라 모든 산업에 내제되어 높은 부가가치 생산하고 있다. 또한, 향후 사물인터넷, 지능정보 등의 발달로 소프트웨어의 활용은 전산업에 걸쳐 증가할 것이며, 이와 더불어 지표 측면의 소프트웨어 활용도 측정은 더욱 중요해 질 것으로 판단된다.

본 연구에서는 인력측면에서 소프트웨어 개발 전문가를 중점으로 산업별 ICT 활용도를 살펴보고자 한다. 소프트웨어 개발 전문가는 한국표준직업분류 6차개정 222. 컴퓨터 시스템 및 소프트웨어 전문가로, 정보시스템 관련 기술을 바탕으로 둔 직종으로 정의했다.

본 분석의 소프트웨어 개발 전문가를 분류하기 위해서는 산업별 한국표준직업분류 3자리 수준 이상의 정보가 필요하다. 이에 산업 및 직업 분류의 3자리 수준 이상 정보를 제공하는 2001～2009년 고용정보원의 산업・직업별 고용구조사[53]와 2008～2016년 통계청의 지역별고용조사를 이용하였다.

〈표 8－2〉 소프트웨어 개발 전문가 직종

분류명	설명
222. 컴퓨터 시스템 및 소프트웨어 전문가	컴퓨터 시스템 설계, 소프트웨어, 하드웨어 개발, 웹 개발 등 정보 시스템과 관련된 기술을 바탕으로 컴퓨터 시스템 및 소프트웨어의 설계, 분석 등 개발 업무 전반을 수행
2221. 컴퓨터 시스템 전문가	컴퓨터 시스템의 입력 및 출력자료의 형식, 자료처리 절차와 논리, 자료 접근 방법 등 컴퓨터 시스템의 전반 요소들을 구체적으로 결정 및 설계하고 분석
2222. 시스템 소프트웨어 개발자	컴퓨터 시스템의 자체기능 수행명령체계인 시스템 소프트웨어를 연구 및 개발하고 설계하며, 이와 관련한 프로그램을 작성하는 업무를 수행한

53) 산업・직업별 고용구조조사는 2010년 이후 지역별고용조사로 통폐합되었다.

분류명	설명
2223. 응용 소프트웨어 개발자	사용자의 다양한 문제해결을 위해 명령을 수행하는 응용 프로그램(애플리케이션)을 개발하고 컴퓨터 시스템의 사용 환경에 따라 소프트웨어의 환경을 변경
2224. 웹개발자	웹서버 구축 및 운영에 대한 기술적인 책임을 지며 웹의 신기술을 습득하고 적용하며, 시험하는 업무를 수행
2225. 기타 컴퓨터 시스템 및 소프트웨어 전문가	기타 컴퓨터 시스템 및 소프트웨어 전문가

자료: 통계청(2007)[54)]

2. 소프트웨어 개발 전문가 활용도 측정

가. 전산업

2016년 전산업 소프트웨어 개발 전문가 취업자 수는 30.3만 명으로 전직종의 1.14% 비중을 차지한다. 2000년대 초반 IT버블의 붕괴 등으로 소프트웨어 개발 전문가 수는 2005년 11만 명 저점을 기록했고, 이후 지속적으로 증가하는 추세를 나타낸다. 전직종 대비 비중 또한 2005년 0.47% 저점 후 증가세를 나타낸다.

〔그림 8－12〕 소프트웨어 개발 전문가의 종사자 수 및 전산업 내 비중 추이

(단위: 천 명, %)

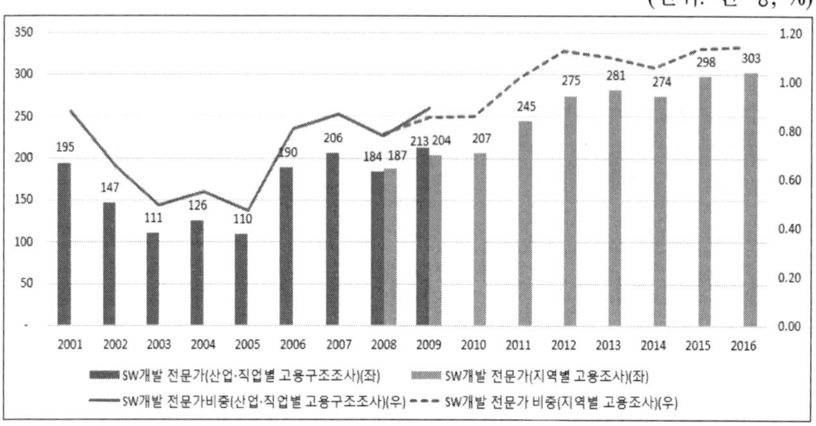

자료: 산업 · 지역별 고용구조조사 및 지역별고용조사 데이터를 이용하여 저자가 계산

54) 통계청(2007), 한국표준직업분류, 통계청

나. 세부산업

세부산업별 소프트웨어 개발 전문가 수는 2011년 이후 증가하는 추세로, ICT서비스업과 비ICT서비스업의 2001～2016 연평균증가율은 각 4.4%, 4.9%로 제조업 대비 높은 증가세를 나타낸다.

2016년 소프트웨어 개발 전문가 30.3만명의 84.0%는 ICT서비스업에 종사하며, 그 외 비ICT서비스업 10.5%, ICT제조업 2.8%, 비ICT제조업 2.7% 비중을 나타낸다. ICT서비스업의 소프트웨어 개발 전문가 비중은 2001년 이후 증가하는 추세로, 2001년 대비 7.4%p 증가했다. 비ICT서비스업의 경우 2006년 이후 10.0% 수준을 유지하고 있으며, ICT제조업과 비ICT제조업의 소프트웨어 개발 전문가 비중은 2006년 이후 감소하는 추세를 보인다.

〔그림 8－13〕 세부 산업별 ICT 전문가 수 및 비중 추이

(단위: 천 명, %)

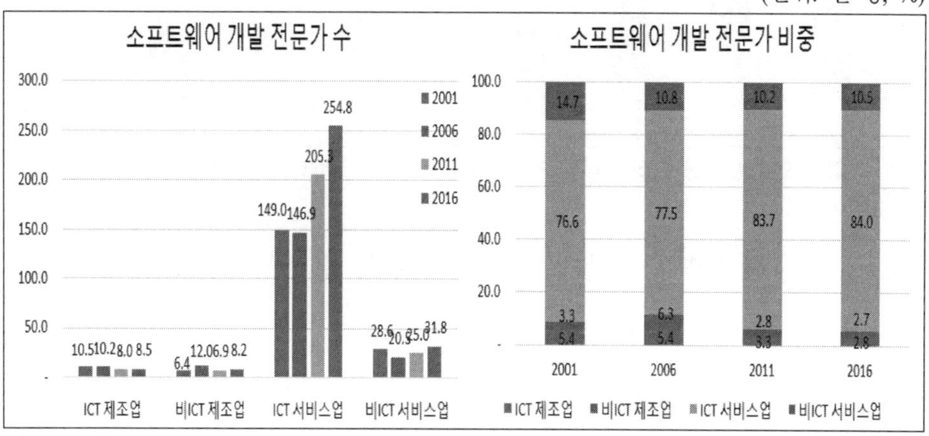

자료: 산업 · 지역별 고용구조조사 및 지역별고용조사 데이터를 이용하여 저자가 계산

2016년 ICT제조업의 소프트웨어 개발 전문가 수는 8.5천 명으로, 그 중 통신, 방송장비 및 영상, 음향기기 제조업이 5.0천 명으로 가장 큰 비중을 차지한다. 그 다음 전자부품제조업 2.9천 명, 컴퓨터 및 주변장치 제조업 0.5천 명 분포를 보인다. 컴퓨터 및 주변장치제조업은 2011년 이후 빠른 감소세를 보이며, 그 외 통신, 방송장비

및 영상, 음향기기 제조업 전자부품 제조업의 경우 증가세를 나타낸다.

ICT서비스업의 소프트웨어 개발 전문가 수는 25.5만 명으로, 그 중 출판, 영상, 방송업이 17.8만 명, IT서비스 및 정보서비스업 7.4만 명, 통신업 0.3만 명 분포를 보인다. 통신업의 소프트웨어 개발 전문가 수는 2006년 이후 감소세를 보이는 반면, IT서비스 및 정보서비스업, 출판, 영상, 방송업은 증가세를 나타낸다.

〔그림 8－14〕 ICT 세부 산업별 ICT 전문가 수 추이

(단위: 천 명)

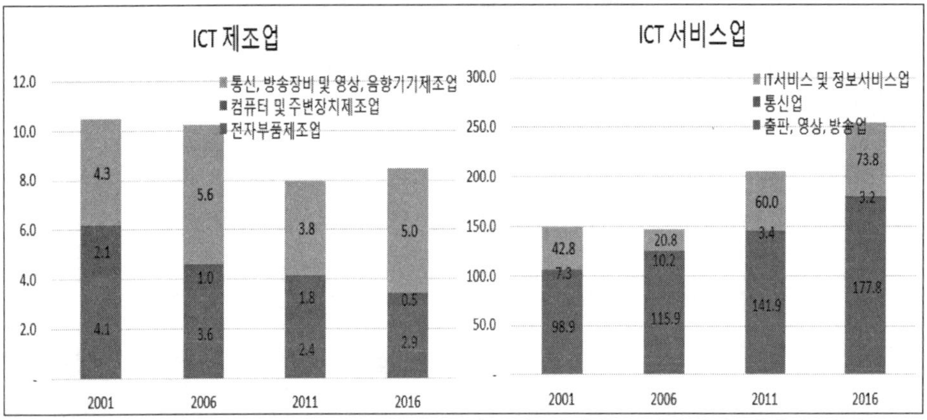

자료: 산업・지역별 고용구조조사 및 지역별고용조사 데이터를 이용하여 저자가 계산

제 4 절 자가계정 소프트웨어 활용도 분석

1. 개 요

산업 및 기업의 정보통신기술 투자에서 소프트웨어의 중요성이 커지면서, 자본 측면에서 소프트웨어에 대한 관심 또한 증대되고 있다. 소프트웨어는 투자의 성격으로 지식재산생산물의 세부자산으로 분류되고 있다. 자가계정 소프트웨어[55]는 컴

55) 컴퓨터소프트웨어의 유형 및 정의, 자가계정 SW 추계 방법 등의 자세한 내용은 정현준 외(2015), 정현준 외(2016)를 참고하시오

퓨터 소프트웨어의 하나의 유형으로 기업내 사업 활동에 특화되어 제작 및 개발된 소프트웨어를 의미한다(정현준, 2016). 생산과정의 투입측면에서 자가계정 소프트웨어의 투자는 해당 산업의 ICT 융합 및 활용정도를 나타낸다.

2. 전산업 자가계정 소프트웨어 투자

2016년 기준 한국의 자가계정 소프트웨어 명목투자액은 약 4.6조 원으로 추정된다. 1990년대 후반 발생한 IT버블이 붕괴되면서 2000년대 초반 자가계정 소프트웨어 투자액도 크게 감소한 것으로 보인다. 하지만 2000년대 중반 이후 현재까지 우리나라 자가계정 소프트웨어는 지속적으로 증가하는 추세를 보이고 있다(정현준 외, 2016).

〔그림 8－15〕 자가계정 소프트웨어 투자액: 2001～2016년

(단위: 조 원)

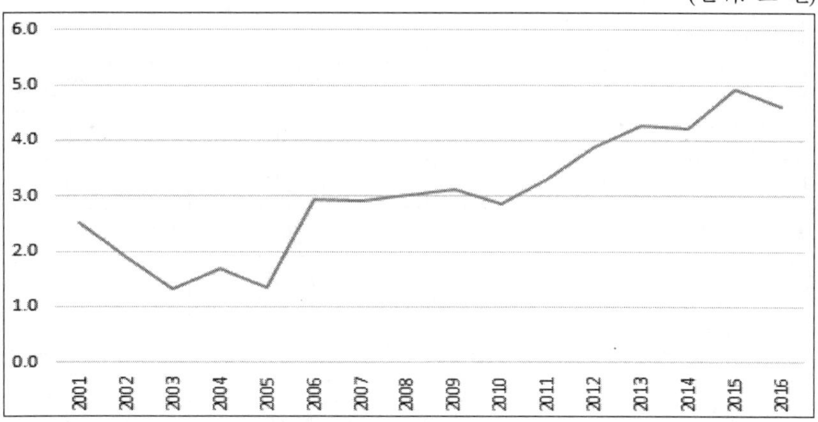

자료: 본 연구의 자가계정 소프트웨어 추계 방법론을 이용하여 저자가 계산

3. 산업별 자가계정 소프트웨어 투자

가. 명목투자

산업 대분류 수준에서 산업별 자가계정 소프트웨어 투자액과 산업별 분포는 다음 표와 같다. 농임업, 광업, 숙박 및 음식업 등은 소프트웨어 전문인력의 취업자가 조

사되지 않아 자가계정 소프트웨어 투자를 0으로 추정했다. 산업별 비중을 보면 우리나라 자가계정 소프트웨어 투자액 중 제조업의 투자가 23.5% 비중을 차지하는 것으로 나타났다. 이외 출판, 영상, 방송통신 및 정보서비스업(28.5%)이 큰 비중을 차지했는데 이는 포털, 인터넷서비스 등 정보서비스업의 자가계정 소프트웨어 투자가 큰 것에 기인한다. 전문, 과학 및 기술 서비스업도 2014～2016년 평균 자가계정소프트웨어 투자액이 전체의 1/5 정도(23.5%)를 차지하고 있다. 이 외 금융 및 보험업이 6.5%, 도소매가 6.1%, 사업시설관리 및 사업지원서비스업이 5.9% 비중을 보인다.

〈표 8－3〉 산업별 자가계정 소트프웨어 명목 투자(2014～2016 평균)

산업	2014년～2016년 평균 투자액(백만 원)	산업별 비중(%)
농업, 임업 및 어업	0	0.0
광업	0	0.0
제조업	1,075,586	23.5
전기, 가스, 수도 및 환경	26,495	0.6
건설업	69,072	1.5
도매 및 소매업	277,885	6.1
운수업	18,545	0.4
숙박 및 음식점업	0	0.0
출판, 영상, 방송통신 및 정보서비스업	1,308,537	28.5
금융 및 보험업	300,358	6.5
부동산업 및 임대업	33,979	0.7
전문, 과학 및 기술 서비스업	921,632	20.1
사업시설관리 및 사업지원서비스업	272,494	5.9
공공행정, 국방 및 사회보장 행정	43,627	1.0
교육 서비스업	166,448	3.6

산업	2014년～2016년 평균 투자액(백만 원)	산업별 비중(%)
보건업 및 사회복지 서비스업	0	0.0
예술, 스포츠 및 여가관련 서비스업	43,672	1.0
협회 및 단체, 수리 및 기타 개인 서비스업	27,311	0.6
전산업	4,585,640	100.0

자료: 본 연구의 자가계정 소프트웨어 추계 방법론을 이용하여 저자가 계산

나. 실질투자

자가계정 소프트웨어 실질투자 증가율의 변동성은 서비스업, 제조업 모두 크게 나타나는 특징을 보인다. 제조업의 경우 금융위기(2008) -31.2% 저점을 기록 후 2012년까지 증가세 보였으나, 이후 감소세로 2013～2016년 -10～10% 수준을 보인다. 서비스업의 경우 제조업과 유사한 추세를 보이며, 2013년 2015년 20.0%로 높은 수준을 나타냈으나, 2016년 다시 감소세를 나타낸다.

〔그림 8－16〕 제조업 및 서비스업의 자가계정 소프트웨어 실질 투자 추이

(단위: %)

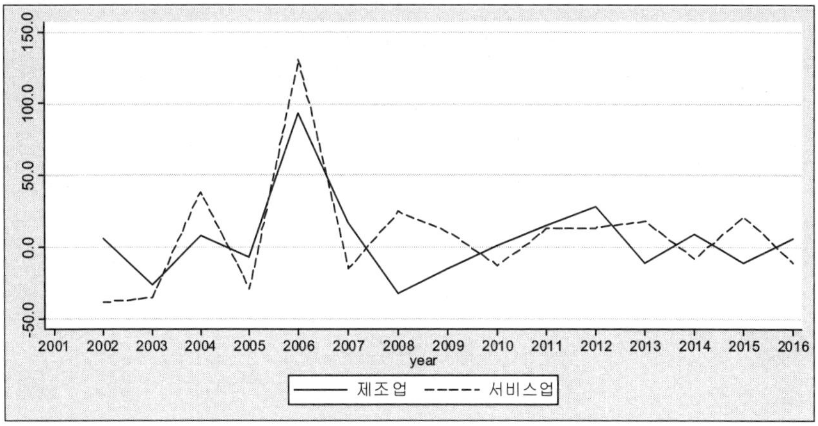

자료: 본 연구의 자가계정 소프트웨어 추계 방법론을 이용하여 저자가 계산

산업별 자가계정 소프트웨어 실질 투자의 기간별 평균값은 대체로 2001～2010년

대비 2011~2016년에 증가하는 추세를 보인다. 2011~2016년 증가세를 보인 산업에는 전기, 가스, 수도하수 및 환경복원업, 전문, 과학 및 기술서비스업, 사업지원서비스업, 기타기계 및 장비 제조업 등이 있다.

〔그림 8－17〕 산업별 자가계정 소프트웨어 실질 투자 추이(기간별 평균)

(단위: 조 원)

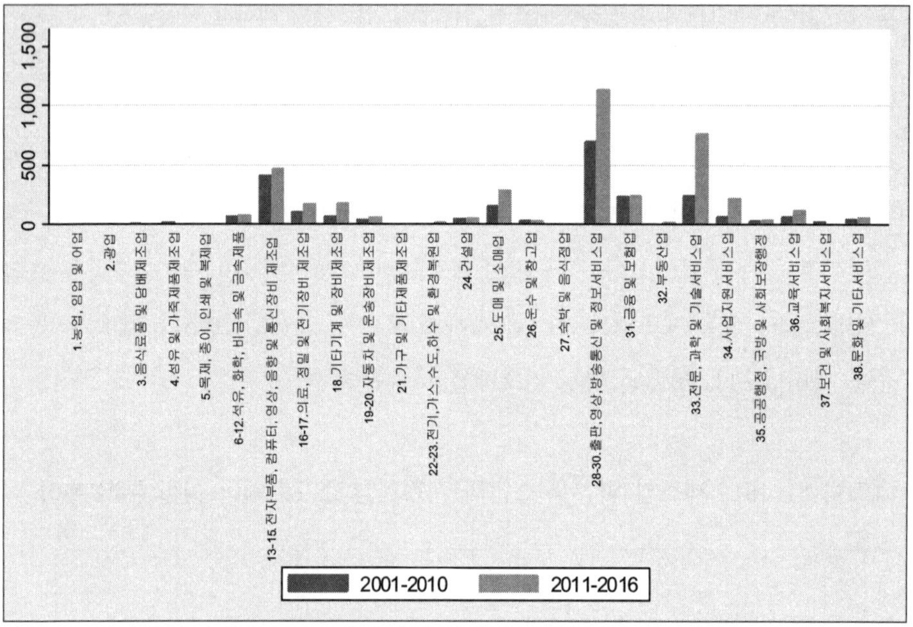

자료: 본 연구의 자가계정 소프트웨어 추계 방법론을 이용하여 저자가 계산

제 9 장 결론 및 정책적 시사점

1. 주요 연구 결과

가. ICT와 과학기술 관점의 생산성 계정 구축 및 생산성 분석

이번에 구축한 생산성 계정은 산업의 성장 원천을 ICT와 과학기술 관점에서 바라볼 수 있는 기반이 된다. 성장회계 분석 결과 우리나라는 2000년대 평균 4.7% 성장하였으나, 2010년대 들어 1.7%p 하락한 평균 3.0% 성장한 것으로 나타났다. 경제전체의 총요소생산성 증가율도 2000년대 1.6%p에서 2010년대 0.6%p로 1%p 감소했고 상대적 성장기여율도 12.6%p 하락했다. 이는 글로벌 금융위기 이후 우리 경제 전반에 성장률 저하와 더불어 생산성 하락이 발생한 것을 보여준다.

각종 통계지표에서 우리나라의 ICT와 과학기술 역량은 세계적으로도 상위권을 차지하고 있다. 특히, ITU에서 발표하는 ICT 발전지수는 2016～2017년 세계 1～2위를 기록했다. 그리고 우리나라의 GDP 대비 R&D 투자 비중은 2016년도 기준 4.24%로 OECD 국가 중 2위이고, R&D 투자 금액 자체도 전년 대비 5.2% 증가한 598억 달러로 세계 5위 수준이다.[56)] 성장회계 분석 결과에서 과학기술과 ICT의 성장기여도가 높게 나타나고 있는 것은 이러한 성과를 반영한 것으로 보인다. 2010년대 ICT자산의 성장기여는 0.3%p로 전체 경제성장의 8.9%를 담당하고 있고, R&D와 지식재산으로 구성된 혁신자산의 성장기여는 0.4%p로 경제성장의 13.0%를 설명한다. 2000년대에 비해 경제성장률은 감소했으나, ICT자산과 혁신자산의 성장기여도 및 상대적 성장기여율은 증가한 것으로 나타났다.

한편, 인적자원 측면에서 우리나라의 학업성취도 지수는 2015년 OECD 국가 중 2위 수준이고, UNDP의 인간개발지수는 188개국 중 17위를 기록했다.[57)] 하지만, 성장

56) 과학기술정보통신부 보도자료(2017. 11. 14), “2016년 연구개발활동 조사결과 발표”

57) 관계부처 합동(2017. 11), “혁신성장을 위한 사람 중심의 4차 산업혁명 대응계획”

회계 분석 결과 인적자원 측면에서 양적 투입에 의한 성장기여도는 0.4%p 감소했고, 노동의 구성 즉 노동의 가격으로 평가한 노동의 질을 통한 성장기여도 역시 0.2%p 감소한 것으로 나타났다. 이러한 결과는 우리나라 인적자원의 잠재력은 우수하나, 산업구조 재편 과정에서 일종의 마찰이 발생하고 있음을 시사한다.

글로벌 금융위기 이후 제조업 부문의 TFP 저하가 서비스업 부문에 비해 두드러졌으며, ICT자산과 혁신자산의 성장기여 측면에서도 서로 다른 모습을 보여주고 있다. 제조업에서는 R&D 등 혁신자산의 기여가 상대적으로 더 크고, 서비스업에서는 ICT 자산의 성장기여가 상대적으로 더 큰 것으로 나타났다. 우리의 산업구조에서 제조업 분야에서는 기술개발의 중요성이 서비스업에 비해 상대적으로 크며, 서비스업 분야에서는 AI, IoT, 클라우드, 빅데이터, 인터넷 등 ICT의 중요성이 상대적으로 컸음을 시사한다. 이러한 결과는 치열한 글로벌 경쟁에 노출되어 있는 제조업의 경우 R&D를 통한 기술혁신이 상대적으로 중요하고, 서비스업의 경우 ICT 플랫폼을 활용한 비즈니스 혁신이 상대적으로 중요하기 때문이라고 해석할 수 있다.

생산성 국제비교 결과 역시 유사한 시사점을 제공한다. 글로벌 금융위기 이후 한국은 미국, EU12, 영국, 독일 등과 비교하여 총부가가치 증가율 하락이 컸다. 한국의 경제성장률이 낮아진 주요 원인은 총요소생산성 하락에 따른 것으로 나타났다. 비교 국가들의 총요소생산성도 하락했지만, 한국은 주요 선진국에 비해 하락폭도 크기 때문에 이에 대한 대응이 요구된다. 한국은 2000년대 투자 부진으로 인해 자본의 상대적 성장기여가 주요국에 비해 낮았다. 하지만 글로벌 금융위기 이후 성장기여에서는 자본의 성장기여가 주요국에 비해 상대적으로 양호한 것으로 나타났고, 그 중에서도 특히 ICT자산의 성장기여도가 비교대상국 중 가장 양호한 것으로 나타났다. 이는 글로벌 금융위기 이후 수출확대를 통해 한국의 성장회복을 주도한 산업이 ICT산업이기 때문으로 보인다. 반면, 노동의 경우 주요국과 반대의 추이를 보이고 있다. 한국은 노동의 성장기여가 글로벌 금융위기 이후 30% 가량 하락했으나, 미국과 영국, 그리고 독일의 경우 위기 이전보다 대폭 확대된 것을 알 수 있다. 동시에 한국은 노동의 질을 반영하는 노동 구성의 성장기여 역시 크게 감소했으나, 영국과 독일은 오히려 노동 구성을 통한 성장기여가 확대됐다. 이는 한국의 인력이 노동생산성이 높은 부문에서 노동생산성이 낮은 부문으로 이동했음을 시사한다. 실제 글로벌 금융위기 이후 조선업 등 구조조정이 진행 중인 산업의 취업자가 감소하면서 생계형 자영업의 비중이 확대되고, 제조업에서 퇴직한 근로자가 저임의 서비스업으로 유입되었기 때문으로 풀이된다.

성장회계 분석결과는 4차 산업혁명을 대비하고 있는 우리 경제에 시사하는 바가 크다. 구체적으로 인공지능, IoT, 클라우드, 빅데이터 등 디지털 기술을 통해 촉발되는 4차 산업혁명 과정에서 혁신기반 성장을 위해 우리의 강점과 약점, 그리고 나아갈 방향을 보여준다. 1차적으로 우리 경제에서 ICT와 과학기술의 활용이 경제성장에 기여하는 정도가 상당하며, 점차 커지고 있다고 평가할 수 있다. 한편, 우리나라는 근면하고 우수한 인적자원을 통해 성장을 지속해왔다. 하지만, 최근 베이비 부머 세대가 제조업 부문에서 서비스업으로 이동하면서 제조업에서 지녔던 우수한 인적자본을 서비스업에서 충분히 활용하지 못하고 있다. 즉, 산업구조 변화에 따라 일자리 변화에 대한 대응이 미흡했기 때문에 질적 측면에서의 성장기여가 감소한 것을 알 수 있다.

그리고 눈에 띄는 결과는 2010년대 들어 제조업 부문의 TFP 증가율이 크게 감소했다는 점이다. TFP 증가율의 감소는 해당 부문의 경쟁력이 강하지 않다는 사실을 방증한다. 한편, 서비스업 부문의 TFP 증가율은 증가했으나, 이는 노동시간 증가폭이 감소하였기 때문에 발생한 것으로 바람직하다고 단정하기 어려운 상황이다. 성장을 지속하기 위해서는 부가가치가 높은 신산업 부문의 육성 혹은 산업구조 재편을 추진해 나가는 것이 필요하다. ICT와 과학기술을 활용한 다양한 혁신 성장동력을 육성하고, 주력사업의 경우 핵심 경쟁력을 이어나갈 필요가 있다. 이를 위해 R&D 체계를 혁신하고, 클라우드, 빅데이터 등 디지털 기술의 확산을 위해 데이터의 생산과 공유 기반을 강화하여, 누구나 이용할 수 있는 최고 수준의 지능화 기술과 데이터, 그리고 초연결 네트워크 강화가 요구된다. 그리고 신산업에 대한 규제를 개선하여 산업의 인프라와 생태계를 강화할 필요가 있다. 인력구조와 산업변화에 대응하기 위해서는 디지털, 지능화 기술 핵심인재를 양성하는 한편, 창의성에 기반한 새로운 성장기회를 포착할 수 있는 인재를 양성할 수 있는 교육의 혁신이 필요하다.

본 연구는 우리나라 경제성장 현황과 성장의 원천을 살펴보기 위한 산업별 생산성계정을 구축하고, 성장회계 분석을 통해 우리 경제와 산업별 성장의 원천을 분석했다. 생산성 분석에 ICT와 과학기술의 관점을 명시적으로 반영한 것이 본 연구의 가장 큰 차별점이다. 부수적으로 ICT와 과학기술이 반영된 생산성 계정은 향후 다양한 산업연구에 활용할 수 있을 것으로 기대한다.

본 연구는 세부연구를 통해 (1) 산업별 자가계정 소프트웨어 투자를 추계하고, (2) 산업별 노동소득 분배율을 추정했다. 두 가지 세부연구는 ICT의 활용과 생산성 연구 분야의 핵심 주제임에도 불구하고, 그동안 산업수준에서의 연구가 미흡했다. 자가계정 소프트웨어 투자 추계의 경우 4차 산업혁명 시대의 산업의 경쟁력과 기업의 행태를 미리 예측해 볼 수 있다는 점에서 의미가 크고, 산업연관표나 국민대차대조표 등 현행 국민계정의 공식 통계에서도 명시적 고려 없이 암묵적으로만 반영되고 있었다는 점에서 국가 통계체계 발전에 기여할 것으로 기대한다. 실제로 한국은행과 자가계정 소프트웨어 투자 추계와 관련해 연구 교류를 진행 중이다. 한편, 두 번째 세부연구로 다룬 산업별 노동소득 분배율은 생산성 분석에 가장 크게 영향을 주는 요소 중 하나이지만 본격적인 연구는 미흡한 상황이다. 비임금근로자의 귀속임금을 과다계상하면 총요소생산성의 과대추정으로 이어지기 때문에 우리나라와 같이 자영업주 및 가족종사자와 같은 비임금근로자가 많은 경우 생산성 분석에 앞서 선결적으로 연구되어야 한다. 예를 들어 비임금근로자의 귀속임금을 임금근로자의 임금과 동일하다고 보는 OECD의 기준을 우리나라에 그대로 적용할 경우 TFP는 과다계상되게 된다. 노동소득 분배율에 관한 연구는 노동구조에 대한 이해뿐만 아니라, 생산성 계정의 정합성을 높이는 부수적인 효과도 있었다.

나. ICT부문 장기시계열 산업연관표 구축 및 산업연관분석

ICT부문의 산업구조 변화를 구체적으로 파악하고, ICT 중장기 발전계획 수립과 예측 및 산업구조정책방향을 도모하기 위해 ICT부문 장기시계열 산업연관표를 구축하고 이를 활용한 산업연관분석을 수행하였다.

우선 기술파급효과 분석 결과를 요약하면 다음과 같다. R&D 기술집약도, 직・간접파급효과 및 직접파급효과는 제조업, 그 중에서도 고기술(ICT) 부문이 가장 큰 것으로 나타났지만 간접파급효과는 전기가스수도건설부문업이 가장 높은 것으로 나타났다. 또한, 전체산업에 걸쳐 전반적으로 간접파급효과가 직접파급효과에 비해 높은 것으로 나타났고, 고기술(ICT), 고기술(비ICT), 생산자서비스(ICT), 사회서비스 부문이 격차가 큰 것으로 나타났다. 이들 산업들은 타 산업으로부터 이전되거나 이전하는 R&D활동에 대한 확산효과가 높음을 의미하고 있으며, 높은 기술파급효과 창출을 위해서는 산업 간 상호의존을 기반으로 이루어져야 함을 의미한다.

또한, 본 장에서 수행한 산업연관 구조분해분석 결과에 따르면, 1990～2014년 전체 산출액 증가치는 고－중기술, 저－중기술, 생산자서비스(비ICT), 사회서비스, 유통서비스 순으로 높았으며, ICT관련 부문에서는 고기술(ICT)부문은 약 252조이며, 생산자서비스(ICT)는 약 114조에 이르는 것으로 나타났다. 특히, 수출수요의 성장기여도는 고기술(ICT)을 포함한 모든 제조업에서 양(+)의 기여도를 나타내고 있고 2010～2014년을 제외하고는 고기술(ICT) 부문의 수출증가가 총산출 증가에 크게 기여한 것으로 나타났다.

위 두 가지 분석 결과를 종합해봤을 때, 국내 ICT제조업의 수출 증가는 국내 총산출 증가에 크게 기여하고 있으며 R&D 직접파급효과와 간접파급효과 모두 큰 것으로 나타났다. 이 때, ICT제조업 R&D의 간접파급효과가 직접파급효과보다 큰 것으로 나타났는데 이는 ICT제조업 수출이 국내 경제성장에 큰 기여를 할 수 있었던 이유는 절대적인 파급효과가 컸을 뿐만 아니라 타 산업으로부터 이전되거나 이전하는 R&D 활동에 대한 확산효과가 높았었기 때문으로 판단된다.

다. 5국가 ICT산업 연산일반균형모형 개발 및 정책실험

ICT산업의 정책 효과를 파악하기 위해 5국가 ICT산업 연산일반균형모형을 개발하여 (1) ICT 투자 지출 증가에 따른 단기의 성장효과를 수요 및 공급 측면에서 분석하고, (2) 자국 중간수요 대체에 따른 부가가치 변화를 살펴보았다.

첫 번째 정책실험의 경우, 우리나라 10억 달러의 ICT산업 투자 지출에 따른 ICT 산업 부가가치 효과는 한국 5억 3천 7백만 달러, 중국 1천 5백만 달러, 미국 1천 9백만 달러 등으로 나타났으며, ICT 생산가격은 0.01% 하락할 것으로 예상된다. 중국의 10억 달러 투자에 따라 우리나라의 ICT 부가가치는 2천 5백만 달러 늘어나지만, 일본, 대만 및 미국의 투자 지출이 국내 ICT산업에 미치는 영향은 상당히 낮다. ICT산업 10억 달러 투자지출의 공급 및 수요 단기 효과가 가장 큰 국가는 중국이며, 그 다음으로 미국, 한국, 일본 및 대만의 순서로 나타났다. 수요 단기 효과를 살펴보면, 국가별 10억 달러 투자에 따른 ICT산업 부가가치 증가액은 한국 3억 7천 7백만 달러, 중국 1억 8천 7백만 달러, 일본 3억 1백만 달러, 대만 2억 9천만 달러, 미국 5억 2천 4백만 달러 등으로 추산된다. 또한 공급 단기 효과의 측면에서 보면, 우리나라 ICT 산업 투자지출에 따라 ICT산업과 비ICT산업 부가가치는 각각 1억 6천 1백만 달러 및 5억 7천 7백만 달러 증가하는 것으로 나타났다.

다른 국가들이 자국의 ICT산업을 보호・육성하고자 한국으로부터 수입하는 모든 중간수요를 자국의 중간수요로 대체하는 두 번째 정책실험의 경우, 중국의 수요대체가 가장 크게 부정적인 영향을 주며, 미국, 대만, 일본 순으로 우리나라 ICT산업의 부가가치를 감소시키는 것으로 나타났다. 만약 중국이 우리나라 ICT 상품을 중간재로 활용하지 않게 되면 국내 ICT산업 부가가치는 19.2% 감소하는 반면에 중국 ICT 산업의 부가가치는 1.4% 증가하는 것으로 나타났다. 일본과 대만이 자국의 중간수요로 대체하는 경우, 국내 ICT산업 부가가치는 각각 1.3%, 1.9% 감소하는 반면, 일본은 0.5%, 대만은 2.9% 증가하는 것으로 나타났다. 마지막으로 미국이 보호무역주의 강화를 통해 우리나라 ICT산업의 중간수요를 미국의 것으로 대체하는 경우 국내 ICT산업의 부가가치는 3.1% 감소하는 한편, 미국 ICT산업의 부가가치는 0.7% 증가하는 것으로 도출되었다.

이를 통해 ICT산업의 주요국가(한국, 미국, 중국, 일본, 대만)들이 단순한 선형 형태가 아닌 보다 고차원 형태의 글로벌 가치사슬 구조로 연결되어 있는 것을 확인할 수 있었다. 즉, 특정 국가에서 ICT산업에 대한 투자 지출을 늘리거나 자국의 ICT산업 보호·육성을 위해 우리나라 중간수요를 자국의 중간수요로 대체하는 등의 정책들을 적용하는 경우, 그 영향이 다양한 방향성을 가지고 타 국가들에 미치는 것을 확인하였다. 가령, 우리나라 ICT산업은 중국의 ICT산업에 대한 투자 지출 증대에 긍정적인 영향을 받지만, 미국과 일본의 ICT산업 투자 촉진에는 큰 영향을 받지 않는 것으로 나타났다. 반면에 우리나라 ICT산업에 대한 투자가 증가할 경우, 미국, 일본, 대만 등 ICT산업도 어느 정도 성장할 수 있다고 볼 수 있다. 중간재 수요를 대체하는 경우에도 비슷한 예를 찾아볼 수 있는데, 특정 국가에서 자국의 ICT산업을 보호하는 정책이 우리나라 ICT산업의 부가가치에 부정적인 영향을 줄뿐만 아니라, 타 국가 ICT산업에도 긍정적 또는 부정적인 영향을 미치는 것으로 나타났다.

2. ICT와 과학기술 활용을 통한 우리나라의 경제·산업 구조 고도화 전략

가. R&D 및 ICT자본 투자 확대 및 효율성 제고

국내 R&D 및 ICT자본 투자는 꾸준히 확대되어 전체적인 양적 규모에 있어서는 주요 선진국에 뒤지지 않은 수준에 도달하였다. 그러나 여전히 기초 및 원천 기술 부문의 투자는 더욱 증대될 필요가 있으며, 이러한 투자가 실제로 산출 및 생산성 증대로 이어지는 과정의 효율성을 제고할 필요가 있다.

R&D 투자의 효율성을 끌어올리기 위해서는, 일단 구체적인 상용화를 위한 기술개발 뿐 만이 아니라 기초 및 원천 R&D 부문의 투자를 늘릴 필요가 있다. 이를 통해 R&D 투자가 해당 분야를 넘어서 넓게 파급효과를 미치도록 유도할 수 있으나, 이렇게 기초 및 원천 기술 R&D 투자가 양의 외부효과를 가지고 있기 때문에 시장에만 맡겨놓으면 과소투자의 위험이 있다. 따라서 정부 및 공공 부문은 적극적으로 공공재적 기초 원천 R&D 연구에 대한 지원을 확대할 필요가 있다. 또한 이러한 혁신의 확산 효과를 극대화하는데 걸림돌로 작용되는 것이 국내 기업의 폐쇄적 연구활동 문화로서, 산학연 협동 또는 서로 다른 기업 간의 공동 연구 및 R&D 성과물의 판매와 구매 등을 통한 개방형 R&D 체계를 더욱 활성화하여, 국가 경제 전체에 걸

친 R&D 시너지 효과를 극대화시키도록 하여야 한다.

ICT 투자의 경우에는 ICT 투자가 실제로 생산성 증대에 기여하도록 하는 과정에서는 이를 실제 생산 활동에 연계시키는 보완적 혁신 조치가 필요하다. 이는 기술적인 부분만 포함한게 아니라 조직 구조 개편과 같은 비기술적, 제도적, 문화적 혁신을 포함한다. 이러한 보완적 혁신 역량의 확대가 ICT를 통한 생산성 증대 효과를 위해 필수불가결하며, 이를 위해서는 ICT 기술에 있어서 단지 해당 분야의 좁은 전문지식에만 매몰된 것이 아니라 여러 기술 간 또는 기술적 요소와 비기술적 요소 사이의 경계를 넘어서는 융합적인 시각을 혁신 활동에 적극적으로 접목하여야 한다.

나. 벤처 창업 활성화

ICT산업 부문의 성장세가 둔화된 이유 중의 하나는, ICT산업 부문이 그 동안의 높은 성장세가 하드웨어 부문의 수출 대기업 위주로 반도체와 모바일 기기 등 소수의 품목에 편중되어왔다는 점이다. 이러한 하드웨어 및 수출 대기업 위주로 편중된 구조는, 따라잡기식 모방위주 혁신 모델을 넘어서 적극적으로 혁신적인 신산업에 뛰어드는데 어려움을 줄 수 있다. ICT 신기술 및 신산업의 특징은 변화의 트렌드가 매우 빠르고 불확실성이 크며, 적용 대상 및 분야가 다양하다는 것이다. 이는 소수의 대기업 주도로 ICT 신산업을 발전시키는 것이 어렵다는 것을 의미하며, 혁신의 주체로서 중소 벤처 기업이 적극적으로 전면에 나서야 함을 의미한다.

ICT 벤처 기업은 규모에 비해서 더욱 더 큰 혁신 파급효과를 낼 수 있는데, 이는 벤처기업이 제공하는 ICT 서비스가 이를 활용하는 다른 산업 부문에서 생산성 효과의 시너지효과를 낼 수 있기 때문이다. 따라서 벤처기업 자체의 성장과 고용에만 초점을 맞출 것이 아니라, 벤처기업의 혁신 성과가 벤처 생태계 외부의 다른 부문으로 확산되는 과정까지 염두에 두고서 벤처 창업 지원 정책을 수행하고 지원성과를 평가해야 한다. 개별 벤처기업의 재무적 성과나 고용 증가만으로 평가를 한다면 벤처 생태계 및 벤처 창업 지원 정책의 경제 전체에 대한 기여도를 과소평가할 우려가 있다.

다. ICT 융합 활성화

우리나라의 ICT자본 투자 현황을 보면, ICT 생산 부문과 사용 부문 사이에, 제조업과 서비스업 부문 사이에 커다란 격차가 있다. 주로 ICT 하드웨어 수출 부문에서는 ICT자본 투자 및 성장성이 높게 나타났지만, 그 이외의 분야에서는 성과가 상대적으로 부진하였다. 이러한 ICT 하드웨어 수출 위주의 구조만으로는 추가적인 성장 동력을 확보하는데 한계에 도달하였으며, 따라서 그 동안 부진하였던 ICT 사용 부문 및 서비스업 부문의 ICT 역량 강화가 필요하다.

근래의 ICT 기술의 발전 트랜드는 기존의 비ICT 분야와의 융합의 확대이다. 비ICT 분야로 여겨지던 자동차 분야에 ICT 기술이 접목되어 자율주행자동차 등이 나타나게 되며, 기술혁신과는 동떨어진 낙후 분야로 여겨졌던 도소매, 숙박 및 운수 분야 등에 ICT 기술이 접목이 되는 O2O 서비스가 트랜드가 되었다. 그 이외에 금융 및 의료, 교육 등 기존의 거의 모든 서비스 산업 부문에서 ICT 기술과의 융합이 적극 시도되어 ICT산업과 비ICT산업의 경계가 허물어지고 있는 추세이다.

이러한 ICT 융합의 트랜드에 적극적으로 대응해나감으로서 기존에 뒤쳐졌던 비ICT 부문 및 서비스업 부문으로 ICT 혁신을 확산시키고 생산성을 끌어올릴 수 있다. 이러면 서로 다른 산업 부문간 격차를 축소하여 불평등을 줄여나갈 수 있을 뿐만 아니라 동시에 평균적인 성장률을 끌어올리는 성장 잠재력 강화도 동시에 달성할 수 있을 것이다.

라. 교육 제도

저출산・고령화로 인하여 양적 노동투입은 앞으로 증가하기 어려울 것으로 보이기 때문에 이를 만화하기 위하여 교육을 통한 노동의 질 개선 및 인적자본 축적에 힘을 써야 한다. 그 동안 우리 교육은 세계 최고수준의 대학진학률을 보이는 등 크게 성장하였으나, 학부 이상의 대학원 과정의 교육여건이나 대학의 연구 여건 및 연구 실적 등에서는 아직 선진국과의 격차가 있으므로, 이를 개선할 수 있는 정책방안 마련이 시급하다.

또한, ICT 융합의 확산 등 새로운 기술 및 산업의 변화 트렌드에 걸맞는 융합적 관점의 교육 및 연구가 확산이 되어야 한다. 기존의 분과별 전문지식 위주의 교육은 앞으로 융합의 시대에 적응해 나아가는 데는 한계를 노출시킬 수 있으므로, 교육에 있어서 보편적으로 활용 가능한 기본기 및 기본 사고력 교육 강화와 함께 학제간 통합 교육을 강화해 나가야 한다. ICT 기술의 특징이 모든 분야에 활용 가능한 범용 기술이라는 것이므로, 여기에 대해 대응해나가는 교육 역시 범용의 확장성이 있는 성격이어야만 한다.

빠른 기술의 변화와 이에 따른 산업과 직종의 경계 파괴는 학교 졸업 이후의 평생에 걸친 재교육의 필요성을 높이고 있다. 따라서 교육 과정에서의 ICT 기술의 적극 도입 등으로 교육 비용을 줄이면서 개개인의 상황에 맞는 맞춤형 교육을 가능하게 하여, ICT 기반 평생 교육 체계를 구축해야 한다. 이는 앞으로 신기술 도입에 의한 산업 구조조정 과정에서 나타날 수 있는 일자리 파괴에 대응하고 새로운 일자리를 창출해 나가는 데 크게 기여할 것으로 보인다.

3. 향후 과제

최근의 경제구조에서 부가가치는 기획, 설계와 같은 산업의 상류 부문에서 발생하고 있다. 혁신의 패러다임도 기존의 기술 중심의 혁신에서 아이디어 중심의 혁신으로 이동하고 있다. 혁신의 관점이 고객의 가치를 중심으로 이동하고 있는 것이다. 이러한 현상은 다음 두 가지 연구 방향으로 이어진다. 하나는 기존에 비용으로 인식하던 중간소비 항목을 무형자산으로 인식하는 것이고,[58] 다른 하나는 분석 단위를

58) Corrado, Hulten and Sichel(2005)는 컴퓨터화된 정보(computerized information), 혁신자산(innovative property), 경제적 역량(economic competencies)을 무형자산으로 분류하여 추계하고 있다. 본 연구에서는 국민계정체계에서 자산으로 인식하고 있는 소프트웨어, R&D, 기타 지식재산생산물(광물탐사, 콘텐츠)을 자산화했으나, 국민계정체계에서 다루지 않는 브랜드 가치, 기업특화된 인적자본, 조직구조 등의 경제적 역량은 무형자산으로 인식하지 않고 있다.

산업에서 기업으로 전환하는 것이다. 저자들은 본 연구를 발전시켜 부가가치 성장회계 모형을 총산출 성장회계 모형으로 전환하고, Corrado, Hulten and Sichel(2005)의 무형자산 연구를 진행할 계획이다. 한편, 연구 과정에서 2005년 이후 노동시간의 변동성이 증가하고 있는 것을 발견했다. 본 연구에서는 생산성 분석에 노동시간의 추세만을 반영하는 등의 대안을 시뮬레이션했다. 하지만 향후 이에 대한 원인을 심층적으로 연구하고 생산성 분석에 적절히 반영할 수 있는 방안을 마련할 필요가 있을 것으로 보인다.

최근 국제적으로 주목받고 있는 법인세, 특별소비세 등 다양한 세제 정책과 유가 변화를 모형에 반영하여 보다 다채로운 정책실험을 수행하는 것을 생각해볼 수 있다. 미국에서 최근에 발표된 세제 개편안에는 미국 내 기업들의 법인세를 기존의 35%에서 21%로 인하하고, 미국 내 다국적 기업에 대해 특별소비세 20%를 부과하는 등의 내용이 포함되었는데, 이는 미국의 ICT산업에 영향을 줄 뿐만 아니라 글로벌 가치사슬 구조 내 모든 국가들에 긍정적인 또는 부정적인 영향을 미치게 될 것이 분명하다. 또한 중동 지역정세 불안으로 인한 유가 폭등은 수출기업의 원가를 상승시키게 되고, 이는 곧 ICT 수출 강국인 우리나라에게 직접적으로 영향을 미치게 될 것이다. 이러한 세제 정책 및 유가 변화를 모형에 반영하여 그 영향을 계량적으로 산출하게 되면 보다 의미있는 정책적 시사점을 도출할 수 있을 것으로 기대된다.

참 고 문 헌

〔국내 문헌〕

강두룡(2002), “정보화와 한국 경제성장 및 생산성 변화”, 《국제경제연구》, 8(2), pp.211～243.

강환구 · 김도완 · 박재현 · 한진현(2016), “우리경제의 성장잠재력 추정 결과”, 《조사통계월보》, 통권 805호 69(12) 한국은행.

과학기술정보통신부(2017. 11. 14), “2016년 연구개발활동 조사결과 발표”, 보도자료.

관계부처 합동(2017. 11), “혁신성장을 위한 사람 중심의 4차 산업혁명 대응계획”

김권식 · 안승구 · 이종한 · 이광훈(2016), “규제가 기술혁신에 미치는 영향에 관한 실증분석: 우리나라 제조업 분야 기업을 대상으로”, 《규제연구》, 25(1), pp.91～111.

김도완 · 한진현 · 이은경(2017a), “성장잠재력 하락요인 분석: 생산효율성을 중심으로”, 《조사통계월보》, 2017-4 한국은행.

______________________(2017b), “우리 경제의 잠재성장률 추정”, 《조사통계월보》, 2017-8, 한국은행.

김동석 · 김민수 · 김영준 · 김승주(2012), 『한국경제의 성장요인 분석: 1970～2010』, 연구보고서 2012-08, 한국개발연구원.

김소연 · 류수열(2014), “산업연관모형을 이용한 창조산업의 성장요인 분석” 《문화경제연구》, 17(3), pp.23～55.

김원규(2013), 『기업규모별 연구개발투자 효과 분석』, ISSUE PAPER 2013-305, 산업연구원.

______(2017), 『한국경제의 생산성 분석과 정책시사점』, ISSUE PAPER 2017-419, 산업연구원.

김원규 · 최원형(2017), “한계기업 비중확대와 생산성 둔화”, 《I-KIET 산업경제이슈》,

2017-02, 산업연구원.

김의준(2000), 『중기 재정 계획에 따른 우리 나라의 건설 투자 추정: CGE 모형의 적용』, 건축도시연구정보센터.

김정교 · 서지성(2007), "연구개발비가 기업가치에 미치는 영향", 《국제회계연구》, 제20집, pp.207～229.

김정언 · 정현준 · 김경훈 · 진홍윤 · 신우철(2016), "총괄보고서: 과학기술과 ICT활용을 통한 생산성 향상방향 연구 및 경제 통계 구축(II)", 『과학기술과 ICT 활용을 통한 생산성 향상방향 연구 및 경제 통계 구축(II)』, 경제 · 인문사회연구회협동연구총서 16-32-01, 정보통신정책연구원.

김정언 · 정현준 · 진홍윤 · 신우철 · 문성배 · 신석하 · 전현배 · 조태형 · 이영수 · 양현석(2015), "총괄보고서: 과학기술과 ICT 활용을 통한 생산성 향상 방향 연구 및 경제 통계 구축(I)(요약)", 『과학기술과 ICT 활용을 통한 생산성 향상방향 연구 및 경제 통계 구축(I)』, 경제 · 인문사회연구회 협동연구총서 15-23-01, 정보통신정책연구원.

김진용 · 황문우(2006), "기업의 연구개발투자가 경영성과에 미치는 영향", 《조사통계월보》, 2012(6) 한국은행, pp.23～69.

김진하(2016), "제4차 산업혁명 시대, 미래사회 변화에 대한 전략적 대응 방안 모색", 《R&D lnl》, 15호(2016년 8월) 한국과학기술기획평가원, pp.45～58.

김진황(2007), "연구개발비 지출이 기업이익과 기업가치에 미치는 영향 분석", 《국제회계연구》, 제19집, pp.139～156.

김충실(2005), 『자유무역시대의 일반균형론』, 경북대학교.학술총서-14

미 서부지역 산업정보(2017. 12. 21), "미국 세제개혁 법안 통과가 우리 수출기업에 미치는 영향", (http://overseas.mofa.go.kr/us-losangeles-ko/brd/m_4370/view.do?seq=1345798&srchFr=&srchTo=&srchWord=&srchTp=&multi_itm_seq=0&itm_seq_1=0&itm_seq_2=0&company_cd=&company_nm=&page=1, 2017. 11. 30)

박성빈(2003), "우리나라 컴퓨터 소프트웨어의 고정자본형성 처리 결과", 《계간국민계정》, 2003(3) 한국은행, pp.110～144.

산업연구원(2017), 『주요산업동향지표』, 2017.6. 통권 31호, 산업연구원.

신석하(2009), “정보통신기술의 발전과 한국의 산업별 총요소생산성”, 《KDI 정책포럼》, 제210호(2009-03).

______(2010), “한국의 산업별 정보통신자본과 총요소생산성”, 《KDI Journal of Economic Policy》, 32(4), pp.75～114.

______(2013), 성장회계 분석방법 비교를 통한 2000년대 생산성 증가세 평가, 한국개발연구원, 정책연구시리즈 2013-15.

오완근 · 백웅기(2005), “IT산업의 발전이 경제구조의 변화에 미치는 영향”, 《한국경제의 분석》, 11(2), pp.1～63.

유경준 외(2012), 『성장과 고용의 선순환 구축을 위한 패러다임 전환(I) 고용창출을 위한 주요 정책과제』, 연구보고서 2011-02, 한국개발연구원.

이규용 · 강승복 · 반정호 · 이해춘 · 김기호(2010), 『고용성과의 국제비교』, 2010 일자리대책사업 평가 연구시리즈 10, 한국노동연구원.

이동렬(2013), “산업부문별 노동생산성 결정요인 분석”, 《BOK 경제연구》, 2013-22, 한국은행.

이동렬 · 이종한 · 최종일(2015), “규제가 노동생산성에 미치는 영향: 한국의 산업패널 자료를 이용한 실증분석”, 《BOK 경제연구》, 2015-9, 한국은행.

이병희 외(2014), 『노동소득분배율과 경제적 불평등』, 연구보고서 2014-04, 한국노동연구원

이영수(2017), 『해양수산산업의 경제적 파급효과 분석 및 구조분해분석』, 한국해양과학기술진흥원.

이영훈(2010), 『산업별 총요소생산성(TFP) 추정 및 국제비교』, 연구용역보고서, 국회예산정책처.

______(2011), “R&D와 생산효율성 관계에 대한 계량모형 비교연구: 확률적 생산 변경모형을 중심으로,” 《경제분석》, 17(1) 한국은행.

이영훈(2014), 『확률적 변경모형: 이론과 응용』, 서강학술총서 63.

이익노(2000), "품질조정 물가지수 편제를 위한 헤도닉기법 적용방안", 《계간국민계정》, 2000(2) 한국은행, pp.46～71.

이종한(2013), 『규제성과의 측정 및 활용에 관한 연구』, KIPA 연구보고서, 2013-09, 한국행정연구원.

이종화 · 송철종(2005), "한국경제 성장요인의 산업별 분석", 《경제학연구》, 53(2), pp.99～143.

____________(2014), "한국 서비스 산업 생산성 분석", 《한국경제의 분석》, 20(3) 한국금융연구원.

이태정(2007), "연구개발투자 및 설비투자가 기업 성과에 미치는 영향", 《국제회계연구》, 제17집, pp.291～307.

장필성(2016), "2016 다보스포럼: 다가오는 4차 산업혁명에 대한 우리의 전략은?", 《과학기술정책》, 26(2) 과학기술정책연구원, pp.12～15.

정선영(2010), "확률적 프론티어 모형을 이용한 총요소생산성 국제비교: 기술적 효율성을 감안한 접근방법", 《금융경제연구》, 제431호 한국은행.

_____(2013), "인구구조 변화가 고용에 미치는 영향", 《BOK 이슈노트》, 2013-15 한국은행.

정영택 · 이동원 · 강창구 · 이다연(2013), "IAM 성장기여도에 의한 우리 경제의 성장 동인 재평가", 《국민계정리뷰》, 2013(2) 한국은행, pp.5～22.

정재호(2014), 『관세율 체계가 경제에 미치는영향 분석: 일반균형계산 (CGE) 모형 이용』, 한국조세연구원.

정혁 · 정부연(2014), 『연구개발 투자가 한국 ICT기업성장에 미치는 영향』, 기본연구 14-07, 정보통신정책연구원.

정현준(2011), "방송통신산업의 공정경쟁 이슈 및 ICT의 역할에 관한 세 논문", 박사학위논문, 고려대학교 대학원, 경제학과.

정현준 · 김정언 · 진홍윤 · 신우철 · 문성배 · 신석하 · 전현배 · 조태형(2015), "과학기술과 ICT의 역할 분석을 위한 ICT 자본스톡 및 지식 자본스톡 구축 방법론 연구”, 『과학기술과 ICT 활용을 통한 생산성 향상 방향 연구 및 경제 통계 구축(I)』, 경제 · 인문사회연구회 협동연구총서 15-23-02, 정보통신정책구원.

정현준 · 신우철 · 진홍윤 · 문성배 · 전현배 · 조태형(2016), “총괄보고서: 과학기술과 ICT 활용을 통한 생산성 향상 방향 연구 및 경제 통계 구축(II)”, 『ICT와 과학기술의 역할 분석을 위한 생산성 계정 구축 및 ICT와 과학기술 활용도 분석』, 경제 · 인문사회연구회 협동연구총서 16-32 -02, 정보통신정책연구원.

조병구 외(2015), 『고령화 · 저성장 시대 대한민국의 지속발전을 위한 정책과제』, 경제 · 인문사회연구회 미래사회 협동연구총서 15-05-01, 경제인문사회연구회.

조태형(2016), “한국의 경제성장 및 실질소득증가 요인 분해: 1970～2014”, 박사학위논문, 중앙대학교 대학원, 경제학과.

최요철 · 김은영(2007), “산업별 인적자본의 추계와 성장요인 분석,” 《조사통계월보》, 2007-2 한국은행.

통계청(2007), 『한국표준직업분류』, 통계청

______(2015), “7월 11일 「인구의 날」에 즈음한 세계와 한국의 인구현황 및 전망”, 2015. 7. 8. 보도자료.

______(2017), “2017 고령자 통계”, 2017. 9. 26. 보도자료.

표학길 · 전현배 · 이근희(2017), “생산성혁신을 통한 한국경제의 재도약”, 《한국경제포럼》, 10(1), pp.1～49.

표학길 · 정선영 · 조정삼(2007), “한국의 총고정자본형성, 순자본스톡 및 자본계수 추계: 11개 자산－72부문(1970～2005)”, 《한국경제의 분석》, 13(2), pp.137～176 (토론 177-191).

한국은행(2000), “정보통신산업 발전이 생산성에 미친 영향”, 《조사통계월보》, 2000년 10월호 한국은행.

________(2005), “숫자로 보는 광복 60년”, 한은정보 2005년 8월호.

________(2006), “OECD 자본스톡 측정 매뉴얼 해설(5)－영구재고법”, 《계간국민계

정》, 2006(4) 한국은행, pp.186～195.

한국은행(2007),『산업연관분석해설』, 한국은행.

_______(2009),『연쇄가중 경제성장률 이해』, 한국은행 경제통계국.

_______(2010),『우리나라의 국민계정체계』, 한국은행

_______(2014a),『2010년 산업연관표』, 한국은행.

_______(2014b),『산업연관분석 해설』, 한국은행.

_______(2014c),『한국의 국민대차대조표 해설』, 한국은행.

_______(2015),『우리나라의 국민계정체계』, 한국은행.

행정연구원(2014),『2014년 1/4분기 국내·외 규제동향지』, 행정연구원.

OECD·통계청(2011),『지식재산생산물 자본측정 핸드북(Handbook on Deriving Capital Measures of Intellectual Property Products)』, 통계청.

OECD·한국은행 (2010),『OECD 자본측정 매뉴얼』, 한국은행.

〔해외 문헌〕

Bhattarai, K., Haughton, J., Head, M., & Tuerck, D. G.(2017). "Simulating Corporate Income Tax Reform Proposals with a Dynamic CGE Model." *International Journal of Economics and Finance*, 9(5), 20.

Bresnahan, T. F., & Trajtenberg, M.(1995). "General Purpose Technologies 'Engine of Growth'?." *Journal of Econometrics*. 65(1), pp.83～108.

Chan H. L., and Lee Y. H.(2010). "Regional Disparity of Productivity in China: A Stochastic Frontier Approach." *Journal of Economic Theory and Econometircs*. Volume 21, Issue 2, pp.30～60.

Chen, W., Niebel, T., & Saam, M.(2014). "Are intengibles more productive in ICT-intensive industries? Evidence from EU countries." Center for European Economic Research Discussion Paper. No. 14-070.

Cho, Hwang, & Schreyer(2017). "Has the Labour Share Declined? It Depends." OECD Statistics Working Papers, No.2017/01.

Corrado, C., Haskel, J., Jona-Lasinio, C., & Iommi, M.(2013). "Innovation and intangible investment in Europe, Japan, and the US." *Oxford Review of Economic Policy.* 29(2), pp.281～286.

Corrado, C., Hulten, C., & Sichel, D.(2005). "Measuring Capital and Technology: An Expanded Framework." *In Measuring Capital in the New Economy,* University of Chicago Press, pp.11～46.

______________________________(2009). "INTANGIBLE CAPITAL AND U.S. ECONOMIC GROWTH." *Review of Income and Wealth.* 55(3), pp.661～685.

Corrado, C., J. Haskel, & C. Jona-Lasinio (2014). "Knowledge spillovers, ICT and Productivity growth." CEPR Discussion Papers No. 10057.

Diewert, W.E., H. Mizobuchi and K. Nomura(2005). "On Measuring Japan's Productivity, 1955～2003." Discussion Paper No. 05-22. Department of Economics, University of British Columbia, Vancouver, Canada, December.

Dimeilis and Papaioanou(2011). "Technical efficiency gains in European service sectors."

Elfring, T.(1988), "Service sector employment in advanced economies: A comparative analysis of its implications for economic growth." *Gower Publishing Company.*

EUKLEMS(2007). "EU KLEMS GROWTH AND PRODUCTIVITY ACCOUNTS (Version 1.0) PART I Methodology." *EUKLEMS consortium.*

________(2017). "Growth and Productivity Accounts: Statistical Module, ESA 2010 and ISIC Rev. 4 industry classification, September 2017 release.

Gollin, D(2002). "Getting Income Shares Right." Journal of Political Economy. 110(2), pp.458～474.

Hall, B. H., Lotti, F., & Mairesse, J.(2012). "Evidence on the impact of R&D and ICT investment on innovation and productivity in Italian firms." *NBER Working paper*

No. 18053.

Han, G., Kalirajan, K., and Singh, N.(2002). "Productivity and Economic Growth in East Asia: Innovation, Efficiency and Accumulation." *Japan and the World Economy.* Vol. 14, pp.401～424.

Jones, R. S., & Lee, J. W. (2016). "Raising Korea's productivity through innovation and structural reform." *OECD Working Papers.* No. 1324.

Jorgenson, Dale W., Ho, Mun S., Patel, Ankur & Samuels, Jon D.(2014). "Economic Growth in the Information Age", available at http://www.worldklems.net/data/notes/Jorgenson.USproductionaccount.appendix.pdf (downloaded on 2017. 12. 1)

Jorgenson, Dale W., Ho, Mun S., Samuels, Jon D. & Stiroh, Kevin J.(2007). "Industry Origins of the American Productivity Resurgence", Economic Systems Research, 19:3, 229-252

Jung, H.-J., Na, K.-Y., and Yoon, C.-H.(2013). "The role of ICT in Korea's economic growth: Productivity changes across industries since the 1990s." *Telecommunications Policy.* 37(4-5), pp.292～310.

Kim S. H., and Lee Y. H.(2006). "The Productivity Debate of East Asia Revisted: A Stochastic Frontier Approach." *Applied Economics.* 38:14, pp.1697～1706.

Klette and Johanhsen(1998). Klette, Jakob and Johansen, Frode(1998). "Accumulation of R&D capital and Dynamic Firm Performance: A Not-so-fixed Effect Model." *Annals of Economics and Statistics.* No.49/50, pp.389～419.

Krugman, P.(1994). "The Myth of Asia's Miracle." Foreign Affairs. 73(6), pp.62～78.

Lee Y. H. (2010). "Group-specific stochastic production frontier models with parametric specifications." *European Journal of Operational Research 200.* pp.508～517.

Lee Y. H., and Cheng M. Y.(2011). "Catching-up and Technological Progress of the ASEAN Economies." *Pacific Economic Review.* 16(2), pp.236～254.

Lee Y. H., and Pyo H. K.(2007). "Productivity Growth and Patterns of Efficiency

Changes in Korean Economy: Stochastic Frontier Approach with Industry-Panel Data." *Seoul Journal of Economics.* Vol. 20, No. 1.

Nishimizu and Page(1982). "Total factor productivity growth, technological progress and technical efficiency change: Dimensions of productivity change in Yugoslavia." *Economic Journal.* 92, pp.920～936.

OECD(2000). "Manual on Capital Stock Statistics." *OECD Publishing.*

______(2001). "Measuring Productivity - OECD Manual: Measurement of Aggregate and Industry-Level Productivity Growth." OECD Mannual.

______(2002). "Report of the OECD Task Force on Software Measurement in the National Accounts." *OECD publishing.*

______(2003)."OECD Science, Technology, and Industry Scoreboard." *OECD publishing.*

______(2009). "Measuring Capital OECD Manual 2009 / SECOND EDITION." *OECD publishing.*

______(2010). "Handbook on Deriving Capital Measures of Intellectual Property Products." *OECD publishing.*

Oulton, N.(2012). "Long term implications of the ICT revolution: Applying the lessons of growth theory and growth accounting." *Economic Modelling.* 29(5), pp.1722～1736.

Roth, F., & Thum, A. E.(2013). "Intangible capital and labor productivity growth: Panel evidence for the EU from 1998～2005." Review of Income and Wealth. 59(3), pp.486～508.

Schreyer, P.(2000). "The Contribution of Information and Communication Technology to Output Growth: A Study of the G7 Countries (No. 2000/2)." *OECD Publishing.*

Sharpe, A.(2014). "What Explains the Canada-U.S. Software Investment Intensity Gap? (NO. 2014-04)." *Center of the Study of Living Standards.*

Syrquin M.(1976). "Sources of Industrial Growth and Change: An Alternative Measure."

World Bank.

Szewczyk, W.(2009). "ICT in CGE models – Modifying the Typical CGE Theoretical Structure." 12th Annual Conference on Global Economic Analysis, Santiago, Chile, 10-12 June 2009.

Tiwari, P., Doi, M., & Itoh, H.(2003). "A CGE analysis of the potential impact of information technology on the Japanese economy." *The Journal of Policy Reform,* 6(1), 17-33.

UBS(2016). ""Extreme automation and connectivity" The global, regional, and investment implications of the Fourth Industrial Revolution." *UBS White Paper for the World Economic Forum Annual Meeting 2016,* January 2016.

Vu, K. M.(2011). "ICT as a source of economic growth in the information age: Empirical evidence from the 1996～2005 period." *Telecommunications Policy.* 35(4), pp.357 ～372.

Wang, H. & Schmidt, P.(2002). "One-Step and Two-Step Estimation of the Effects of Exogenous Variables on Technical Efficiency Levels." *Journal of Productivity Analysis.* 18, pp.129～144.

WEF(2016). "The Future of Jobs." *WEF*

Yang, Hao-Yen(2001). "Trade liberalization and pollution: a general equilibrium analysis of carbon dioxide emissions in Taiwan." *Economic Modelling,* 18(3), 435-454.

Young, A.(1995). "The Tyranny of Numbers: Confronting the Statistical Realities of the East Asian Growth Experience." The Quarterly Journal of Economics. 110(3), pp.641～680.

〔웹사이트〕

ASIA KLEMS, http://asiaklems.net/ (2017. 11. 1. 기준)

Bureau of Economic Analysis, Investment by Industry. https://www.bea.gov/iTable/ (2017. 7. 1. 기준)

EUKLEMS database. http://www.euklems.net/ (2017. 7. 1. 기준)

OECD stat. http://stats.oecd.org/ (2017. 7. 1. 기준)

The Pardee Center and Ifs. http://www.ifs.du.edu/ifs/frm_MainMenu.aspx (2017. 7. 1. 기준)

WIOD, Socio Economic Accountss. http://www.wiod.org/database/seas13.htm (2017. 7. 1. 기준)

WIOD, World Input-Output Tables. http://www.wiod.org/database/wiots13.htm (2017. 7. 1. 기준)

WIOD. http://www.wiod.org/home.htm (2017. 7. 1. 기준)

〔데이터〕

고용노동부. 사업체노동력조사

과학기술정보통신부. 연구개발활동조사 각년호

고용노동부. 고용형태별 근로실태조사

통계청. 경제활동인구조사

통계청. 광업・제조업조사

통계청. 전국사업체조사

통계청. 지역별고용조사

통계청. 총사업체조사

한국고용정보원. 산업・직업별 고용구조조사

한국생산성본부. KIP 데이터베이스(2016)

한국은행. 국민계정

한국은행. 산업연관표 총거래표, 고정자본형성표

ASIA KLEMS

EU KLEMS

OECD. STAN database

WIOD (World Input-Output Database)

〔부록 1〕 분류체계

〈부표 1-1〉 KISDI 산업분류 (2017)

KISDI 대분류 (14)		KISDI 중분류 (38)		KISDI 소분류 (70)		KSIC10
1.	농업, 임업 및 어업(A)	1.	농업, 임업 및 어업	1	농업	01
				2	임업	02
				3	어업	03
2.	광업(B)	2.	광업	4	석탄, 원유 및 천연가스 광업	05
				5	금속 광업	06
				6	비금속광물 광업 & 광업 지원 서비스업	07t08
3.	제조업(C)	3.	음식료품 및 담배제조업	7	식료품 제조업	10
				8	음료 제조업	11
				9	담배 제조업	12
		4.	섬유 및 가죽제품제조업	10	섬유제품 제조업	13t14
				11	가죽, 가방 및 신발 제조업	15
		5.	목재, 종이, 인쇄 및 복제업	12	목재 및 나무제품 제조업	16
				13	펄프, 종이 및 종이제품 제조업	17
				14	인쇄 및 기록매체 복제업	18
		6.	코크스, 연탄 및 석유정제품제조업	15	코크스, 연탄 및 석유정제품 제조업	19
		7.	화학물질 및 화학제품제조업; 의약품제외	16	화학물질 및 화학제품 제조업; 의약품 제외	20
		8.	의료용물질 및 의약품제조업	17	의료용 물질 및 의약품 제조업	21
		9.	고무제품 및 플라스틱제품제조업	18	고무제품 및 플라스틱제품 제조업	22
		10.	비금속광물제품제조업	19	비금속광물제품제조업	23
		11.	1차금속제품제조업	20	1차 금속제품 제조업	24
		12.	금속제품제조업	21	금속가공제품 제조업; 기계 및 가구 제외	25
		13.	[ICT]전자부품제조업	22	반도체 제조업	261
				23	디스플레이 제조업	2621
				24	기타전자부품제조업	262x A266

KISDI 대분류 (14)		KISDI 중분류 (38)		KISDI 소분류 (70)		KSIC10
3.	제조업(C)	14.	[ICT]컴퓨터 및 주변장치제조업	25	컴퓨터 및 주변장치 제조업	263
		15.	[ICT]통신, 방송장비 및 영상, 음향기기제조업	26	통신, 방송장비 및 영상, 음향기기 제조업	264t 265
		16.	의료, 정밀, 광학기기 및 시계제조업	27	의료, 정밀, 광학기기 및 시계 제조업	27
		17.	전기장비제조업	28	기타 전기장비 제조업	28x
				29	가정용 기기 제조업	285
		18.	기타기계 및 장비제조업	30	일반 목적용 기계 제조업	291
				31	특수 목적용 기계 제조업	292
		19.	자동차 및 트레일러제조업	32	자동차 및 트레일러 제조업	30
		20.	기타운송장비제조업	33	선박 및 보트 건조업	311
				34	기타 운송장비 제조업	312t 319
		21.	가구 및 기타제품제조업	35	가구 및 기타 제품 제조업	32t33
4.	전기, 가스, 증기 및 수도 및 환경업(DE)	22.	전기, 가스, 증기 및 공기조절공급업	36	전기업	351
				37	가스, 증가 및 공기조절 공급업	352t 353
		23.	수도, 폐기물 및 재활용서비스업	38	수도사업	36
				39	하수, 폐수, 분뇨, 환경정화 및 복원업 & 폐기물 수집운반, 처리 및 원료재생업	37t39
5	건설업(F)	24.	건설업	40	건설업	41t42
6	도매 및 소매업(G)	25.	도매 및 소매업	41	도매및소매업	45t47
7.	운수 및 창고업(H)	26.	운수 및 창고업	42	육상운송 및 파이프라인 운송업	49
				43	수상 운송업	50
				44	항공 운송업	51
				45	창고 및 운송관련 서비스업	52
8.	숙박 및 음식점업(I)	27.	숙박 및 음식점업	46	숙박 및 음식점업	55t56

KISDI 대분류 (14)		KISDI 중분류 (38)		KISDI 소분류 (70)		KSIC10
9.	정보통신업(J)	28.	[ICT]출판, 영상, 방송업	47	서적, 잡지 및 기타 인쇄물 출판업	581
				48	소프트웨어 개발 및 공급업	582
				49	영상 · 오디오 기록물 제작 및 배급업	59
				50	방송업	60
		29.	[ICT]통신업	51	통신업	61
		30.	[ICT]IT서비스 및 정보서비스업	52	컴퓨터 프로그래밍, 시스템 통합 및 관리업	62
				53	정보서비스업	63
10.	금융 및 보험업(K)	31.	금융 및 보험업	54	금융업	64
				55	보험 및 연금업	65
				56	금융 및 보험관련 서비스업	66
11.	부동산업(L)	32.	부동산업	57	부동산업	68
				58	임대업; 부동산 제외	76
12.	전문, 과학, 기술 및 사업지원서비스업 (MN)	33.	전문, 과학 및 기술서비스업	59	연구개발업	70
				60	전문서비스업	71
				61	과학기술관련 전문서비스업	72t73
		34.	사업지원서비스업	62	사업지원서비스업	74t75
13	공공행정, 국방 및 사회보장행정, 교육, 보건 및 사회복지서비스업(OPQ)	35.	공공행정, 국방 및 사회보장행정	63	공공행정, 국방 및 사회보장 행정	84
		36.	교육서비스업	64	교육 서비스업	85
		37.	보건 및 사회복지서비스업	65	보건업	86
				66	사회복지 서비스업	87
14	문화 및 기타서비스업(RSTU)	38.	문화 및 기타서비스업	67	창작, 예술 및 여가관련 서비스업	90
				68	스포츠 및 오락관련 서비스업	91
				69	협회 및 단체	94
				70	수리/개인 서비스업	34, 95t97

〈부표 1－2〉 KISDI 자산분류(2017)와 한국은행 자산분류간 연계표

<table>
<tr><th>KISDI 자산분류(2017)</th><th colspan="3">한국은행 자산분류</th></tr>
<tr><td>(1) 주거용 건물</td><td rowspan="3">건설 자산</td><td rowspan="2">건물건설</td><td>(1) 주거용 건물</td></tr>
<tr><td>(2) 비주거용 건물</td><td>(2) 비주거용 건물</td></tr>
<tr><td>(3) 구축물(토목)</td><td colspan="2">(3) 토목건설</td></tr>
<tr><td>(4) 운송장비</td><td rowspan="6">설비 자산</td><td colspan="2">(4) 운송장비</td></tr>
<tr><td>(5) 컴퓨팅장비</td><td rowspan="5">(5-9) 기계류</td><td>컴퓨팅장비</td></tr>
<tr><td>(6) 통신장비</td><td>통신장비, TV/영상및음향기기</td></tr>
<tr><td>(7) 분석장비</td><td>계측및시험분석기기</td></tr>
<tr><td>(8) 기타기계류</td><td rowspan="2">기타기계류</td></tr>
<tr><td>(9) 육성생물</td></tr>
<tr><td>(10) 연구개발(R&D)</td><td rowspan="3">지식 재산 생산물</td><td colspan="2">(10) 연구개발</td></tr>
<tr><td>(11) 소프트웨어</td><td rowspan="2">(11-12) 기타지식 재산생산물</td><td>구매 SW, 자가계정 SW</td></tr>
<tr><td>(12) 기타지식자산</td><td>영상오디오물제작및배급, 연극음악및 기타예술, 과학기술서비스</td></tr>
</table>

주: 괄호안의 번호는 KISDI 자산분류의 세부부문을 의미한다.

자료: 한국은행(2014c), 한국은행(2015), 김정언 외(2015), 정현준 외(2015) 등을 정리

〈부표 1－3〉 KISDI 자산분류(2017)과 국민대차대조표 및 산업연관표 연계표

KISDI 자산분류(2017)	국민대차대조표 분류(상위분류/자산) 및 산업연관표 상품분류(IO)
1. 주거용 건물	(상위분류) 주거용 건물, (IO) 주거용건물(287), 부동산개발 및 공급(343), 부동산관련서비스(344)
2. 비주거용 건물	(상위분류) 비주거용 건물, (IO) 비주거용건물(288), 부동산개발 및 공급(343), 부동산관련서비스(344)
3. 구축물(토목)	(상위분류) 토목건설, (IO) 도로시설(290), 철도시설(291), 항만시설(292), 하천사방(293), 상하수도시설(294), 농림수산토목(295), 도시토목(296), 통신시설(298), 전력시설(299), 환경정화시설(297), 산업플랜트(300), 기타건설(301), 영림(019), 부동산개발 및 공급(343), 부동산관련서비스(344)
4. 운송장비	(상위분류) 운송장비, (IO) 승용차(249), 버스(250), 트럭(251), 특장차(252), 트레일러및컨테이너(253), 강철제선박(256), 기타선박(257), 철도차량(259), 항공기(260), 모터사이클(261), 기타운수장비(262)
5. 컴퓨팅장비	(자산명) 컴퓨터및주변기기, (IO) 컴퓨터(231), 컴퓨터기억장치(232), 컴퓨터주변기기(233)
6. 통신장비	(자산명) 유선통신기기, 무선통신및방송장비. TV, 영상및음향기기 (IO) 유선통신기기(234), 이동전화기(235), 기타무선통신장비 및 방송장비(236), TV(237), 영상기기(238), 오디오및음향기기(239)
7. 분석장비	(자산명) 계측및시험분석기기 (IO) 측정 및 분석기(244), 자동조정및제어기기(245)
8. 기타기계류	(자산명) 섬유제품, 금속제품, 기타일반산업용기계, 내연기관및터빈, 펌프및압축기, 산업용운반기계, 공기조절및냉장냉동장비, 농업기계, 건설및광산기계, 금속공작및성형기계, 반도체제조용기계, 음식품가공기계, 섬유기계, 기타특수목적용기계, 제지및인쇄기계, 전기변환장치, 기타산업용전기기기, 가정용전기기기, 의료기기, 광학기기, 가구, 기타제조업제품 (IO) 직물제품(070), 끈, 로프및어망(071), 구조물용금속제품(179), 금속제탱크및압력용기(180), 기타금속제품(191), 산업용보일러 및 증기발생기(181), 사무용기기(199), 기타 일반목적용기계(200), 내연기관및터빈(192), 펌프및압축기(193), 산업용운반기계(196), 공기조절장치 및 냉장냉동장비(197), 공기 및 액체여과기(198), 농업용기계(201), 건설및광산용기계(202), 금속절삭기계(203), 금속성형기계(204), 반도체 제조용 기계(206), 디스플레이 제조용 기계(207), 음식료품 가공기계(208), 섬유 및 의복가공기계(209), 산업용로봇(210), 고무 및 플라스틱성형기계(212), 기타특수 목적용기계(213), 제지 및 인쇄기계(211) 발전기 및 전동기(214),

KISDI 자산분류(2017)	국민대차대조표 분류(상위분류/자산) 및 산업연관표 상품분류(IO)
8. 기타기계류	변압기(215), 전기변환장치(216), 전기회로개폐 및 접속장치(217), 배전반 및 전기 자동 제어반(218), 조명장치(222), 기타전기장비(223), 가정용냉장고 및 냉동고(240), 주방용 및 난방용전기기기(241), 기타가정용전기기기(242), 의료용기기(243), 사진기및영사기(246), 안경 및 기타광학기기(247), 시계(248), 목재가구(263), 금속가구(264), 기타가구(265), 장난감 및 오락용품(266), 운동 및 경기용품(267), 악기(268), 모형 및 장식용품(271)
9. 육성생물	(상위분류) 육성생물자원, (IO) 화훼작물(010), 낙농(014), 기타축산(018)
10. 연구개발	(자산명) 연구개발, (IO) 연구개발(국공립)(346), 연구개발(비영리)(347), 연구개발(산업)(348), 기업 내 연구개발(349)
11. 소프트웨어	(자산명) 소프트웨어, (IO) 소프트웨어개발공급(329)
12. 기타지식자산	(자산명) 광물탐사, 오락문화작품및예술품원본, (IO) 과학기술서비스(355), 영상・오디오물제작 및 배급(333), 연극, 음악 및 기타예술(372)

자료: 한국은행(2014c), "국민대차대조표 해설" p31. 표 II－5, 한국은행(2014a), "2010년 산업연관표", 한국은행(2014b), "산업연관분석 해설"을 참고하여 작성

〈부표 1－4〉 노동구성 및 노동소득 분배율 추정 산업군 연계표

산업군	KISDI 중분류(38)	KSIC 10
1. 농림어업	1	1, 2, 3
2. 광업	2	5, 6,7 , 8
3. 제조업－경공업	3, 4, 5	10, 11, 12, 13, 14, 15, 16, 17, 18
4. 제조업－화학	6, 7, 8, 9	19, 20 ,21, 22
5. 제조업－비금속/금속제품	10, 11, 12	23, 24, 25
6. 제조업－전기전자	13, 14, 15, 16, 17, 18	26, 27, 28, 29
7. 제조업－운송 및 기타	19, 20, 21	30, 31, 32, 33
8. 전기가스수도	22, 23	35, 36, 37, 38, 39
9. 건설	24	41, 42
10. 도소매	25	45, 46, 47
11. 운송 및 창고	26	49, 50, 51, 52
12. 숙박 및 음식	27	55, 56
13. 시장서비스	28, 29, 30, 31, 32, 33, 34	58, 59, 60, 61, 62, 63, 64, 65, 66, 67, 68, 70, 71, 72, 73, 74, 75,76
14. 공공서비스	35, 36, 37	84, 85, 86, 87
15. 기타서비스	38	34, 90, 91, 94, 95, 96, 97

자료: 고용형태별 근로실태조사 등을 참고하여 저자가 구분

〔부록 2〕 산업군별 노동소득 분배율 추정

〈부표 2-1〉 산업군별 노동소득 분배율 추정

(단위: %)

산업군	기간	LS0	LS1	LS2	LS3A	LS3B
1. 농림어업	1981~1990	12.9	102.0	265.0	104.8	58.9
	1991~2000	11.5	99.3	8.5	152.5	82.0
	2001~2010	11.9	116.3	-288.8	124.1	68.0
	2011~2015	13.8	94.9	80.3	125.8	69.8
2. 광업	1981~1990	57.1	60.1	58.9	64.0	60.5
	1991~2000	37.8	40.0	38.7	43.4	40.6
	2001~2010	32.2	33.6	32.6	35.6	33.9
	2011~2015	33.0	34.0	33.3	35.6	34.3
3. 제조업-경공업	1981~1990	59.2	66.3	63.8	70.5	64.9
	1991~2000	55.7	64.1	60.9	66.0	60.9
	2001~2010	52.4	58.5	55.8	61.9	57.1
	2011~2015	49.4	53.0	51.2	56.4	52.9
4. 제조업-화학	1981~1990	42.1	47.2	44.4	50.1	46.1
	1991~2000	41.6	45.5	43.3	49.2	45.4
	2001~2010	36.8	40.1	38.1	43.5	40.2
	2011~2015	36.5	38.4	37.2	41.7	39.1
5. 제조업-비금속/금속 제품	1981~1990	41.4	46.9	43.8	49.4	45.4
	1991~2000	43.2	48.4	45.6	51.3	47.3
	2001~2010	41.1	44.5	42.6	48.5	44.8
	2011~2015	42.2	44.7	43.3	48.2	45.2
6. 제조업-전기전자	1981~1990	52.7	58.2	55.8	62.7	57.7
	1991~2000	46.7	52.6	49.7	55.4	51.0
	2001~2010	40.4	43.9	41.9	47.8	44.1
	2011~2015	39.2	41.7	40.2	44.8	42.0
7. 제조업-운송 및 기타	1981~1990	59.0	65.7	63.2	70.2	64.6
	1991~2000	59.0	65.4	63.0	70.0	64.5
	2001~2010	56.1	60.4	58.6	66.3	61.2
	2011~2015	53.6	56.3	55.1	61.2	57.4

산업군	기간	LS0	LS1	LS2	LS3A	LS3B
8. 전기가스수도	1981～1990	20.5	20.9	20.6	21.4	20.9
	1991～2000	25.5	26.1	25.6	26.8	26.1
	2001～2010	28.5	29.4	28.8	30.5	29.5
	2011～2015	29.3	29.9	29.5	30.7	30.0
9. 건설	1981～1990	66.3	74.6	72.3	77.6	71.9
	1991～2000	69.9	80.3	78.1	86.0	78.0
	2001～2010	73.5	85.4	83.4	96.4	84.9
	2011～2015	77.7	89.9	88.5	102.2	89.9
10. 도소매	1981～1990	24.2	72.1	46.7	87.7	56.0
	1991～2000	39.4	91.1	82.0	91.3	65.4
	2001～2010	40.7	79.0	67.1	80.1	60.4
	2011～2015	38.0	61.5	49.7	64.6	51.3
11. 운송 및 창고	1981～1990	48.7	58.4	54.0	64.2	56.4
	1991～2000	49.9	65.7	59.3	74.4	62.2
	2001～2010	50.0	69.8	62.4	88.8	69.4
	2011～2015	54.0	77.5	70.6	100.4	77.2
12. 숙박 및 음식	1981～1990	54.4	132.4	302.5	154.6	89.5
	1991～2000	54.5	112.2	131.2	115.6	84.8
	2001～2010	52.3	91.5	87.1	95.6	74.0
	2011～2015	53.3	79.7	72.5	88.1	70.7
13. 시장서비스	1981～1990	39.1	44.4	41.3	50.1	44.6
	1991～2000	38.6	42.2	40.0	45.6	42.1
	2001～2010	36.5	40.1	37.8	42.3	39.4
	2011～2015	40.0	42.9	41.2	44.7	42.4
14. 공공서비스	1981～1990	80.8	84.6	84.0	88.1	84.4
	1991～2000	76.6	81.9	80.8	86.3	81.5
	2001～2010	73.9	78.4	77.4	84.2	79.0
	2011～2015	71.9	75.3	74.4	80.3	76.1
15. 기타서비스	1981～1990	47.2	89.3	81.8	67.2	57.2
	1991～2000	51.9	86.3	79.3	70.5	61.2
	2001～2010	55.6	79.0	73.1	72.0	63.8
	2011～2015	54.4	70.4	64.8	69.2	61.8

자료: 본 연구에서 추계한 데이터를 이용해 저자가 계산

〔부록 3〕 국가별 성장회계 결과

〈부표 3－1〉 한국: 생산요소별 성장기여 및 총요소생산성

(단위: %, %p)

	부가가치	자본서비스			노동서비스			TFP 증가율
		소계	ICT 자산	비ICT 자산	소계	노동구성	시간	
2001～2007	5.2	2.1	0.3	1.8	0.9	0.4	0.5	2.1
2008～2010	3.6	1.9	0.3	1.5	1.5	0.2	1.3	0.3
2011～2015	3.0	1.8	0.3	1.5	0.6	0.1	0.4	0.6

주: 소수점 불일치는 반올림에 의한 단수 차이임
자료: 본 연구에서 추계한 데이터를 이용해 저자가 계산(KISDI 생산성계정 2017).

〈부표 3－2〉 미국: 생산요소별 성장기여 및 총요소생산성

(단위: %, %p)

	부가가치	자본서비스			노동서비스			TFP 증가율
		소계	ICT 자산	비ICT 자산	소계	노동구성	시간	
2001～2007	2.1	1.1	0.3	0.8	0.3	0.2	0.1	0.7
2008～2010	-0.3	0.3	0.2	0.2	-0.9	0.2	-1.1	0.2
2011～2015	1.5	0.6	0.1	0.4	0.8	0.2	0.7	0.1

주: 소수점 불일치는 반올림에 의한 단수 차이임
자료: EUKLEMS

〈부표 3－3〉 EU12: 생산요소별 성장기여 및 총요소생산성

(단위: %, %p)

	부가가치	자본서비스			노동서비스			TFP 증가율
		소계	ICT 자산	비ICT 자산	소계	노동구성	시간	
2001～2007	2.0	1.0	0.2	0.7	0.6	0.2	0.4	0.4
2008～2010	-0.6	0.5	0.1	0.3	-0.2	0.3	-0.5	-1.0
2011～2015	1.0	0.4	0.1	0.3	0.4	0.3	0.2	0.2

주: 소수점 불일치는 반올림에 의한 단수 차이임
자료: EUKLEMS

〈부표 3－4〉 영국: 생산요소별 성장기여 및 총요소생산성

(단위: %, %p)

	부가가치	자본서비스			노동서비스			TFP 증가율
		소계	ICT 자산	비ICT 자산	소계	노동구성	시간	
2001～2007	2.6	0.9	0.2	0.7	0.7	0.3	0.4	1.0
2008～2010	-1.0	0.0	0.1	0.0	-0.2	0.4	-0.6	-0.7
2011～2015	1.9	0.5	0.1	0.4	1.4	0.4	1.0	-0.1

주: 소수점 불일치는 반올림에 의한 단수 차이임
자료: EUKLEMS

〈부표 3－5〉 독일: 생산요소별 성장기여 및 총요소생산성

(단위: %, %p)

	부가가치	자본서비스			노동서비스			TFP 증가율
		소계	ICT 자산	비ICT 자산	소계	노동구성	시간	
2001～2007	1.6	0.8	0.4	0.4	-0.1	0.1	-0.1	0.9
2008～2010	-0.4	0.5	0.3	0.2	0.1	0.4	-0.2	-1.1
2011～2015	1.5	0.4	0.1	0.3	0.5	0.1	0.4	0.6

주: 소수점 불일치는 반올림에 의한 단수 차이임
자료: EUKLEMS

● 저 자 소 개 ●

정 현 준

· 고려대학교 경제학과 졸업
· 고려대학교 경제학 석사
· 고려대학교 경제학 박사
· 현 정보통신정책연구원 부연구위원

김 정 언

· 고려대학교 경제학과 졸업
· 고려대학교 경제학 석사
· Iowa State University 경제학 박사
· 현 정보통신정책연구원 선임연구위원

김 경 훈

· KAIST 경영공학 학사
· KAIST 경영공학 박사
· 현 정보통신정책연구원 부연구위원

남 충 현

· 연세대학교 경제학과 졸업
· 연세대학교 경제학 석사
· 워릭대학교 (University of Warwick) 경제학 석사 및 박사
· 현 정보통신정책연구원 부연구위원

신 우 철

· 한양대학교 영미언어문화학 학사
· 한양대학교 응용경제학과 석사
· 현 정보통신정책연구원 연구원

김 도 완

· 고려대학교 경제학과 졸업
· 고려대학교 경제학 석사
· 고려대학교 경제학 박사
· 현 한국은행 조사국 전망모형팀 과장

경제 · 인문사회연구회 협동연구총서 17-25-01
정보통신정책연구원 기본연구 17-13-01

총괄보고서:
과학기술과 ICT 활용을 통한 생산성 향상 방향 연구 및 경제 통계 구축(Ⅲ)

2017년 12월 일 인쇄
2017년 12월 일 발행

발행인 김 대 희
발행처 정 보 통 신 정 책 연 구 원
충청북도 진천군 덕산면 정통로 18
TEL: 043-531-4114 FAX: 043-535-4695～6
인 쇄 인 성 문 화
ISBN 979-11-7000-183-6 94320

보급가 10,000원